WASSERAUFBEREITUNG VOM FEINSTEN

WALLACE & TIERNAN® LÖSUNGEN VOM SPEZIALISTEN

BEISPIELE AUS UNSEREM PROGRAMM

- DEPOLOX® 700 M Mess- und Regelgeräte
- V10k™ Vollvakuum-Dosiersysteme
- OSEC® Elektrolyse-Anlagen
- Barrier® UV-Anlagen
- DIOX Chlordioxid-Bereitungsanlagen
- VAF™ und Vortisand® Filtrationssysteme
- Chem-Ad® Dosierpumpen

Wir beraten Sie gerne.

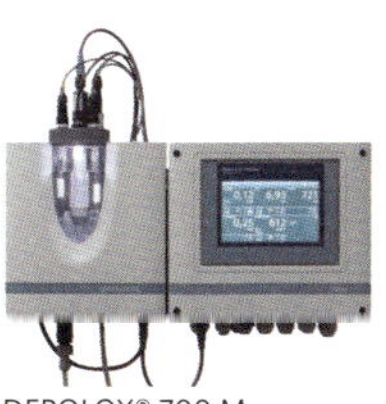

DEPOLOX® 700 M
Mess- und Regelgerät

Barrier® M UV-Anlage

www.evoqua.com

Evoqua Water Technologies GmbH, Günzburg, Tel.: 08221-904-0, Email: wtger@evoqua.com

Keine Probleme mit Chlorat im Trinkwasser.

Durch sauberes Chlordioxid einfach auf Knopfdruck.

- Weniger Korrosion
- pH-neutrale Lösung
- Stabilere Chlordioxidlösung
- Kein Einsatz von Salzsäure
- Höhere Betriebssicherheit
- Minimierter Wartungsaufwand

Dr. Küke GmbH · Langer Acker 33 · 30900 Wedemark
Telefon +49 (0) 5130 3766163 · www.dk-dox.de

AMI Turbiwell

Berührungsloses nephelometrisches System für automatische und kontinuierliche Trübungsmessung in Trinkwasser, Oberflächenwasser und Abwasser (ISO 7027).

- *Messbereich: 0.000 – 200 FNU.*
- *Genauigkeit: ± 0.003 FNU oder 1% vom Messwert.*
- *Berührungsloses Turbidimeter: Die optischen Komponenten sind in keinem direkten Kontakt mit der Probe – keine Verschmutzungsgefahr.*
- *Niedriger Wasserbedarf.*
- *Integrierte Teilentgasung.*
- *Wartungsarm und einfache Verifikation.*
- *Komplettsystem auf Montageplatte anschlussfertig montiert, getestet und mit Formazin kalibriert.*

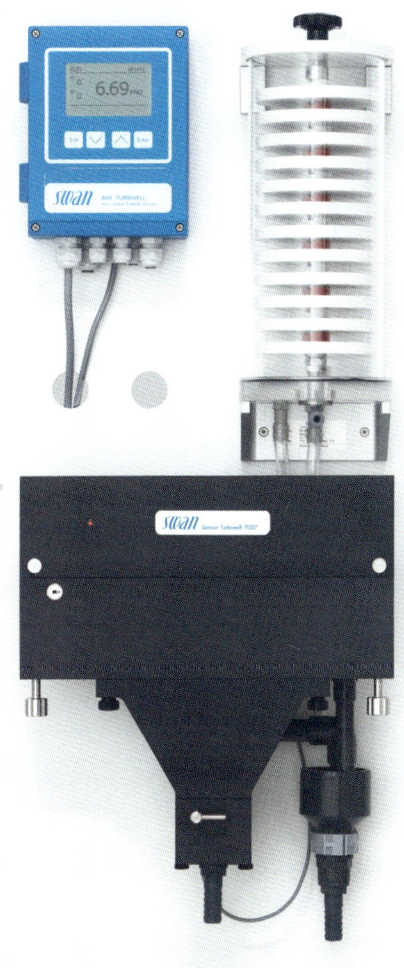

Feinst-Trübung

SWAN Analytische Instrumente GmbH · Am Vogelherd 10 · 98693 Ilmenau
Telefon +49 3677 46260 · Telefax +49 3677 462626 · E-Mail info@swaninstrumente.de

GF Piping Systems
+GF+
Revolution in der Sanitär-Automation und Sicherheit in der Trinkwasserhygiene
Hycleen Automation System
Georg Fischer GmbH
73095 Albershausen
www.gfps.com/de/hycleen-AS

WEDECO
a xylem brand
SPEKTRON
ENERGIEEFFIZIENTE UV-DESINFEKTION MIT SYSTEM
Vorteile der UV-Desinfektionsanlage Wedeco Spektron
• Keine Veränderung der Wasserinhaltsstoffe
• Höhere Desinfektionssicherheit als bei Chlorung
• Einfache elektrische Eigenüberwachung mittels UV-Sensor
• OptiDose: Stufenlose Regelung der Strahlungsintensität
Zertifiziert nach DVGW, ÖVGW, SVGW, NIPH, UVDGM, NSF61.
www.xylem.de
xylem
Let's Solve Water

Unsere Serviceleistungen basieren auf einer langjährigen, praktischen Erfahrung im Bereich Wasserversorger, Schwimmbäder, Brauereien und Industrie.

Kooperationspartner

Wallace & Tiernan

Fachbetrieb nach §19 WHG

Langekamp 20 - 22 • 45475 Mülheim an der Ruhr
Telefon: 0208 / 99 40 90 • Telefax: 0208 / 99 40 9-99
www.beierlorzer-gmbh.de

24 Stunden erreichbar

Reit 4
94550 Künzing
Tel.: +49 (0) 8547 / 9149926
Fax: +49 (0) 8547 / 9149921
Mail: info@chlorgas.de

Chlorgas

Produziert und abgefüllt in Deutschland.
Europaweit schätzen unsere Kunden unser Know-how und unsere Sicherheitstechniken.

DIE PROFIS
FÜR DOSIER- UND WASSERTECHNIK

für Schwimmbäder, Wasserwerke, Kläranlagen, öffentliche Brunnen und Industrie

Die **m. hübers gmbh** ist ein erfolgreiches und zukunftsorientiertes Familienunternehmen in Wesel, das seit fast 45 Jahren für nachhaltige Geschäftsbeziehungen zu Kunden und Lieferanten steht. Schwerpunkte setzen wir in den Bereichen Chlorgasdosierung, Wasseraufbereitung und Desinfektion von Trink-, Schwimmbecken-, Brauerei- und Kühlwasser sowie im verfahrenstechnischen Anlagenbau.

PRÄZISE TECHNIK –
PERFEKTER SERVICE

m. hübers gmbh
Rudolf-Diesel-Str. 98 · 46485 Wesel
T 0281-98400-0 · **www.huebers-gmbh.de**

Lovibond®
Water Testing

Tintometer® Group

NEU!

On-line Trübungsmessung

PTV 1000/2000

Der neue Standard für die Prozess-Trübungsmessung

- Geringer Wartungsaufwand
- Innovatives Design
- Intelligente Bedienung
- Unübertroffene Leistung bei niedrigen Trübungswerten
- Intuitive Benutzeroberfläche
- Touchscreen Display

www.lovibond.com

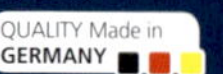

TRINKWASSERBEHÄLTER REINIGUNG

Hochwirksame Produkte

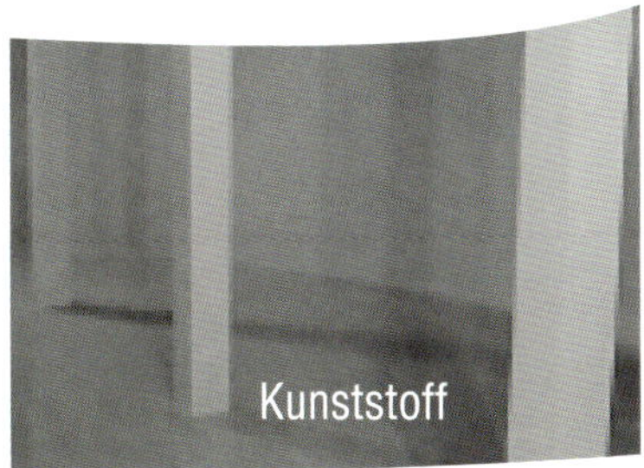

CARELA® puroDes EN

Hochwirksamer Spezialreiniger für moderne Trinkwasseranlagen der Zukunft entwickelt

- speziell für Edelstahl und Kunststoffbeschichtungen
- pH-neutrales Konzentrat in Pulverform, dadurch einfach im Wasser aufzulösen
- völlig säurefrei, somit nicht korrosionsfördernd

Besondere Merkmale:

- Werterhaltung der Anlagen und Beschichtungen
- Hohe Reinigungseffizienz

Eigenschaften:

- Hygienereinigung von Trinkwasseranlagen und Vorkammern nach Neubau und Instandhaltungsarbeiten
- Unterhaltsreinigung

CARELA® NOVOPUR

Werterhalt von Oberflächen und Beschichtungen

- pH-neutrales Konzentrat in Pulverform
- völlig säurefrei, somit nicht korrosionsfördernd
- einfach in Trinkwasser aufzulösen
- für alle Oberflächen gleichermassen geeignet,auch für Edelstahl und empfindliche Beschichtungen
- Entspricht den Minimierungsvorschriften in §§ 8-12 der GefStoffV

CARELA® muEX forte

zur Vorbehandlung der Oberflächen bei der Reinigung von Trinkwasseranlagen und hoch wirksam zur gezielten Biofilm Entfernung bei Befall durch Legionellen und Pseudomonaden

CARELA® GmbH
Schafmatt 5
79618 Rheinfelden
Tel. +49 76 23 72 24 - 0
Fax +49 76 23 72 24 - 99
info@carela-group.com
www.carela-group.com

CARELA Group
Niederlassungen & Service Stützpunkte

- Hamburg
- Oldenburg
- Berlin
- Paderborn
- Göttingen
- Dresden
- Neuss
- Köln
- Bad Kreuznach
- Memmingen
- Freiburg
- Rheinfelden

CARELA GmbH
Schafmatt 5 • D-79618 Rheinfelden
CARELA GmbH
Oranienplatz 5 • D-10999 Berlin
CARELA France
F-68490 Ottmarsheim
CARELA Singapore
Singapore 169203 • UNit 04-10
CARELA Südkorea
Gwangju Korea

W.E.T. – die Spezialisten für Trinkwasseraufbereitung

Unsere **Ultrafiltrationsanlagen aus eigener Fertigung** sichern auch Ihre Wasserversorgung.

Ultrafiltration bedeutet **sauberes, keimfreies Trinkwasser** dank modernster Membrantechnik.

W.E.T. GmbH • Krumme Fohre 73 • D-95359 Kasendorf
Fon: +49 (0) 9228 99609-0 • Fax: +49 (0) 9228 99609-11
E-Mail: info@wet-gmbh.com • Internet: www.wet-gmbh.com

Bibliografische Information der Deutschen Bibliothek
Die Deutsche Bibliothek verzeichnet diese Publikation in der Deutschen Nationalbibliografie; detaillierte bibliografische Daten sind im Internet über http://dnbddb.de abrufbar

Dipl.-Chem.-Ing. Wolfgang Roeske
© 2019 ROESKE VERLAG, Günzburg
Vulkan Verlag, Essen

Dieses Werk ist urheberrechtlich geschützt. Die dadurch begründeten Rechte, insbesondere die der Übersetzung, des Nachdrucks, des Vortrags, der Entnahme von Abbildungen und Tabellen, der Funksendung, der Mikroverfilmung oder Vervielfältigung auf anderen Wegen und der Speicherung in Datenverarbeitungsanlagen, bleiben, auch bei nur auszugsweiser Verwertung, vorbehalten. Eine Vervielfältigung dieses Werkes oder von Teilen dieses Werkes ist auch im Einzelfall nur in den Grenzen der gesetzlichen Bestimmungen des Urheberrechtsgesetzes zulässig. Sie ist grundsätzlich vergütungspflichtig. Zuwiderhandlungen unterliegen den Strafbestimmungen des Urheberrechtsgesetzes.

Die Wiedergabe von Gebrauchsnamen, Handelsnamen, Warenbezeichnungen usw. in diesem Buch berechtigt auch ohne besondere Kennzeichnung nicht zu der Annahme, dass solche Namen im Sinne der Warenzeichen und Markenschutz-Gesetzgebung als frei zu betrachten wären und daher von jedermann benutzt werden dürften. Sollte in diesem Werk direkt oder indirekt auf Gesetze, Vorschriften oder Richtlinien (z. B. DIN, DVGW) Bezug genommen oder aus ihnen zitiert worden sein, so kann der Verlag keine Gewähr für die Richtigkeit, Vollständigkeit oder Aktualität übernehmen. Es empfiehlt sich, gegebenenfalls für die eigenen Arbeiten die vollständigen Vorschriften oder Richtlinien in der jeweils gültigen Fassung heranzuziehen.
Das vorliegende Werk wurde sorgfältig erarbeitet. Dennoch übernehmen Autor und Verlag für die Richtigkeit von Angaben, Hinweisen und Ratschlägen sowie für eventuelle Druckfehler keine Haftung.

Printed in Germany

Das Buch enthält 155 Abbildungen und 25 Tabellen.

Einbandgestaltung: Vulkan Verlag, Essen
Lektorat: Marko Roeske, Lektorat & Textbüro, Parkstetten
Satz und Druck: Druckpartner OHG, Günzburg

ISBN 978-3-8356-7381-6 (Buch)
ISBN 978-3-8356-7382-3 (eBook)

Trinkwasserdesinfektion

Grundlagen – Verfahren – Anlagen –
Geräte – Mikrobiologie – Chlorung – Ozonung –
UV-Bestrahlung – Membranfiltration –
Qualitätssicherung

4., aktualisierte und erweiterte Auflage

Wolfgang Roeske

ROESKE VERLAG, Günzburg
Vulkan Verlag, Essen

Vorwort zur 4. Auflage

Robert Koch (1843 – 1910)

Die 1. Auflage dieses Buches erschien 2006, bereits ein Jahr später erschien die 2. Auflage, beide im Oldenbourg Industrieverlag München. Die 3. Auflage erschien 2016 erstmal in Kooperation zwischen dem ROESKE VERLAG, Günzburg und dem Deutschen Industrieverlag, München. Die 4., aktualisierte und erweiterte Auflage erscheint nunmehr gemeinsam mit dem Vulkan Verlag, Essen. Grundlage dieser Auflage ist auch weiterhin das Infektionsschutzgesetz, die Trinkwasserverordnung, das DVGW-Regelwerk und die DIN-Normen der Wasseraufbereitung, Verfahrenstechnik, Aufbereitungsstoffe und Analyseverfahren zur Kontrolle der Wassergüte.

Gutes Trinkwasser hat zu allen Zeiten hohe Wertschätzung gefunden. Der beste Beweis aus der Vergangenheit sind die römischen Wasserleitungen, die zur Versorgung der Stadt Rom und anderer Städte im Imperium Romanum gebaut worden sind.

Die Römer vermuteten sicherlich Zusammenhänge zwischen Wassergüte und Gesundheit, aber sie konnten noch nicht die Bedeutung der mikrobiologischen Qualität eines Trinkwassers erkennen. Erst seit Mitte des 19. Jahrhunderts wusste man um den Zusammenhang zwischen mikrobieller Kontamination eines Trinkwassers und dem Krankheitsgeschehen.

Als Robert Koch 1843 geboren wurde, lag die mittlere Lebenserwartung bei etwas über dreißig Jahren, was nicht viel höher war als im Mittelalter. Die meisten Menschen in Europa starben damals an Infektionskrankheiten, viele davon an Typhus, Cholera und Ruhr, typische Erkrankungen, die durch Trinkwasser übertragen werden. Es war insbesondere Robert Koch, der durch seine grundlegende Arbeit „Über die neuen Untersuchungsmethoden zum Nachweis der Mikroorganismen in Boden, Luft und Wasser" (1883) die wissenschaftlichen Voraussetzungen schuf, die zur hygienisch-mikrobiologischen Überwachung der Trinkwasserqualität führte.

In seinem ebenso grundlegenden Werk „Wasserfiltration und Cholera" (1893) forderte Robert Koch zur Überprüfung der Wirksamkeit einer Wasserfiltration den bis heute gültigen Richtwert von maximal 100 KBE (koloniebildende Einheit) pro Milliliter Filtrat. Er führte damit erstmals einen quantitativen mikrobiologischen Richtwert zur Qualitätssicherung und Risikoabschätzung ein.

Der begnadete Forscher entwickelte wichtige bakteriologische Verfahren, um Erreger in Reinkulturen zu züchten und unter dem Mikroskop sichtbar zu machen.

Robert Koch wurde vielfach geehrt. 1905 erhielt er den Nobelpreis für Medizin.

Heute heißt das bedeutendste deutsche medizinische Institut zur Erforschung der Infektionskrankheiten *Robert Koch-Institut* und befindet sich in Berlin.
Diesem Institut verdanke ich die Bilder, die Robert Koch und seinen damaligen Arbeitsplatz zeigen, die aktuelle Aufnahme der mit Legionellen infizierten Amöbe sowie die Abbildungen der Entero- und Adenoviren.
Von der Firma Prime Water Systems, habe ich die nicht weniger eindrucksvollen elektronenmikroskopischen Aufnahmen der verschiedensten Krankheitserreger – Bakterien und Parasiten – erhalten, für die ich mich herzlich bedanke.
Mein Dank geht auch an alle weiteren Firmen und Institutionen, die Fotos, Grafiken und Zeichnungen für dieses Buch zur Verfügung gestellt haben. Im Abbildungsnachweis sind die einzelnen Bezugsquellen angegeben.
Mit der Erstellung dieses Buches wird nicht nur das Ziel verfolgt, den neuesten technischen und wissenschaftlichen Stand des Fachgebietes Trinkwasserdesinfektion aufzuzeigen, sondern es soll auch ein historischer Rückblick auf die Entwicklung der Wasserversorgung und Abwasserbeseitigung von den Anfängen bis zum heutigen Tag gegeben werden. Der historische Teil schließt mit einer Zeittafel, die auch die Entwicklung der Verfahrenstechnik der Trinkwasserdesinfektion wiedergibt. Die Daten der Zeittafel wurden aus verschiedenen Literaturstellen zusammengestellt.
Besonderer Wert wurde zu fast allen Kapiteln auf die Definition und Festlegung der Fachbegriffe gelegt. Damit möchte der Verfasser dazu beitragen, dass unter Fachleuten einheitliche Begriffe verwendet werden.
Durch meine berufliche Tätigkeit und die Mitarbeit in DVGW-Gremien und DIN-Ausschüssen kenne ich die vielfältigen Fragen und Probleme, die bei der Desinfektion von Wasser auftreten können. Deshalb geht dieses Buch einerseits auf viele detaillierte Fragen ein und versucht andererseits in Form von Übersichten und Tabellen einen Vergleich und eine Wertung der einzelnen Desinfektionsverfahren zu geben.
Für den praktischen Gebrauch sind wichtige Stoffdaten von Chemikalien, die für die Trinkwasserdesinfektion eingesetzt werden, aufgeführt
An dieser Stelle sei allen gedankt, die mir Anregungen, Hinweise und Hilfen zu diesem Buch gaben. Zu danken habe ich dem Vulkan Verlag, Essen und hier besonders Nico Hülsdorf für die gute Zusammenarbeit bei der gemeinsamen Herausgabe dieses Buches. Besonderer Dank gilt Josef Aleiter der Firma Druckpartner, Günzburg für die aufgebrachte Geduld und die sorgfältige Gestaltung des Buches sowie meinem Sohn Marko für die Bearbeitung des Manuskripts.

Günzburg, März 2019
Wolfgang Roeske

Inhaltsverzeichnis

1 Einleitung

Ziel der Trinkwasserdesinfektion und Wasserhygiene ist die Sicherstellung der Versorgung der Bevölkerung mit Wasser in ausreichender Menge und in hygienisch einwandfreier Qualität.

Unter hygienisch einwandfreier Qualität versteht man, dass das Wasser Krankheitserreger und Schadstoffe nicht in Konzentrationen enthalten darf, die geeignet sind, die menschliche Gesundheit zu schädigen.

Durch Trinkwasser darf es nicht zu einer Übertragung von Krankheitserregern kommen. Durch die globale Verbindung mit endemischen Seuchengebieten, sei es durch den weltweiten Handel oder den Tourismus, besteht allerdings immer die Gefahr, dass jederzeit und an jedem Ort übertragbare Krankheiten durch Wasser auftreten und sich verbreiten können. Dies haben die in den letzten Jahren weltweit aufgetretenen Epidemien, die durch mit Bakterien, Viren und Parasiten kontaminiertem Trinkwasser verursacht wurden, gezeigt.

Die Ausbreitung von Krankheitserregern mit dem Wasser stellt somit immer noch ein wesentliches Gesundheitsrisiko dar, wenn auch in den zurückliegenden Jahren immer wieder der Eindruck erweckt worden ist, als wenn nur noch chemische Wasserinhaltsstoffe eine Gefährdung der menschlichen Gesundheit verursachen. Dies betraf in vielen Fällen neben Nitrat, Blei und andere toxische Substanzen, die auch bei der Desinfektion als Nebenprodukte entstehen können, wie z. B. Trihalogenmethane, Chlorat, Chlorit und neuerdings Bromat.

Ehe man sich über Spuren von Nebenprodukten der Desinfektion ereifert und gegebenenfalls das Chlor verteufelt, sollte man sich vergewissern, dass das über die öffentliche Versorgung verteilte Trinkwasser kein seuchenhygienisches Risiko darstellt. Eine mikrobielle Verunreinigung stellt immer eine akute Gefahr für die menschliche Gesundheit dar, eine chemische Verunreinigung ist im Regelfall ein sehr begrenztes Risiko, zumal die vorgegebenen Grenzwerte unter Vorsorgegesichtspunkten festgelegt worden sind.

Das Thema Desinfektion bei der Aufbereitung von Wasser für den menschlichen Gebrauch begleitet uns seit dem Bestehen des DVGW (Deutsche Verein des Gas- und Wasserfaches) seit nunmehr 160 Jahren. In seinem umfangreichen Regelwerk hat der DVGW auch zur Trinkwasserdesinfektion und allen damit zusammenhängenden Fragen seit vielen Jahrzehnten Stellung bezogen. Mit dem DVGW-Regelwerk hat der Gesetzgeber es den Fachleuten des Wasserfaches überlassen, sich Regeln und Normen selbst zu setzen und danach zu handeln. In seinen Arbeits- und Merkblättern hat der DVGW für alle Desinfektionsverfahren Richtlinien erarbeitet, wobei die praktischen Erfahrungen in Wasserwerken besondere Berücksichtigung gefunden haben. Für viele andere Staaten gilt das DVGW-Regelwerk als Vorbild.

Wir haben neue Erkenntnisse gewonnen über pathogene Mikroorganismen im Wasser, die eine Diskussion über Ziele der Desinfektion, Verfahren und ihre Wirksamkeit erforderlich machen. Hier sind zum Beispiel das Auftreten neuer wasserbedingter Krankheitserreger, wie die seit 1976 bekannten Legionellen, die neu erkannten Parasiten Cryptosporidien und Giardien und der möglicherweise zu Krebs führende Helicobacter pylori, zu nennen.
Vor diesem Hintergrund wird den Fragen einer Veränderung der Wasserqualität insbesondere durch Vermehrung von Mikroorganismen im Leitungsnetz und in der Hausinstallation zukünftig eine erhebliche Bedeutung zukommen.
Da der Anteil pflegebedürftiger, alter und immungeschwächter Menschen auf Grund der demografischen Entwicklung und des medizinischen Fortschritts erheblich zunimmt, ist dieser Personenkreis in besonderer Weise durch Krankheitserreger, die über Wasser und auch hier über das Warmwasser übertragen werden können, stark gefährdet.
In diesem Zusammenhang ist zum Beispiel die Thematik der Biofilme zu nennen, die überall an wasserbenetzten Flächen auftreten können und einen Schutz für pathogene Mikroorganismen gegenüber den üblichen Desinfektionsmitteln bieten, besonders zu erwähnen.
Hier ergeben sich neue Aufgaben für die Wasserversorger, aber auch für die Fachfirmen der Wasseraufbereitung. Durch die richtige Kombination von leistungsfähigen Aufbereitungsmaßnahmen können auch diese Probleme gelöst werden. Falls konventionelle Desinfektionsverfahren nicht ausreichen oder wo eine sichere Desinfektion des Trinkwassers nicht gewährleistet werden kann, sollten geeignete moderne Verfahren wie zum Beispiel die Membranfiltration eingesetzt werden.
Die Desinfektion bietet, wie auch schon lange bekannt, einen wichtigen, aber allein keinen ausreichenden Schutz vor einer Ausbreitung von Krankheitserregern mit dem Wasser. Die Zuverlässigkeit einer seuchenhygienisch einwandfreien Wasserversorgung beruht daher auf drei Säulen: Gewässerschutz, Aufbereitung und Desinfektion. Die verschiedenen Schutzmaßnahmen lassen sich aber nicht beliebig gegeneinander austauschen. Mangelhafter Gewässerschutz oder Fehler bei der Aufbereitung können nicht durch die alleinige Desinfektion des Trinkwasser ausgeglichen werden. Hier gilt das „Multiple-Barriere-Prinzip".
Die Beeinflussung der menschlichen Gesundheit durch Wasser ist eine alte Erfahrung und schon in der Antike wird darauf eingegangen, obwohl damals nur der Geruch, der Geschmack, die Farbe sowie die Klarheit des Wassers Qualitätskriterien waren.
Heute stehen moderne, kontinuierlich messende Geräte für die Wassergütekontrolle und Qualitätssicherung zur Verfügung. Sie werden für die Überwachung der Desinfektion eingesetzt, liefern entsprechende Daten und sichern so die einwandfreie hygienische Qualität unseres Trinkwassers.

2 Historischer Überblick

2.1 Griechen/Römer

Schon Alexander der Große (356 – 323 v. Chr.) schrieb seinen Soldaten vor, nur abgekochtes Wasser zu trinken. Die Wirkung des Abkochens zur Vermeidung einer Ausbreitung von Erkrankungen war bereits bei den Ägyptern und Chinesen bekannt. Chinesen nehmen auch heute noch, wie seit altersher, das meiste Trinkwasser in Form von Tee zu sich. Dazu muss es abgekocht werden.

Wie die Griechen die Grundlagen ihrer Erkenntnisse den Babyloniern und den Ägyptern verdanken, so übernahmen in der zweiten Hälfte des letzten vorchristlichen Jahrtausends die Römer viel Gedankengut von den Griechen. Dies gilt vor allem für die umfangreichen Kenntnisse der Griechen über die Technik der Wasserversorgung und die Beseitigung von Abwässern.

So war zum Beispiel in den Jahren um 550 v. Chr. der Bau der Wasserversorgung der Stadt Samos, dem heutigen Pythagorion, ein technisches Meisterwerk ersten Ranges. In der Geburtsstadt des Philosophen und Mathematikers Pythagoras (570 – 496 v. Chr.) entstand eine Wasserleitung von ca. 2500 m Länge. Höchste Bewunderung gebührt dem Baumeister Eupalinos für die Art und Weise, mit der er die Vermessung der Wasserleitung gemeistert hat. Ob er die Hilfe des Pythagoras in Anspruch genommen hat, ist nicht überliefert. Der wichtigste Teil dieser antiken Wasserleitung ist ein 1036 m langer Tunnel (Abb. 1), der von beiden Seiten gleichzeitig vorangetrieben wurde. Bevor mit den Aushubarbeiten begonnen werden konnte, mussten die Niveaus der Eingänge bestimmt und vor allem die Vortriebrichtung festgelegt werden.

Abb. 1: Der Eingang des 1036 m langen Eupalinos-Tunnels auf der griechischen Insel Samos, der für die 2500 m lange Wasserleitung der Stadt Pythagorion um 550 v. Chr. gebaut wurde

Beides geschah mit einfachsten Messgeräten – mit Fluchtstangen über den Bergkamm und mit waagrechten Peilungen (Wasserwaage) um den Berg herum – und in beiden Fällen wurde ein Höchstmaß an Genauigkeit erreicht. Alles in allem ist der Tunnel des Eupalinos eine ingenieurtechnische Meisterleistung, die erst in der Neuzeit ihresgleichen gefunden hat. Auf die griechischen Naturphilosophen und Wissenschaftler folgten die römischen Techniker und Ingenieure. Die Römer vermochten mit ihrem pragmatischen Denken das naturphilosophische Wissen der Griechen in hervorragende technische Leistungen umzusetzen.
Berühmt geworden sind vor allen Dingen die Wasser- und Abwasseranlagen des alten Roms. Die erste römische Wasserleitung, die Aqua Appia, errichtete Censor Appius Claudius Caesus im Jahr 312 v. Chr. Die Länge der Leitung betrug 16 km, wovon ein Großteil unterirdisch verlief. Ihre Kapazität betrug 73.000 m^3 pro Tag.
Sextus Iulius Frontinus, der das hohe Amt eines Wasserkurators innehatte, versorgte die Stadt Rom über eine Vielzahl von Wasserleitungen mit zum Teil über 80 km Länge. Die Leistungsfähigkeit der Leitungen war so groß, dass in Rom pro Einwohner und Tag 1400 Liter Wasser zur Verfügung standen. Diese große Wasserzufuhr erklärt auch die hohe Kultur des Bades im alten Rom und den Bau ihrer riesigen und großartigen Thermen. Die Aquädukte, mit denen die römischen Fernwasserleitungen Täler und Geländeeinschnitte überwanden, und die Thermen gehören zu den eindrucksvollsten Bauwerken – nicht nur der Hydrotechnik wegen, sondern aufgrund der römischen Baukunst selbst.
Zur Zeit des Kaisers Konstantin (306 – 337 n. Chr.) gab es bereits 19 Aquädukte, die unter anderem insgesamt 1200 Brunnen, 11 große kaiserliche Thermen und über 900 öffentliche Bäder in Rom mit frischem Wasser versorgten. Nie zuvor hatte eine Stadt über derartige Wassermassen verfügt.
Ähnlich wie die Griechen haben auch die Römer das Quellwasser in einer sogenannten Brunnenstube (Sammelbecken) aufgefangen, in der sich Schwebstoffe absetzen konnten. Anders als die Griechen nutzten die Römer auch Oberflächenwasser, indem sie Flüsse stauten und in die Wasserleitung führten, das meist als Brauchwasser und nicht als Trinkwasser verwendet wurde. Auch die Ableitung von Wasser aus einer Talsperre wird von Frontinus erwähnt.
Die Menschen im römischen Imperium bevorzugten außerdem Trinkwasser mit hoher Wasserhärte. Nicht nur weil derartige Wässer besser schmecken als weiche, mineralarme Wässer, sondern weil sie zu Kalkausfällungen innerhalb der Transportwege neigen. Diese Kalkablagerungen (Sinter) legten sich als dichte Schicht auf alle Bereiche der Leitung und verminderten innerhalb der städtischen Bleileitungen, dass das giftige Schwermetall in das Trinkwasser geraten konnte. Der römische Baumeister und Chronist Vitruvius warnte schon zur Zeit Kaiser Augustus eindringlich vor den Bleileitungen, weil sie gesundheitsschädlich seien.

Andererseits nennt Vitruvius ein Verfahren zur Prüfung und Bewertung einer Quelle für die Gewinnung von Trinkwasser:

> *„Wenn Quellen von selbst und offen zu Tage treten, dann sollte man beobachten und erkunden, bevor mit dem Leitungsbau begonnen wird, welchen Gliederbau die Menschen haben, die in der Umgebung dieser Quellen wohnen. Ist ihr Körperbau kräftig, ihre Gesichtsfarbe frisch, ihre Beine nicht krank und ihre Augen nicht entzündet, dann werden diese Quellen ganz vortrefflich sein. Daher müssen mit großer Sorgfalt und Mühe die Quellen gesucht und gefunden werden, im Hinblick auf die Gesundheit des menschlichen Lebens."*

Abb. 2: Der Aquädukt von Nimes, Südfrankreich, der berühmte Pont du Gard – Inbegriff römischer Bau- und Ingenieurkunst, erbaut 18 v. Chr., eines der größten Brückenbauwerke (300 m lang und 50 m hoch), das römische Techniker für eine Fernwasserleitung je gebaut haben

In der Zeit der römischen Republik errichtete man die Aquädukte aus behauenen Steinblöcken, die eigentliche Wasserleitung bestand jedoch häufig aus „Römischem Beton“, einem wasserdichten Gemisch aus Quarzsand, Tonerde, Kalkstein, Eisenoxid und alkalischen Stoffen (Puzzolane), in Verbindung mit Kalkhydrat und Wasser. Zum Schutz vor Verschmutzung, Erwärmung und Verdunstung wurden die offenen Wasserleitungen mit Steinplatten abgedeckt. Bei den römischen Wasserleitungen können fünf Konstruktionstypen unterschieden werden: die offene Bauweise, der Tunnel (unterirdische, mit Erdreich abgedeckte Kanäle), der Aquädukt, die Leitung auf einer Mauer und die Druckleitung. Die Querschnittsweite der Kanäle römischer Fernwasserleitungen reichte von ca. 40 cm bis zu über 2 m.
Wasserleitung und Aquädukte basierten allein auf Gravitation, d. h. auf einem stetigen Gefälle. Nach Vitruvius sollte das Gefälle mindestens 0,5 % betragen. Die Leitungen nach Rom hatten eher niedrigere Werte. Das kleinste Gefälle aller bekannten Wasserleitungen weist der Pont du Gard (Abb. 2) mit 7 mm auf 100 m auf.
Wenn die Leitung den höchsten Punkt der Stadt erreicht hatte, errichtete man ein Castellum (Wasserschloss, Wasserverteiler), um das Wasser nach einer mechanischen Reinigung mit einem Rechen in drei verschieden hoch gestaffelte Rohrleitungen an drei Empfängergruppen zu verteilen. Sank der Wasserspiegel, erhielten zunächst die Privathäuser kein Frischwasser mehr.

Abb. 3: Castellum divisorium nannten die Römer die Wasserverteilungs-Bauwerke. Diese befanden sich am höchsten Punkt der Stadt (wie hier in Nimes/Südfrankreich), von dem aus die einzelnen Empfängergruppen über unterschiedliche angeordnete Leitungsanschlüsse ihr Wasser erhielten

Stand noch weniger Wasser zur Verfügung, konnte man auch den öffentlichen Gebäuden, ja sogar den Thermen, die Zufuhr sperren. Die öffentlichen Brunnen, an denen sich jedermann mit Wasser versorgen konnte, wurden bis zuletzt gespeist. Die Rohre, die von den Wasserschlössern abzweigten sowie die des gesamten städtischen Rohrnetzes Roms bestanden meist aus Blei. Das der Einsatz von Bleirohren das Trinkwasser mit Blei belastere und gesundheitsschädlich sei, war bereits zur Zeit

Kaiser Augustus bekannt. Wenn man bedenkt, dass damals bis zu 60.000 Tonnen Blei pro Jahr im Römischen Reich gefördert und zu Leitungsrohren, Trinkgefäßen und Tellern verarbeitet wurden, kann man die Hypothese einiger Historiker verstehen, dass eine „pandemische“ Bleivergiftung mit zum Untergang Roms beigetragen haben kann. Übrigens wurden auch in Deutschland bis 1973 Bleirohre für Trinkwasser-Hausanschlüsse eingesetzt. Dies ist auch der Grund dafür, warum in der Deutschen Trinkwasserverordnung ein Grenzwert für Blei von maximal 0,01 mg/l im Trinkwasser festgelegt worden ist.

Römische Aquädukte waren im gesamten Imperium Romanum vorhanden: Die Leitung in der Eifel, die Köln mit frischem Wasser versorgte, erstreckte sich über eine Länge von 95,4 Kilometern bei einem Gefälle von etwa 400 m und einer Versorgungsleistung von täglich 20.000 m^3. Die Leitung transportierte das Wasser allein durch ihr Gefälle und zeigt die Befähigung der Römer zur exakten Vermessung. Die Eifelwasserleitung wurde um das Jahr 80 n. Chr. errichtet. Der größte Teil der Leitung war als mit Erdreich bedeckter Kanal (Tunnel) ausgebildet (siehe Abb. 4, 5) und frostsicher gegründet. Sohle und Wangen waren entweder gemauert oder aus Stampfbeton (Römischer Beton – Opus Caementitium) hergestellt.

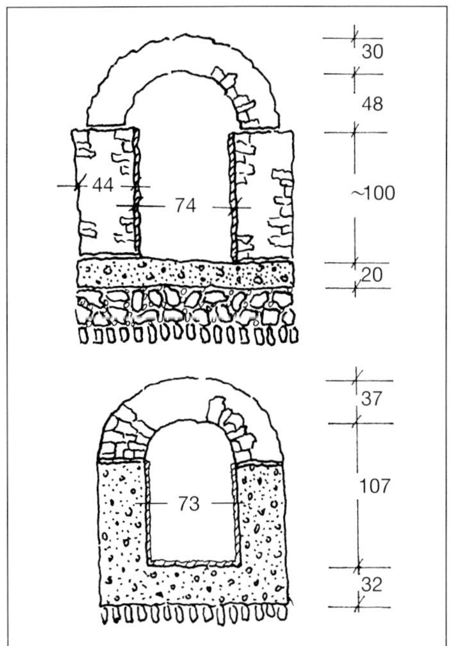

Abb. 4: Kanalprofile der römischen Wasserleitung aus der Eifel nach Köln. Vorlage: B. Gockel

Abb. 5: Aufgebrochener Kanal unmittelbar nach der Brunnenstube am Grünen Pütz

Der wasserführende Teil des Kanals war mit einem sehr haltbaren mehrschichtigen Mörtelputz überzogen und mit einem halbkreisförmigen Gewölbe abgedeckt.
Die Leitung selbst hatte innen eine Breite von ca. 70 cm und eine Höhe von 100 cm und konnte damit auch von innen begangen werden. Die Leitung war zum Schutz vor eindringendem Schmutzwasser außen verputzt und wurde bei Bedarf von einer Drainage begleitet, die anstehendes Grundwasser oder Sickerwasser von der Leitung fernhielt.

Abb. 6:
Die Brunnenstube am „Grünen Pütz" im Urfttal bei Nettersheim. Hier beginnt die römische Eifelwasserleitung, die an dieser Stelle das Wasser einer Quelle aufnahm

Die römische Eifelwasserleitung beginnt im Urfttal bei Nettersheim am „Grünen Pütz", wo sie das Wasser einer Quelle aufnahm (Abb. 6). Den Verlauf der Leitung bis Köln zeigt die Abb. 7. Es existierten weitere Quellenfassungen im Verlauf der Leitung, deren Brunnenstuben konstruktiv den örtlichen Gegebenheiten angepasst waren. Die Leitung verlief zum Schutz vor Frost etwa 1 m unter der Erdoberfläche. Für die Eifelwasserleitung waren nur wenige Hochbauten notwendig. Denn der Verlauf der Leitung querte keine großen oder tiefen Täler. Zur Überquerung der Swist wurde eine Bogenbrücke von 1400 m Gesamtlänge mit bis zu 10 m Höhe errichtet. Eine Aquäduktbrücke über die Erf hatte eine Länge von ca. 500 m. Den Trassenverlauf begleitete ein Weg, der gleichzeitig einen Schutzstreifen markierte, innerhalb dessen eine landwirtschaftliche Nutzung des Geländes von den Römern verboten war. Auf den letzten Kilometern vor Köln verließ die Leitung das Erdreich und führte das Wasser über einen Aquädukt, der vor der Stadt eine Höhe von etwa 10 m erreichte. Dadurch sollten auch höher gelegene Stadtteile über Druckleitungen versorgt werden. Diese bestanden aus Blei, als Armaturen verwendeten die Römer Absperrhähne aus Bronze. Das ankommende Wasser floss bevorzugt in die vielen öffentlichen Laufbrunnen der Stadt, die ständig in Betrieb waren. Das Netz der Laufbrunnen war so dicht, dass kein Einwohner der Stadt weiter als 50 m zu einem dieser Brunnen gehen musste, um sich mit Wasser zu versorgen.

Weiterhin versorgten die Leitungen Thermen, private Hausanschlüsse sowie die öffentlichen Toilettenanlagen. Die Abwässer wurden durch ein im Kölner Untergrund befindliches Kanalnetz in den Rhein geschwemmt.

Ein Stück dieser Abwasserleitungen kann auch heute noch unter der Kölner Budengasse besichtigt und begangen werden.

Die gesamte Anlage war bis etwa 260 n. Chr. in Betrieb, sie wurde durch einen kriegerischen Überfall der Germanen nach der ersten Zerstörung Kölns auch teilweise verwüstet und nicht wieder in Betrieb genommen.

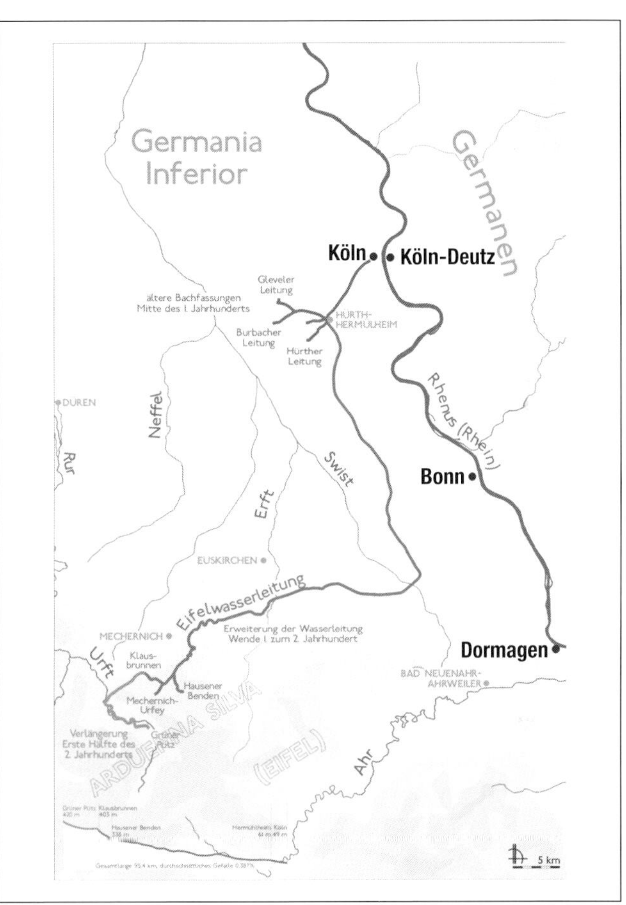

Abb. 7:
Verlauf der römischen Wasserleitung aus der Eifel nach Köln, erbaut um 80 n. Chr. Gesamtlänge ca. 95,4 km

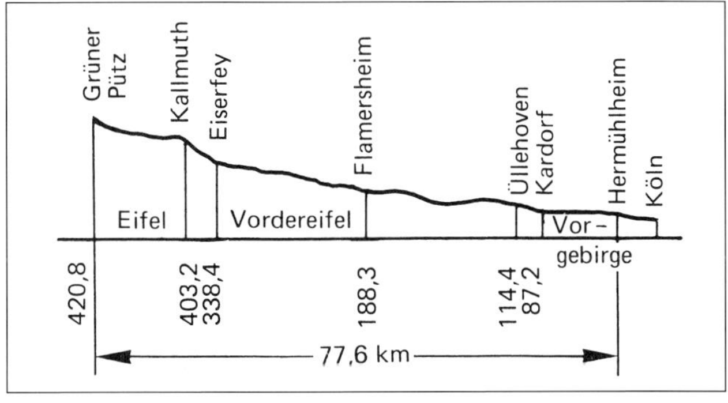

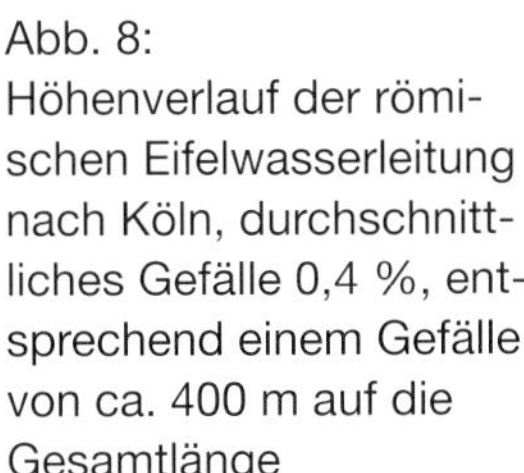

Abb. 8:
Höhenverlauf der römischen Eifelwasserleitung nach Köln, durchschnittliches Gefälle 0,4 %, entsprechend einem Gefälle von ca. 400 m auf die Gesamtlänge

Aber auch für die Abwasserbeseitigung wurde im alten Rom viel getan. So dienten die unterirdischen Abwasseranlagen gleichzeitig der Entwässerung des zum Teil sumpfigen Boden Roms. Ein Teil des Hauptsammlers, die Cloaca maxima, die aus dem 6. Jahrhundert v. Chr. stammt, ist bis heute noch in Betrieb.

Abb. 9:
Eine öffentliche Toilette, Latrine der damals römischen Stadt Ephesus

Einen großen Beitrag zur Trinkwasserqualität und Hygiene ist vor allen den öffentlichen Toiletten der Römer zu verdanken. Es waren Massenaborte, Sitz an Sitz, ein Ort, wo Klatsch und Tratsch gediehen. Hier wurden so manche „Geschäfte" gemacht.
Eine flache Rinne vor der Sitzbank (Abb. 9) führte das Reinigungswasser unter den Sitzkanal. Die Besonderheit der römischen Aborte bestand darin, dass die Fäkalien erstmalig durch Abwasserkanäle weggeschwemmt wurden, wodurch sich störende Geruchsbelästigungen verringerten, jedoch nicht gänzlich verhindert wurden. „Geld stinkt nicht", sagte der römische Kaiser Titus Flavius Vespasian (69 – 79 n. Chr.) seinem Sohn, als dieser ihm vorwarf, dass alle Bürger Roms Geld bei jedem Toilettengang zahlen mussten, das unrechtmäßig wäre, eine neue Steuer.
In römischen Privathäusern benutzte man Abortstühle und Hocklatrinen. Hier fielen die Fäkalien in eine Grube oder wurden durch eine Kloacke abgeführt.
Abschließend sei noch bemerkt, dass die praktischen Römer dem Bau ihrer Aquädukte, ihren Wasserleitungen und Abwasserkanälen eine größere Bedeutung beimaßen als den riesigen, aber nutzlosen Pyramiden der Ägypter. Das zeigt auch folgendes Zitat von Plinius (23 – 79 n. Chr.):

> *„Doch wer die Fülle des Wassers sieht, das so geschickt in die Stadt geleitet wird, um öffentlichen Zwecken zu dienen – Bädern, Häusern, Rinnsteinen, Vorstadtgärten und Villen; wer die hohen Aquädukte betrachtet, die erforderlich sind, um die richtige Beförderung zu garantieren; wer an die Berge denkt, die deshalb durchstoßen, und die Täler, die überbrückt werden mussten, der wird zugeben, dass der Erdkreis nichts Bewundernswerteres aufzuweisen hat."*

2.2 Mittelalter

Mit dem Untergang des römischen Weltreiches und dem Einsetzen der Völkerwanderung gerieten die hygienischen und technischen Erkenntnisse der Wasserversorgung und Abwasserableitung in Vergessenheit. Dies war offenbar auch zu einem nicht geringen Teil eine Folge der Christianisierung. Im Gegensatz zum jüdischen Gesetz lehrte das Christentum, was vom Menschen ausgehe, verunreinige den Menschen nicht. Hinzu kam im frühen Mittelalter die Abkehr vom Irdischen mit Hinwendung zum Jenseits, was eine Ablehnung und Verachtung des sündigen Leibes bedeutete und die Aufgabe jeder Forderung nach Reinlichkeit. Man betrachtete das irdische Leben als Übergangszeit und verhielt sich entsprechend.
Die Folge war ein Vergessen der hygienischen Erkenntnisse und Erfahrungen der Antike. Es wird berichtet, dass am Ende des 7. Jahrhunderts ein Bad zu nehmen, auf höchstens drei Festtage des Jahres beschränkt war. Erst die Kreuzfahrer haben die Gewohnheit des regelmäßigen Badens wieder eingeführt.
Die öffentliche Hygiene in den Kommunen des Mittelalters und auch die Individualhygiene, etwa im Sinne einer Körperpflege, war auf niedrigstem Niveau. Kenntnisse über die Wasserversorgung, die Beseitigung von Abfällen und Abwässern waren praktisch nicht vorhanden. Wissen über den Zusammenhang von Trinkwasser und Abwasser mit der Entstehung von Krankheiten waren nicht bekannt. Die Städte waren eng bebaut, zum Teil bedingt durch die Stadtmauern; Straßen und Plätze waren ungepflastert und mit Abfällen und Kot bedeckt.
Die Einwohner der Städte, aber auch auf dem Lande, versorgten sich aus Brunnen, die häufig durch Ausscheidungen verseucht wurden.
Schon lange vor der Entdeckung der Mikroorganismen wurden Vermutungen ausgesprochen, dass irgendwelche Stoffe im Wasser sein müssten, die zum Ausbruch vieler Krankheiten führen. Trat eine Seuche auf, fiel der Verdacht nicht selten auf Wasser, auf „schlechtes" Brunnenwasser.
Die Verknüpfung irrationaler Ängste mit Vorurteilen brachte damals die Wahnvorstellung zwischen Massenerkrankungen und Brunnenvergiftungen hervor. Im Mittelalter kam der „Brunnenvergiftung" mehr der Charakter eines Vorwandes zu, zumeist mit einer nicht beweisbaren oder auch vorsätzlich falschen Anklage.
Rasende Angst befiel die Menschen: Anschuldigungen und Verfolgungen blieben nicht aus, zumal die Erfahrung zu bestätigen schien, dass „Gegenmaßnahmen" wirksam wären, da jedes Mal die Seuche irgendwann ausklang.
Die aus dem Verdacht der Brunnenvergiftung angestrengten Gerichtsverfahren verschonten kaum eine Bevölkerungsgruppe. Mehrere Hunderttausend Menschen sind in Europa vermutlich solchen Verfolgungen zum Opfer gefallen. Nürnberg war 1368 die erste Stadt, die eine Pflasterung ihrer Straßen und öffentlicher Plätze einführte. Eine der ersten städtischen Wasserleitungen wurde 1412 in Augsburg errichtet.

Die Augsburger Brunnenmeister waren die großen Ingenieure ihrer Zeit: Als gelernte Zimmerleute kannten die Brunnenmeister den Werkstoff Holz und wussten ihn auch für die Wasserversorgung gekonnt einzusetzen.
So waren die ersten Wasserrohre aus Fichten- und Kiefernholz. Die Nutzdauer war mit 12 bis 15 Jahren bei diesen Rohren gering. Außerdem konnten die Holzrohre höchstens einen Druck von 10 bis 15 m Wassersäule standhalten. Das Wasser nahm in den Holzrohren teilweise einen muffingen Geruch an. Daher war es verständlich, dass nach neuen Rohrmaterialien gesucht wurde. Die Verwendung von gusseisernen Rohren in Europa wird erstmals 1450 erwähnt, später auch für die städtische Trinkwasserversorgung in Augsburg.
Jahrhundertelang tüftelten die Augsburger Brunnenmeister immer wieder neue Techniken aus, um das Trinkwasser in die Laufbrunnen und auch direkt in die Häuser der Stadtbürger zu befördern. Dies war keine leichte Aufgabe, liegt doch die Augsburger Oberstadt gute 12 Meter über der Stelle, wo der „Brunnenbach" die Stadtmauer durchquerte und als Wasserentnahmestelle diente. Zum Heben von Trinkwasser wurde das Prinzip der Archimedischen Schraube, das bereits im antiken Griechenland bekannt war, erstmals in Augsburg angewandt. Mit den Archimedischen Schrauben wurde das Wasser von der Entnahmestelle bis zu 22 m gehoben. Der Mailänder Gelehrte Hieronymus Cardamus ließ 1554 in Basel eine detailgetreue Abbildung und Erklärung der „Machina Augustana" (Abb. 10) drucken und machte sie so europaweit bekannt.

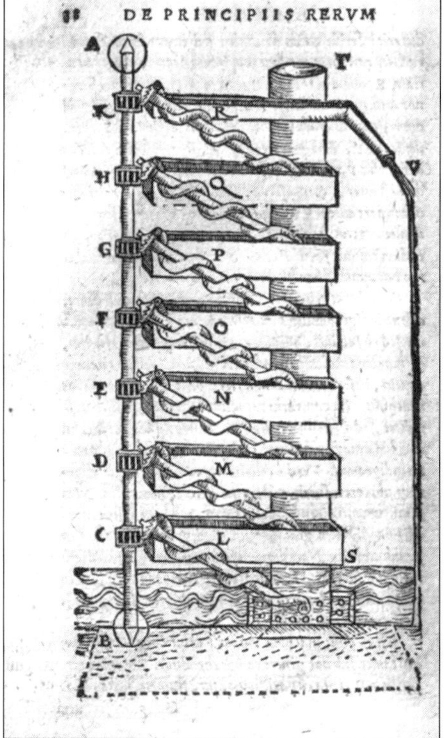

Abb. 10:
Wasser hebt Wasser:
„Machina Augustana", sieben übereinander angeordnete Archimedische Schrauben (Schneckenpumpen) fördern das Wasser auf 22 m Höhe in ein Hochreservoir (Brunnenturm). Das System wurde durch ein unterschlächtiges hölzernes Wasserrad angetrieben

© Machina Augustana. aus Hieronymus Cardanus, De Subtilitate – Libri XXI, Basel, 1554 (Ausgabe 1611, ÖNB, Sign. 47.Aa.44)

2.3 Zeit der Erfindungen und Entdeckungen

Die Entwicklung der Hydrotechnik im ausgehenden Mittelalter soll am Beispiel der Trinkwasserversorgung der Stadt Augsburg, die damals als Vorbild für viele andere Städte in Deutschland und Europa galt, kurz erläutert werden: Jeder der Augsburger Brunnenmeister übernahm das Wissen seiner Vorgänger und versuchte, deren Technk, weiterzuentwickeln. Ihr Wissen und ihren Innovationsgeist verbreiteten die Augsburger Brunnenmeister in alle Himmelsrichtungen. Aus den Augsburger Stadtarchiven ist ersichtlich, dass David Hertlein zwischen 1560 und 1567 ein Wasserwerk in Stuttgart baute, Hans Reisinger brachte die Augsburger Wasserkunst 1568 nach Wien und half 1572 den Münchnern mit neuer Technik (Abb. 12) bei deren Wasserversorgung. Im Jahr 1594 errichtete Jörg Sommer ein spektakuläres Wasserwerk in Rothenburg ob der Tauber, mit rund 50 Meter hohen Wassertürmen. Von 1601 war der Augsburger Georg Müller in Brüssel im Einsatz.

© htttp://www.augsburg.de/kultur/welterbe-bewerbung/pioniere-der-wassertechnik

Abb. 11:
Das Pumpenwerksmodell von Caspar Walter von 1754 stellt zwei Techniken gegenüber: die kompakte, aber kompliziertere und damit teuer herzustellende Kurbelwellenpumpe (auf der Abb. links), die einen gleichmäßigen Wasserdruck erzeugte und, die einfachere Waagbalken- oder Schwinkbaumpumpe, deren Kolben Druckspitzen erzeugten und damit das hölzerne Rohrnetz mehr belasteten

Insgesamt sind im Zeitraum von 1560 – 1603 vom Historiker Albrecht Hofmann 19 Fälle dokumentiert, in denen Brunnenmeister und Stadtgießer aus Augsburg im In- und Ausland tätig waren. Aus Rom, Venedig, London und Paris reisten Experten, Fürsten und Kardinäle nach Augsburg, um sich von der Leistungsfähigkeit des Augsburger Wasserversorgungssystems zu überzeugen.
Einer der bedeutendsten Augsburger Brunnenmeister und Techniker war Caspar Walter (1701 – 1760). Er ersetzte die Archimedischen Schrauben (Schneckenpumpen) durch wesentlich leistungsfähigere Pumpenwerke, angetrieben durch hölzerne Wasserräder. Immer weiter verfeinerte er seine Technik, erhöhte die Wirkung der Pumpen beispielsweise durch den Einbau von Kurbelwellen.
Wie seine Vorgänger war er sich bewusst, dass seine Erkenntnisse und Erfahrungen an künftige Generationen weiterzugeben sind: Er baute seine Maschinen als hölzerne, voll funktionsfähige Modelle meist im Massstab 1:12 nach und gab so sein Wissen weiter. Die meisten seiner Modelle blieben erhalten (siehe Abb. 11) und können heute im Augsburger Maximilianmuseum besichtigt werden. Einen großen Teil dessen, was wir heute über die Augsburger Wasserversorgung wissen, verdanken wir den Schriften des hervorragenden Technikers Caspar Walter. Sein wichtigstes Buch „Hydratica Augustana“ beschreibt die historische Entwicklung der Augsburger Wasserkunst (Abb. 13).
Bis 1879 versorgten sieben Wasserwerke mit insgesamt neun Brunnentürmen Augsburg mit fließendem Trinkwasser.

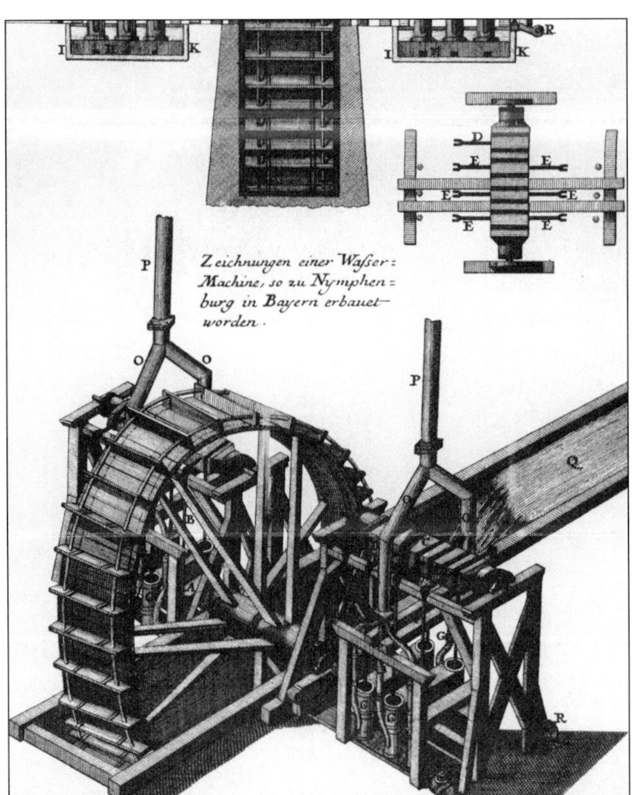

Abb. 12: Wasserradgetriebene Kolbenpumpen aus der ersten Hälfte des 17. Jahrhunderts: Wassermaschine zu Nymphenburg in Bayern

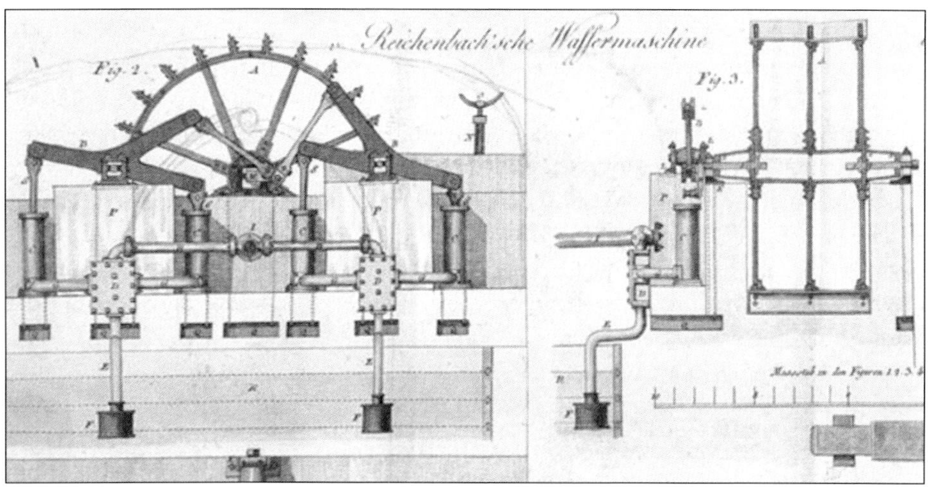

© htttp://www.augsburg.de/kultur/welterbe-bewerbung/pioniere-der-wassertechnik

Abb. 13:
Pioniere der Wassertechnik in Deutschland: die Konstrukteure der Reichenbach'sche Wassermaschine, einer mit Wasserkraft angetriebenen Kolbenpumpenanlage

Die Einzigartigkeit und der universelle Wert der Augsburger Wasserwirtschaft und Wasserkunst basieren auf der Kontinuität und lückenloser Dokumentation von Wassertechnologie und der damit verbundenen Architektur und Kunst über sechs Jahrhunderte, darunter Kanäle, Wassertürme und mehrere Monumentalbrunnen (Abb. 14). Sie zählen neben frühen Wasserkraftwerken zu den Technik- und Architekturdenkmälern der Wasserwirtschaft.

Abb. 14:
Augustusbrunnen, er wurde 1594 von Hubert Gerhard geschaffen und zeigt den römischen Kaiser Augustus. Die vier Flussgötter am Beckenrand stellen Augsburgs Flüsse dar: den Lech, die Wertach, die Singold und den Brunnenbach

Abb. 15: Antonie van Leeuwenhoek (1632 – 1723) mit seinem Mikroskop

Der römische Chronist Varro schrieb bereits vor Beginn unserer Zeitrechnung, dass „in Sumpfgebieten unsichtbare kleine Lebewesen wachsen, die durch Mund und Nase in den Körper eindringen und dort schwere Erkrankungen hervorrufen“.

Erst die Erfindung des Mikroskops durch den Holländer Antonie van Leeuwenhoek (Abb. 15) im Jahre 1683 ermöglichte es, diese Hypothesen zu bestätigen. Es wurde zum ersten Mal die Existenz vom Mikroorganismen nachgewiesen. Leeuwenhoek konnte mit seinem Mikroskop oder genauer seiner starken Lupe, mit der er eine etwa 250-fache Vergrößerung erreichte, Mikroorganismen sehen und ziemlich genau beschreiben.

Er machte seine Beobachtungen unter anderem an Regen- und Brunnenwasser sowie an Heuaufgüssen. Es waren die ersten empirischen Versuche, in das mikroskopische Reich einzudringen.

Abb. 16: „Todes-Apotheke“, geöffnet für die Armen, gratis, mit Erlaubnis der Obrigkeit. Dieses Bild aus der satirischen Zeitschrift FUN vom 18. August 1866 ist kaum eine Übertreibung für die Gefahr, die im 19. Jahrhundert von öffentlichen Trinkwasserpumpen ausging

Die Erforschung des Wassers auf wissenschaftlicher Grundlage beginnt erst in der zweiten Hälfte des 19. Jahrhunderts. Die durchgeführten Untersuchungen waren vorwiegend hygienisch-mikrobiologischer Art und wurden als Nachweis für die Übertragung von Krankheitserregern durch Wasser gesehen.
Die Anfänge der bakteriologischen Wasseruntersuchungen sind mit Namen wie Pasteur, Koch, Gärtner, Miquel und anderer hervorragender Wissenschaftler verbunden. Noch vor Beginn dieser klassischen Untersuchungen bewies der „Armenarzt" John Snow, dass eine Übertragung von Cholera durch Trinkwasser möglich ist. Aufgrund seiner theoretischen Überlegungen bestimmte er genau den Ansteckungsherd bei der Cholera-Epidemie in London im Jahre 1854, der innerhalb von 10 Tagen über 500 Menschen zum Opfer fielen. Es handelte sich um Wasser aus einem Brunnen, in welchen Abwasser einsickerte (Abb. 16). Diese und weitere Erkenntnisse, aber auch die Entwicklung leistungsfähiger Mikroskope durch Carl Zeiss (1816 – 1888), Abb. 18, in Jena bewirkten ein reges Interesse an der bakteriologischen Wasseruntersuchung. Es wurde herausgefunden, dass praktisch alle Wässer eine gewisse Anzahl von Mikroorganismen enthalten und dass proportional dazu die Wasserverunreinigung ansteigt. Dabei sollten jedoch auch weitere Einflussgrößen in Betracht gezogen werden, die die Zahl von Bakterien in Wasser beeinflussen, wie jahreszeitlich bedingte

Abb. 17: Theodor Escherich (1857 – 1911), deutsch-österreichischer Professor, Kinderarzt und Bakteriologe. Er findet das „Bacterium coli commune", das 1919 nach ihm in Eschericha coli umbenannt wird

Abb. 18: Carl Zeiss (1816 – 1888), seine Mikroskope, die auch Robert Koch verwendete, und andere optische Instrumente seiner Firma erlangten Weltruf

Niederschläge, die Art der Bodenpassage, der Grundwasserstand, die Wassertemperatur und anderes mehr.
Eine große Rolle spielt auch die Entdeckung von Theodor Escherich (Abb. 17), Prof. für Kinderheilkunde 1885, der aufgrund von Untersuchungen des Stuhls von Neugeborenen und Säuglingen das „Bacterium coli commune“ beschreibt. Dieses Bakterium wird 1919 in „Escherichia coli“ (E. coli) unbenannt und die Bezeichnung „coli“ wird heute als Begriff für die übergeordnete Gruppe von Mikroorganismen eingesetzt, die vom Menschen und warmblütigen Tieren ausgeschieden werden.
Überall dort, wo E. coli nachgewiesen werden, können fäkale Verunreinigungen im Wasser vorhanden sein, im ungünstigsten Fall auch Krankheitserreger. Nach der deutschen Trinkwasserverordnung dürfen E. coli und coliforme Bakterien in 100 ml Wasser nicht nachgewiesen werden. E. coli wird seit über 100 Jahren als Indikatorkeim für fäkale Verunreinigung des Trinkwassers benutzt.
In Deutschland war es zunächst Max von Pettenkofer (1818–1901), Abb. 19, der in München die systematische Verbesserung der Hygiene in den Städten propagierte. Er sorgte für das Abdichten von Abortgruben und führte die Schwemmkanalisation ein. Das Trinkwasser wurde für München, und wird es auch heute noch, über eine ca. 40 km lange Fernleitung aus den unverschmutzten Quellen des Mangfallgebietes herbeigeführt. Durch die von Pettenkofer vorgeschlagenen Maßnahmen erfolgte ein deutlicher Rückgang von Cholera und Typhus in München und anderen deutschen Städten.

Abb. 19: Max von Pettenkofer (1818 – 1901), Inhaber des ersten Lehrstuhls für Hygiene in Deutschland. Er schuf die Grundlagen der Städtehygiene und die Boden-Grundwasser-Theorie, die von Robert Koch abgelehnt wurde

Als die großen Forscher auf dem Gebiet der Wasserbiologie sind jedoch Robert Koch (1843–1910), Abb. 20, und August Gärtner (1848–1934) anzusehen. Robert Koch schuf in den Jahren 1880/1881 die Grundlage der bakteriologischen Untersuchungstechnik, verwertete seine Kenntnisse für die öffentliche Gesundheitspflege (Wasserhygiene) und bewies 1892 anlässlich der Hamburger Cholera-Epidemie den eindeutigen Zusammenhang zwischen verseuchtem Trinkwasser und dem Krankheitsgeschehen (Abb. 21, 22, 23).

Abb. 20:
Robert Koch (1843 – 1910), Begründer der modernen Bakteriologie und Nobelpreisträger (1905). In Indien gelang es Robert Koch 1883, den Erreger der Cholera zu indentifizieren. Er beschrieb die Cholera-Vibrionen als plump und leicht gekrümmt. Robert Koch entwickelte feste, transparente Nährböden zur Reinkultur von Bakterien sowie angereicherte flüssige Gelatine und Agar-Agar, die vor dem Verfestigen in flache Glasbehälter (Petrischalen) gegossen wurden

Abb. 21:
Eine Handpumpe, wie sie in den Slums von Kalkutta zur Wasserversorgung verwendet wird. Kalkutta galt früher als „Cholera-Hauptstadt" der Welt. Robert Koch unternahm Forschungsexpeditionen nach Ägypten und Indien, wo er das Cholera-Bakterium als Auslöser der Durchfallseuche nachwies

Abb. 22:
Abtritt auf dem Hof „Langer Jammer“ am Brauerknechtsgraben in Hamburg zur Zeit der großen Cholera-Epidemie 1892. Hier, in den Gängevierteln der Alt- und Neustadt Hamburgs, wo die Armut jede Hygiene verhinderte, waren die meisten der 8605 Cholera-Toten zu beklagen

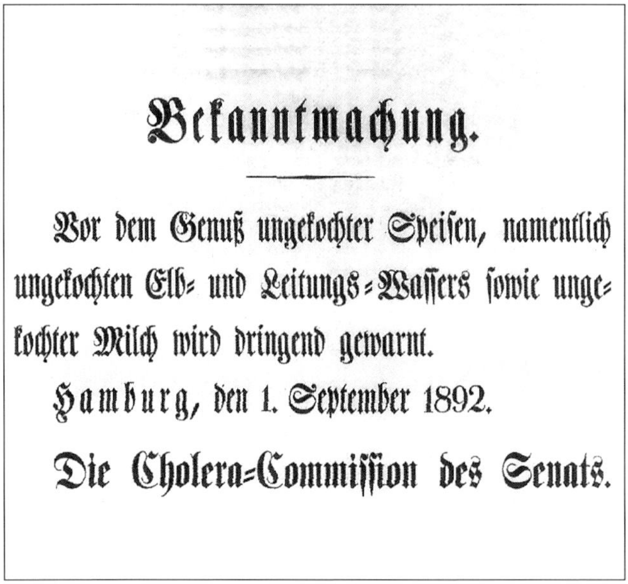

Bekanntmachung.

Vor dem Genuß ungekochter Speisen, namentlich ungekochten Elb- und Leitungs-Wassers sowie ungekochter Milch wird dringend gewarnt.

Hamburg, den 1. September 1892.

Die Cholera-Commission des Senats.

Abb. 23:
Vom Verschweigen zur Katastrophe, die Hamburger Cholera-Epidemie. Bereits am 15. August 1892 verstarb ein Mann, der an starkem Brechdurchfall litt. Am 22. August 1892 waren bereits 450 Menschen an Cholera erkrankt und über 200 daran gestorben. Aber erst am 1. September 1892 wurde die Hamburger Bevölkerung vor dem „Genuß“ von ungekochtem Elb- und Leitungswasser gewarnt

In seinem grundlegenden Werk „Wasserfiltration und Cholera“ nach der schweren Hamburger Cholera-Epidemie, die von August bis Oktober 1892 wütete und 17.000 Erkrankungen mit 8605 Todesfällen verursachte (Abb. 24), forderte Robert Koch die mikrobiologische Untersuchung des Filtrats zur Überprüfung der Wirksamkeit einer Filtration. Robert Koch führte nach der Hamburger Cholera-Epidemie den bis heute geltenden Richtwert für die Koloniezahl von 100 KBE (koloniebildende Einheit) pro ml Wasser ein und damit erstmals einen mikrobiologischen Parameter zur Risikoabschätzung und Qualitätssicherung für Trinkwasser. Wenn dieser Wert nicht überschritten wird, sind Erkrankungen durch den Genuss von Wasser nicht zu befürchten.

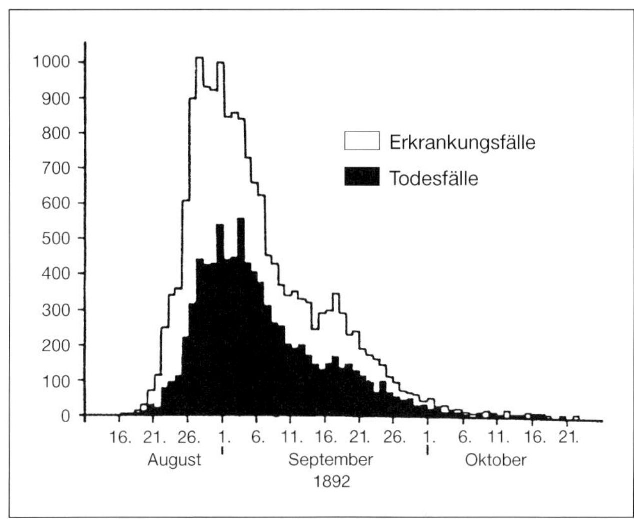

Abb. 24: Cholera-Epidemie in Hamburg 1892, zeitlicher Verlauf mit 17.000 Erkrankungs- und 8605 Todesfällen

August Gärtner kam mit seinen Mitarbeitern zu der Feststellung, dass die Keimzahl im besonderen Maße vom Gehalt an organischen Stoffen im Wasser abhängig ist.
Im Zusammenhang mit den gewonnen Erkenntnissen traten für die Trinkwasserversorger damals mehrere praktische Fragen in den Vordergrund: Das waren vor allem die Notwendigkeit des systematischen Nachweises der Bakterien, die Bestimmung der Keimzahlen, die Fragen des Schutzes des Wassers vor bakteriellen Verunreinigungen, die Aufbereitung des Wassers mit dem Ziel, die organischen Verunreinigungen im Wasser zu verringern, sowie die Art und Möglichkeit einer Desinfektion.
Im Jahr 1859 wurde der DVGW, der Deutsche Verein des Gas- und Wasserfaches, gegründet, der sich als technisch-wissenschaftliche Vereinigung der Probleme der Trinkwasserversorgung und der Trinkwasserhygiene annahm. Seine Mitglieder sind Fachleute des Wasserfaches, Wasserversorgungsunternehmen, Behörden, wissenschaftliche Institute und Firmen, sie haben in den letzten 160 Jahren das DVGW-Regelwerk geschaffen. Dieses ist wohl einmalig und gilt für viele andere Staaten weltweit als Vorbild. Zu den ersten Desinfektionsmaßnahmen zählten die UV-Bestrahlung und der Einsatz von Ozon. So wurde bereits 1877 in England ein Desinfektionsverfahren mit ultraviolettem Licht (UV) entwickelt und erprobt.

Abb. 25:
Werner von Siemens (1816 – 1882) – Erfinder, Unternehmer, Visionär –, der 1857 ein Patent für seine Ozonröhre erhielt, nach dessen Prinzip noch heute Ozon für die Oxidation und Desinfektion von Trinkwasser erzeugt wird

Im Jahr 1839 hatte Christian Friedrich Schönbein das Ozon entdeckt. Bereits 1857 setzte Werner von Siemens (1816 – 1892), Abb. 25, die technische Anwendung des Ozons für die Wasserdesinfektion um. Seine Erfindung der Ozonröhre nach dem Prinzip der „stillen elektrischen Entladung" wird auch heute noch für die Ozonerzeugung eingesetzt. Erste Experimente in der Wasseraufbereitung mit Ozon fanden 1886 in einem Wasserwerk in Frankreich statt.

Abb. 26:
Ozonanlage im Wasserwerk St. Petersburg, Russland, die 1910 von Siemens & Halske, Berlin, geliefert wurde als Konsequenz der Cholera-Epidemie von 1908, die damals 4000 Tote forderte

In der Zeit von 1898 bis 1920 hatte die Firma Siemens & Halske, Berlin, eine große Anzahl von Ozonanlagen für die Behandlung von Grund- und Oberflächenwasser geliefert, so z. B. die ersten Anlagen an die Wasserwerke Wiesbaden-Schierstein und Paderborn (1898), später dann auch ins Ausland für die Trinkwasserversorgungen der Städte St. Petersburg (Abb. 26), Madrid, Florenz und Hermannstadt.
Nach 1920 verdrängte das wirtschaftlich günstigere indirekte Chlorgas-Verfahren den Einsatz von Ozon. Außerdem hat Chlor dem Ozon gegenüber den Vorteil, dass es mit seiner Depotwirkung im Rohrnetz eine Aufkeimung verhindert.
Heute wird Ozon für die erste Stufe der Wasseraufbereitung eingesetzt, weil durch die bisherige Vorchlorung des Rohwassers unerwünschte Organochlor-Verbindungen (AOX) entstanden, die durch Ozon in Kombination mit der Aktivkohle-Filtration vermieden werden. Die desinfizierende Wirkung des Chlors war schon lange bekannt, bevor es im Trinkwasserbereich eingesetzt wurde. Im Jahre 1774 entdeckte der schwedische Apotheker Carl Wilhelm Scheele das Chlor. Dass es sich bei dem gelbgrünen Gas tatsächlich um ein Element handelte, wurde erst einige Jahrzehnte danach von dem englischen Chemieprofessor Sir Humphry Davy erkannt (Abb. 27).

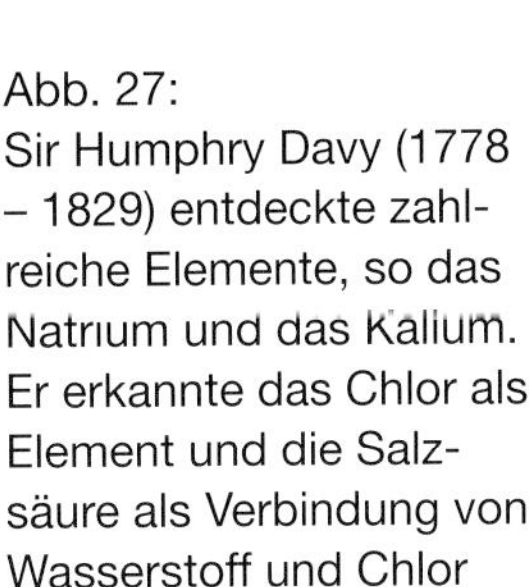

Abb. 27:
Sir Humphry Davy (1778 - 1829) entdeckte zahlreiche Elemente, so das Natrium und das Kalium. Er erkannte das Chlor als Element und die Salzsäure als Verbindung von Wasserstoff und Chlor

Bis dahin war man davon überzeugt, das Gas sei eine Sauerstoffverbindung. Von Davy stammte auch der Name: In Anlehnung an das griechische „chloros" für gelbgrün schlug er 1810 den Namen „Chloric gas" bzw. „Chlorine" vor. Die echte Chlor-Sauerstoff-Verbindung, das Chlordioxid, wird ein Jahr später 1811 ebenfalls von Sir Humphry Davy entdeckt. Er stellte es aus Kaliumchlorat und Schwefelsäure her.
Es war als Erstes die Textilindustrie, die sich der Eigenschaften des Chlors im großen Umfang bediente. Sie nutzte Hypochlorite und Chlorkalk als Bleichmittel. Später wurden Hypochlorite auch zum Bleichen von Zellstoff und Papier eingesetzt. Die

noch heute verwendete Bezeichnung „Chlorbleichlauge“ für handelsübliche Natriumhypochlorit-Lösung, die auch jetzt noch für die Trinkwasserdesinfektion verwendet wird, hat ihren Namen aus dieser Zeit. 1897 desinfizierte man in Maidstone (England) eine typhusverseuchte Leitung mit Chlorbleichlauge und Middelkerke (Belgien) wird die erste Stadt mit einer kontinuierlichen Chlorung des Trinkwassers.

2.4 Neuzeit

Im April 1912 wird bei den damaligen Farbenfabriken Bayer im Werk Leverkusen die erste Chlorfabrik des Unternehmens in Betrieb genommen. Der Grund ist nicht etwa die Wasserchlorung, sondern die Herstellung von Chlorbenzol, einer vielversprechenden Basischemikalie für organische Farbstoffe.
Erst Jahre später wird ein Teil des produzierten Chlorgases in Deutschland für die Trinkwasserdesinfektion verwendet. Auch heute wird vom weltweit produzierten Chlorgas (2011: 77 Millionen Tonnen pro Jahr) nur ein verschwindend geringer Anteil für die Chlorung von Wasser eingesetzt.

Abb. 28:
Charles F. Wallace und Martin F. Tiernan mit ihrem ersten Chlorgas-Dosiergerät im Jahr 1913

In den USA starten 1913 der Ingenieur Charles F. Wallace und der Kaufmann Martin F. Tiernan (Abb. 28) mit den ersten Versuchen zur Entwicklung eines Chlorgas-Dosiergerätes. Es gelingt ihnen, eine Apparatur zu bauen, mit dem das giftige Chlorgas – das im 1. Weltkrieg als „Kampfgas" eingesetzt wurde und Tausende von Opfern forderte – direkt über einen Diffusor ins Wasser gegeben werden kann. Bis September 1914 werden 23 ihrer Chlorgas-Dosiergeräte, die sie „Chlorinator" nennen, in Wasserwerken von 18 Städten der USA installiert.

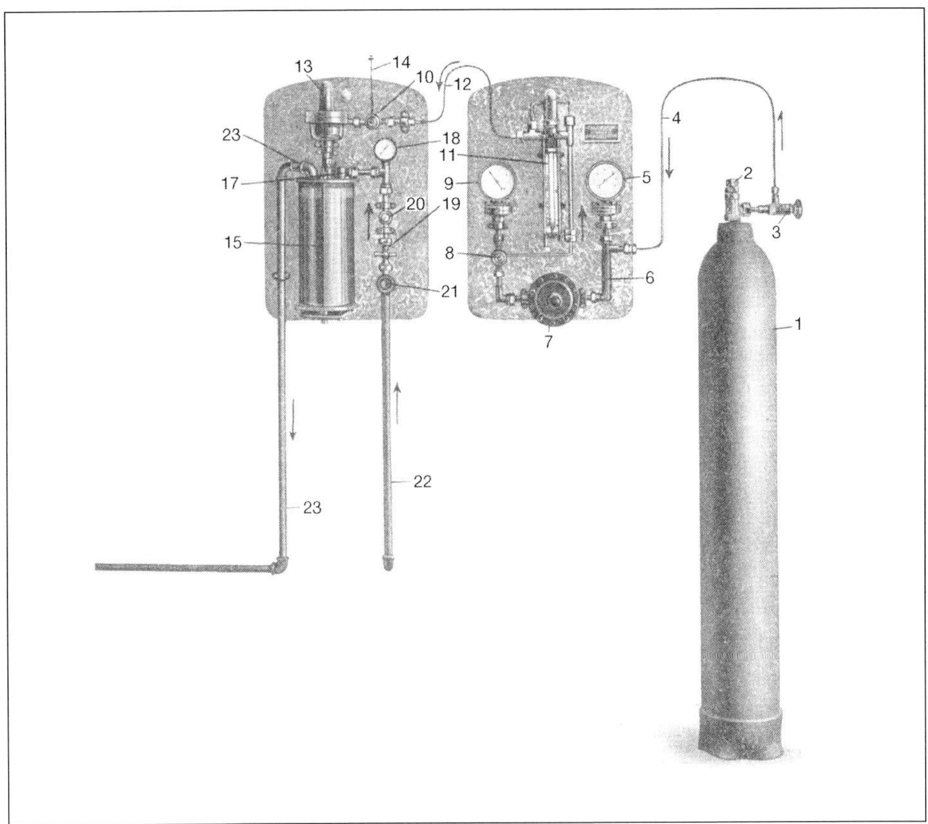

Abb. 29: Chlorgas-Dosieranlage der Chlorator-Gesellschaft, Berlin, aus dem Jahr 1923 nach Patenten von Georg Ornstein

1 Chlorflasche, 2 Flaschenventil, 3 Anschlussventil, 4 Gaszuleitung, 5 Hochdruckmanometer, 6 Filter, 7 Reduzierventil, 8 Einstellventil, 9 Niederdruck-Manometer, 10 Ablaseventil, 11 Chlor-Mengenmesser, 12 Verbindungsleitung, 13 Rückschlagventil, 14 Abblaseleitung, 15 Mischglas, 17 Strahldüse, 18 Wassermanometer, 19 Wasser-Einstellventil, 20 Wasser-Reduzierventil, 21 Schmutzfänger, 22 Wasserzuleitung, 23 Chlorlösungsleitung

Der große Aufschwung der Wasserdesinfektion mit Chlorgas beginnt, als Georg Ornstein für sein indirektes Chlorgas-Verfahren mehrere Patente erhält.
Nach dem Ornsteinschen Verfahren wird das Chlorgas nicht unmittelbar in Gasform, sondern erst nach vorheriger Lösung in einer kleineren Wassermenge dem Hauptwasserstrom zugeführt. Hierdurch wird eine sehr schnelle und gleichmäßige Verteilung des Chlors erreicht (Abb. 29, 30).

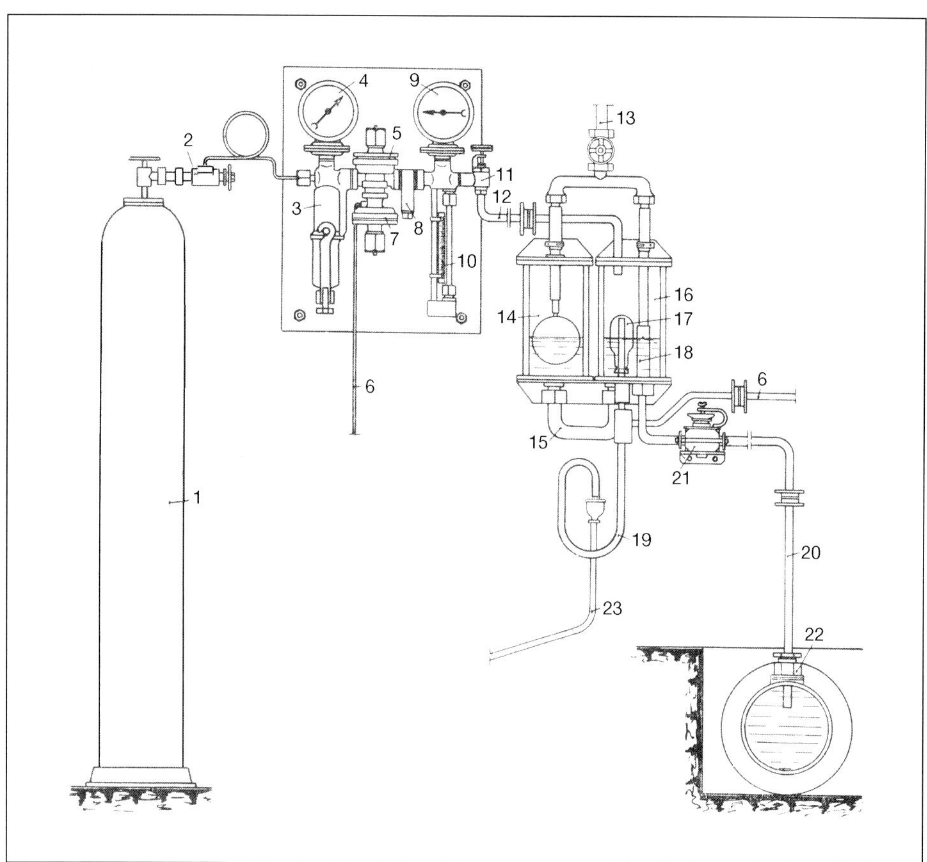

Abb. 30: Chlorgas-Dosieranlage der Bamag-Meguin AG, Berlin, aus dem Jahr 1932

1 Chlorflasche, 2 Chlorflaschenventil, 3 Chlorfilter, 4 Hochdruck-Manometer, 5 Chlor-Druckregler, 6 Entlüftungsleitungen, 7 Überdruckventil, 8 Säure-Auffanggefäß, 9 Niederdruck-Manometer, 10 Chlor-Messapparat, 11 Chlor-Regulierventil, 12 Chlorgasleitung, 13 Druckwasserleitung, 14 Schwimmer-Gefäß, 15 Mischwasserleitung, 16 Mischgefäß, 17 Durchschlagsicherung, 18 Strahl-Apparat, 19 Geruchverschluss, 20 Chlorwasserleitung, 21 Steinzeughahn, 22 Chloreinführungsverschraubung, 23 Überlaufleitung

Mit den Ornsteinschen Apparaturen konnten Mengen von 1 g bis zu etwa 5000 g Chlorgas pro Stunde dosiert werden, eine außerordentliche Leistung auf dem Gebiet der Gasdosiertechnik zur damaligen Zeit.
Als Georg Ornstein 1920 New York verließ und nach Deutschland zurückkehrte, verkaufte er seine Patente an die Firma Wallace & Tiernan zur Nutzung in den USA, Kanada und Mexiko, in Deutschland an die Chlorator-Gesellschaft, Berlin.

Abb. 31: Chlorgas-Dosiergeräte der Firma Wallace & Tiernan, Günzburg, installiert in einem Wasserwerk im Jahr 1960. Die einzelnen Geräte sind jeweils einer Trinkwasserpumpe zugeordnet

Von beiden Firmen sind die Chlorgas-Dosieranlagen in den Jahren danach stetig weiterentwickelt worden (Abb. 31). Im Jahr 1966 wurde die Chlorator GmbH, Grötzingen, von Wallace & Tiernan übernommen. Heute gehört Wallace & Tiernan den US-Konzern Evoqua Water Technologies.
Der erste Einsatz von Chlordioxid zur Wasserbehandlung erfolgte bereits im Jahr 1900 im Wasserwerk der Stadt Ostende (Belgien). Da Chlordioxid ein hoch explosives, giftiges Gas ist, muss es aus Sicherheitsgründen in entsprechenden Apparaturen, in Wasser gelöst, direkt am Ort des Einsatzes bereitet werden. Da auch festes Natriumchlorit ($NaClO_2$) als eine der Ausgangskomponenten für die Herstellung von Chlordioxid explosiv ist, war dies ein Hinderungsgrund für die schnelle Verbreitung von Chlordioxid als Desinfektionsmittel. Erst als die Chemikalie Natriumchlorit selbst als wässrige Lösung lieferbar war, wurde unmittelbar danach in den USA 1944

in der Stadt Niagara Falls die erste Chlordioxidanlage in Betrieb genommen. Bis 1953 gab es in den USA ca. 150 Wasserversorgungen, die Chlordioxid einsetzten.
In der Schweiz war es das Wasserwerk der Stadt Basel, das aufgrund einer Grundwasserverschmutzung mit Phenolen ab 1950 Chlordioxid anwendete.
So waren es auch in den folgenden Jahren in Europa immer wieder Phenoleinbrüche im Rohwasser, die den Einsatz von Chlordioxid als Alternative zum Chlor erforderlich machten. Bei der Anwendung von Chlordioxid entstehen im Gegensatz zum Chlor keine chlorierten Verbindungen. Hygienisch von Vorteil ist, dass bei Chlordioxid die Phenole nicht in die widerlich riechenden und schmeckenden Chlorphenole umgesetzt werden, wie dies durch Chlor der Fall ist.
Auch bei anderen Problemen mit Geruchs- und Geschmacksstoffen, so z. B. bei der Behandlung von Uferfiltraten am Nieder- und Mittelrhein, war es Chlordioxid, das Abhilfe schaffen konnte.
Eine der ersten Chlordioxidanlagen in Deutschland erhielten 1959 die Stadtwerke Ulm für ihr Donautal-Wasserwerk. Die Chlordioxid-Bereitungsanlage wurde gemeinsam von der Chlorator GmbH und der Degussa, als Lieferant der Natriumchlorit-Lösung, entwickelt.
Da Chlordioxid in seiner Desinfektionswirkung im Vergleich zum Chlor unabhängig vom pH-Wert des Wassers ist, eignet es sich besonders für die Behandlung von Oberflächenwässern (Fluss- und Talsperrenwasser, Uferfiltrate), die ja bekanntlich höhere pH-Werte aufweisen. Auch für Fernwasserversorgungen wird Chlordioxid bevorzugt eingesetzt, weil ein Chlordioxidüberschuss sich nach abgeschlossener Zehrung über lange Fließstrecken im Wasser aufrechterhalten lässt.
In Deutschland gibt es in verschiedenen Regionen Fernwasserversorgungen (Abb. 32) wie die Landeswasserversorgung Baden-Württemberg, die Bodensee-Wasserversorgung, die Wasserversorgung Nordost-Württemberg, Hessenwasser, die Fernwasserversorgung Franken, die Harzwasserwerke, die Fernwasserversorgung Elbaue-Ostharz, die Südsachsen Wasser, die Thüringer Fernwasserversorgung, Gelsenwasser und die Münchner Fernwasserleitung aus dem Mangfallgebiet.
In Baden-Württemberg decken die Fernwasserversorgungen mehr als ein Drittel des Bedarfs. So erstreckt sich das Fernleitungsnetz der Landerwasserversorgung über eine Länge von 775 km. Die Leitungen mit einem Durchmesser bis zu 1,50 m Durchmesser sind tief im Boden verlegt, um sie vor Belastungen, Bewuchs und Wurzelwerk zu schützen. Die Trassen werden durch entsprechende und angemessene Schutzstreifen von Bewuchs freigehalten.
Für den Transport sind großkalibrige Rohrleitungen notwendig (Abb. 33, 34), die einen hohen Investitionsaufwand erfordern. Natürlich müssen derartige Fernwassernetze eine lange Lebensdauer aufweisen. Für die Fernwasserleitungen eignen sich als Rohrmaterial insbesondere Stahl, duktiles Gußeisen und Spannbeton.

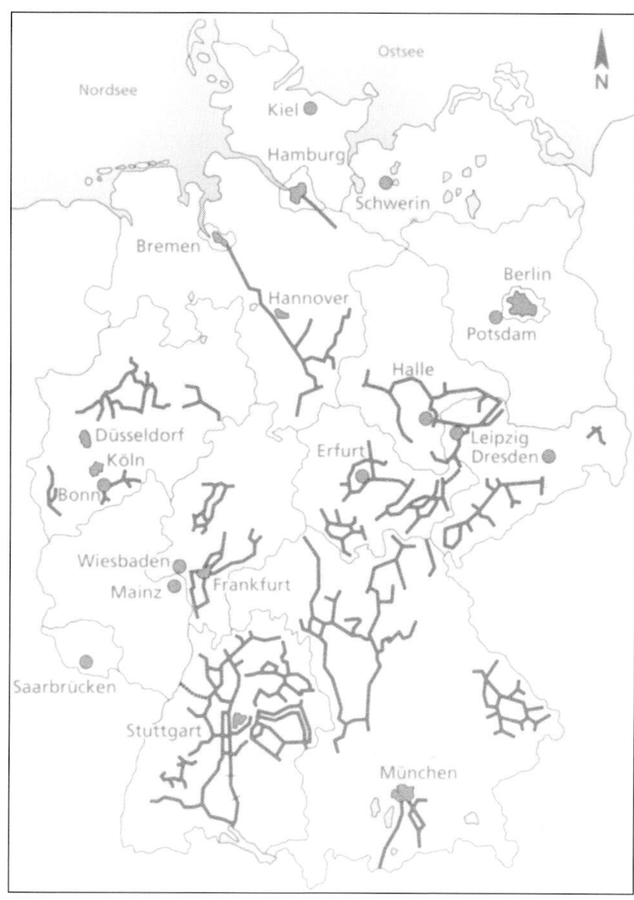

Abb. 32:
Fernwasserversorgungen in Deutschland

Zur Erhöhung ihrer Lebensdauer erhalten die metallischen Leitungen innen und außen einen zusätzlichen Schutz gegen korrosive Einwirkungen. Stahl- und Gussleitungen werden in der Regel mit einem Innenschutz aus Zementmörtel ausgestattet. Für den Außenschutz werden Stahlrohre mit bituminösen Binden oder Kunststoffen umhüllt. Als besonders wirkungsvoll hat sich bei Stahlrohrleitungen der kathodische Korrosionsschutz erwiesen, durch den die werkseitigen passiven Schutzmaßnahmen gut ergänzt werden. Auch duktile Gussrohre benötigen, wie neue Erkenntnisse gezeigt haben, in aggressiven Böden einen Außenschutz, z. B. in Form einer Verzinkung, einer Kunststoff- oder Zementmörtelumhüllung.
In den 1970er-Jahren trat für die Wasserversorgungsunternehmen, die für die Desinfektion Chlor einsetzten, ein neues Problem auf. Man hatte festgestellt, dass durch die Chlorung Trihalogenmethane (THM) entstehen können.

Abb. 33: Rohrleitungsbau einer Fernwasserversorgung in den 1960er-Jahren

Abb. 34: Rohrleitungen mit einem Durchmesser von bis zu zwei Metern übernehmen den Trinkwassertransport in Deutschland

Mit einem Grenzwert von 0,01 mg/l THM in der damalig geltenden Trinkwasserverordnung konnte dieser Wert häufig nicht eingehalten werden. Hier war wiederum Chlordioxid die Alternative zum Chlor. Während es in den USA keine wesentliche Weiterentwicklung der Chlordioxid-Bereitungsanlagen gab, hier setzt man für die Vermeidung von Trihalogenmethanen das Chloramin-Verfahren ein, wurde dies in Europa durch die Einführung neuer Techniken verbessert. Besonders in Deutschland (Abb. 35) und Frankreich haben die Chlordioxid-Bereitungsanlagen einen hohen technischen Standard erreicht. Dies kommt besonders dem momentan anstehenden Problem der Bekämpfung von Legionellen in den Warmwassersystemen zu Gute. Chlordioxid ist das einzige Desinfektionsmittel, das Biofilme verhindert, vorhandene Biofilme abbaut und Legionellen sicher abtötet.

Abb. 35: Chlordioxid-Bereitungs- und Dosieranlage in einem Wasserwerk, wie sie in den 1970er-Jahren installiert wurde

Während die Großchemie seit über 100 Jahren Chlor-Elektrolyse betreibt, wird dieses Verfahren für die Desinfektion von Wasser erst seit ca. 50 Jahren eingesetzt. Eine der ersten und größeren Chlor-Elektrolyse-Anlagen in Deutschland ist 1972 in der Olympiaschwimmhalle in München in Betrieb gegangen. Mehr an Bedeutung gewinnt auch die anodische Oxidation, eine Verfahrenstechnik, die man seit ca. 50 Jahren kennt. Hierbei wird eine Art „Trinkwasser-Elektrolyse" betrieben, wobei man den natürlichen Gehalt an Chlorid-Ionen im Trinkwasser nutzt, um daraus direkt wirksames Chlor zu erzeugen.

Dieses Verfahren kann bei entsprechender Weiterentwicklung und Optimierung der Technik zukünftig einen wichtigen Platz unter den Desinfektionsverfahren einnehmen.

Neben der thermischen Desinfektion – Abkochen des Wassers, ist die UV-Bestrahlung ein weiteres physikalisches Verfahren, das für die Desinfektion von Trinkwasser eingesetzt werden kann. Bereits im Jahr 1801 hatte der deutsche Physiker Johann Ritter den ersten Nachweis der ultravioletten Strahlung erbracht. In England wurden 1877 erste Versuche mit der UV-Bestrahlung zur Desinfektion von Wasser durchgeführt. Seit 1910 ist die UV-Bestrahlung als technisches Verfahren bekannt. Veröffentlichungen von Gates um 1930 zeigten, dass im Wellenlängenbereich von 260 bis 270 nm die Wirksamkeit der UV-Strahlung in Bezug auf die Vermehrungsfähigkeit der bestrahlten Mikroorganismen durch eine Schädigung in der DNA oder RNA der Zelle am größten ist und für deren fotochemische Umlagerung nur wenig UV-Energie notwendig ist. Die erforderlichen geringen Werte der Bestrahlung (< 1000 Joule pro m^2) spielt für die Bildung von fotochemischen Nebenprodukte praktisch keine Rolle. Die Erzeugung von künstichem UV-Licht beruht darauf, dass in einer elektrischen Entladungslampe ein Lichtbogen erzeugt wird, an dem Atome angeregt werden und UV-Strahlung emitiert. Für die Erzeugung der UV-Strahlung, die zur Desinfektion von Trinkwasser eingesetzt werden, kommen ausschließlich Quecksilberstrahler in Frage. Man unterscheidet zwischen Quecksiber-Niederdruck- und Quecksilber-Mitteldruckstrahlern. Wichtige Kenngrößen der UV-Strahler sind Strahlerleistung und Strahlernutzungsdauer. Erst in den 1990er Jahren haben UV-Anlagen einen Leistungsstand erreicht, der ihren Einsatz zur Trinkwasserdesinfektion ermöglichte.

Durch die Veröffentlichung der Ergebnisse des Forschungsvorhabens: „Desinfektion aufbereiteter Oberflächenwässer mit UV-Strahlen“ (1992) und in Verbindung mit der Erstellung der DVGW-Arbeitsblätter W 293 und W 294 erfolgte der Durchbruch für die UV-Bestrahlung zur Trinkwasserdesinfektion.

Mit der Trinkwasserverordnung (TrinkwV 2001) vom 1. Januar 2003 ist die UV-Desinfektion jetzt auch ein zugelassenes Verfahren.

Abb. 36: Eine der ersten UV-Bestrahlungsanlagen (Mitteldruckstrahler), mit der im Jahr 1999 in einem Wasserwerk die grundlegenden Versuche zur Desinfektion von Trinkwasser, aber auch zur Reduzierung von Chloraminen, z. B. im Schwimmbeckenwasser, durchgeführt wurde

Als ein weiteres Desinfektionsverfahren kann die Membranfiltration betrachtet werden: Der Einsatz der Membrantechnologie (Mikro- und Ultrafiltration) in der Trinkwasseraufbereitung findet zunehmende Verbreitung und wird künftig verstärkt als Alternative zur Sandfiltration mit anschließender Desinfektion zu sehen sein.
Die Ultrafiltration stellt ein nahezu ideales Verfahren zur Entnahme von Partikeln dar. Bei Trenngrenzen zwischen 0,001 und 0,1 µm werden Trübstoffe und andere partikuläre Partikel wie Einzeller, Bakterien und Viren sicher zurückgehalten.
Die Membran ist eine absolute Barriere für alle Mikroorganismen und liefert eine einwandfreie und sichere Filtratqualität auch bei stark schwankender Trübstoffbelastung des Rohwassers. In Deutschland wurde die erste technische Anlage 1998 im Wasserwerk Neckarburg zur Aufbereitung von Karstwasser in Betrieb genommen. Eine weitere Anlage zur Aufbereitung von Talsperrenwasser ging 1999 im Wasserwerk Hermeskeil ans Netz. Da die in Deutschland vorliegenden praktischen Erfahrungen zum Einsatz der Ultrafiltration im Wesentlichen auf den Betrieb halbtechnischer Versuchsanlagen beruhen und die Ultrafiltration zur Trinkwasseraufbereitung aus Talsperrenwasser bis dato nicht großtechnisch eingesetzt wurde, besitzt die im Wasserwerk Hermeskeil errichtete Anlage Pilotcharakter.

Abb. 37: Ultrafiltration zur Trinkwasseraufbereitung in einem Wasserwerk, Leistung 6000 m^3/h

Mit der großtechnischen Umsetzung des Ultrafiltrationsverfahrens ist diese Technologie darüber hinaus zum Stand der Technik geworden. Die Abb. 37 zeigt eine Ultrafiltrationsanlage im Wasserwerk Roetgen, die 2005 in Betrieb gegangen ist.

In Deutschland sind inzwischen einige 100 Anlagen in Betrieb. In der Schweiz wird dort die Ultrafiltration als die Methode der Wahl angesehen.
Für die Kontrolle von Desinfektionsmaßnahmen beim Trinkwasser stehen Geräte für die Messung, Regelung und Dokumentation der „Hygiene-Hilfsparameter" zur Verfügung. Hygiene-Hilfsparameter im Sinne der DIN 19643-1: „Aufbereitung von Schwimm- und Badebeckenwasser" sind freies Chlor, gebundenes Chlor, Redox-Spannung und der pH-Wert. Für Trinkwasser könnten zusätzlich die kontinuierlich zu messenden Parameter Chlordioxid, Chlorit, SAK (spektraler Absorptions-Koeffizient), die elektrische Leitfähigkeit und die Trübung mit einbezogen werden. In den 1960er-Jahren schlugen Ulrich Hässelbarth und Sven Carlson vor, die Desinfektion eines Wassers durch die Messung der Redox-Spannung zu überwachen.

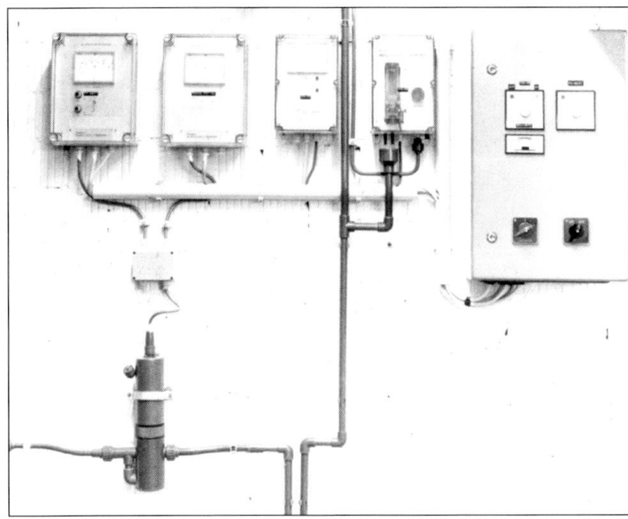

Abb. 38: Messgeräte für die Hygiene-Hilfsparameter: Chlor, Redox-Spannung und pH-Wert. Die Abbildung zeigt Messgeräte aus dem Jahr 1975

Dies erfolgt heute auch in vielen Wasserwerken mit fest installierten Redox-Messanlagen. Während die nach dem Chlorüberschuss im Wasser geregelte Chlordosierung (1976, Wallace & Tiernan) heute in fast allen Schwimmbädern Regel der Technik ist, wird die Dosierung der Desinfektionsmittel bei Trinkwasser meist proportional zur durchfließenden Wassermenge geregelt.
Allerdings erfolgt die Überwachung des Gehaltes an Chlor bzw. Chlordioxid auch hier mit kontinuierlich arbeitenden Messgeräten. Als eine der letzten Entwicklungen auf dem Gebiet der Wassergütekontrolle ist ein Mess- und Regelgerät zu erwähnen, mit dem sowohl das Desinfektionsmittel als auch die Redox-Spannung und der pH-Wert gleichzeitig gemessen wird. Diese Einrichtung ist eine Art „Hygiene-Fenster", mit dem ein Überblick der wichtigsten „Hygiene-Hilfsparameter" gegeben wird.

2.5 Zeittafel

Diese Zeittafel wurde aus verschiedenen Literaturstellen zusammengestellt. Neben der Entwicklung der Wasserversorgung und Abwasserbeseitigung enthält die Zeittafel eine Auswahl der durch verseuchtes Trinkwasser bedingten Epidemien sowie die Entwicklung der einzelnen Desinfektionsverfahren.

550 v. Chr.	Bau des Eupalinos-Tunnels (1036 m Länge) für die Wasserversorgung der griechischen Stadt Samos, dem heutigen Pythagorion
500 v. Chr.	Bau des Hauptsammlers „Cloaca maxima" in Rom
312 v. Chr.	Bau der ersten Fernwasserleitung der Aqua Appia für Rom, Länge 16 km, Kapazität 73.000 m^3 pro Tag
18 v. Chr.	Bau des Pont du Gard zur Versorgung von Nimes
80	Bau der römischen Eifelwasserleitung nach Köln
97 – 103	Sextus Iulius Frontinus, als Curator aquarum in Rom tätig, dokumentiert das effiziente Wasserverteilungssystem in Rom
306 – 337	Zur Zeit des Kaisers Konstantin existieren 19 Aquädukte, die 1200 Brunnen, 11 große kaiserliche Thermen und über 900 öffentliche Bäder in Rom mit frischem Wasser versorgen
1350	Wasserrohre aus Fichten- und Kiefernholz in Europa
1368	Stadt Nürnberg führt die Pflasterung der Straßen und öffentlichen Plätze ein
1412	Erste städtische Wasserleitung in Augsburg
1450	Wasserrohre aus Gusseisen in Europa
1595	Erste öffentliche Wasserversorgung in Wien (Hernalser Wasserleitung)
1660	Erste Wasserklosetts in Frankreich und England
1683	Erfindung des Mikroskops durch den Holländer Antonie van Leeuwenhoek
1774	Carl Wilhelm Scheele entdeckt das Chlor (dem 1810 Sir Humphry Davy den Namen „Chloric gas" bzw. „Chlorine" gibt)
1801	Erster Nachweis der UV-Strahlung durch den deutschen Physiker Johann Ritter
1811	Sir Humphry Davy entdeckt das Chlordioxid
1839	Christian Friedrich Schönbein entdeckt das Ozon
1842	Hamburg, Stadtentwässerung (William Lindley)
1843	Berlin: Spülung der Rinnsteine mit Spreewasser
1848	Erste zentrale Wasserversorgung Deutschlands in Hamburg
1853	Zentrale Wasserversorgung in Berlin (Kanalisation ab 1873, Rudolf Virchow)
1854	London, Cholera, 616 Todesfälle durch verseuchtes Brunnenwasser (John Snow)
1857	Werner von Siemens erfindet die Ozonröhre

1859	Der Deutsche Verein des Gas- und Wasserfaches (DVGW) wird gegründet
1866	Kanalisation in Frankfurt/Main
1872	Zentrale Wasserversorgung in Köln
	Stuttgart, Typhus, 180 Erkrankte, 14 Todesfälle, Ursache: Düngung der Wiesen, unter der die Sammeldrainagen lagen
1877	Die erste UV-Anlage zur Desinfektion von Wasser wird in England eingesetzt
1880	München, Kanalisation (Max von Pettenkofer)
1883	Robert Koch entdeckt den Cholera-Bazillus
1885	Theodor Escherich entdeckt den Fäkalkeim „Bakterium coli commune", der 1919 nach ihm in Escherichia coli (E. coli) umbenannt wird
1886	Erste Experimente in der Wasseraufbereitung mit Ozon in Frankreich
1892	Cholera-Epidemie in Hamburg: 17.000 Erkrankungen mit 8605 Todesfällen
1893	Robert Koch führt den Richtwert für die Koloniezahl von 100 KBE pro ml Filtrat ein
1895	Erstes Klärbecken für Abwasser in Deutschland in Frankfurt/Main
1897	Erste kontinuierliche Chlorung im Wasserwerk Middelkreke (Belgien)
1898	Erste Ozonanlagen von Siemens & Halske, Berlin für die Wasserwerke Wiesbaden und Paderborn
1899	Ruhrgebiet, Gründung der Emscher Genossenschaft
1900	Reichsseuchengesetz (Überwachung von Wasserversorgungsanlagen durch staatliche Beamte)
	Erster Einsatz von Chlordioxid zur Wasserdesinfektion im Wasserwerk Ostende (Belgien)
1901	Gelsenkirchen, Typhus 3200 Erkrankte, 350 Todesfälle
1904	Detmold, Typhus, 780 Erkrankte, 54 Todesfälle
1908	St. Petersburg, Russland, Cholera, 9000 Erkrankte, 4000 Todesfälle
1909	Der dänische Chemiker Soren Sörrensen führt den Begriff „pH-Wert" ein
1911	USA, Abwasser-Belebt-Schlammverfahren
1912	Inbetriebnahme der ersten Chlorfabrik der Farbenfabrik Bayer in Leverkusen
	Gründung der staatlichen Landeswasserversorgung von Württemberg, Deutschlands erste Fernwasserversorgung
1913	Erstes Chlorgas-Dosiergerät (Chlorinator) von Charles F. Wallace und Martin F. Tiernan für die Trinkwasserdesinfektion in den USA
1915	Georg Ornstein erhält Patente für die Verfahrenstechnik der „indirekten Chlorung"
1919	Pforzheim, Typhus, 4000 Erkrankte, 400 Todesfälle
1926	Hannover, Typhus, 2700 Erkrankte, 260 Todesfälle, ungenügend filtriertes Uferfiltrat
1930	Essen, Faulturm, Methanerzeugung

1931	Der deutsche Elektroingenieur Ernst Ruska und Max Knoll bauen das erste Elektronenmikroskop, Ruska erhielt hierfür 1986 den Nobelpreis für Physik
1935	Gesetz über die Vereinheitlichung des Gesundheitswesens: Aufgabe an Gesundheitsamt, auf die Beschaffung ausreichenden und hygienisch einwandfreien Trinkwassers hinzuwirken
1944	Lieferung von Natriumchlorit-Lösungen statt des hochexplosiven festen Natriumchlorits für die Chlordioxid-Bereitung in den USA
1945/46	Westerode/Harz, Typhus, 400 Erkrankte, 16 Todesfälle
1948	Neu-Ötting, Typhus, 600 Erkrankte, 96 Todesfälle
1950	Chlordioxid wird als Alternative zu Chlor zur Vermeidung von Chlorphenolen eingesetzt (Wasserwerk Basel)
	Erste Kunststoffrohre in der Wasserversorgung und Abwasserbeseitigung
1951	Erste Veröffentlichung über die anodische Oxidation (August Reis)
1955/56	Neu-Delhi, Indien, Hepatitis A, Überschwemmung der Wassergewinnung, ca. 30.000 Erkrankte, 73 Todefälle, vorwiegend Schwangere
1956	DIN 19606: Chlorgas-Dosieranlagen zur Wasseraufbereitung
1957	Geräte für die kontinuierliche Chlor- und Ozonmessung in Trinkwasser
1959	Trinkwasseraufbereitungs-Verordnung: Zusatzstoffe und deren Höchstmengen, gültig bis 1990
	Erste Chlordioxid-Bereitungsanlagen nach dem Chlorit/Chlor-Verfahren für das Donautal-Wasserwerk Ulm, entwickelt von den Firmen Chlorator und Degussa
1961	Bundesseuchengesetz (BSeuchG)
1969	Einführung der Redox-Spannung zur Kontrolle der Desinfektion (Ulrich Hässelbarth, Sven Carlson)
1973	Trihalogenmethane (THM) werden als Desinfektionsnebenprodukte (DNP) gefunden
1976	Trinkwasserverordnung
	Erste automatisch geregelte Chlordosieranlagen in Schwimmbädern (Wallace & Tiernan, Günzburg)
	Legionellen-Epidemie in Philadelphia/USA, 221 Erkrankungen, 34 Todesfälle
1977	Nachweis des Erregers der Legionellose
1978	Ruhr-Epidemie in Ismaning bei München mit 2450 Erkrankten
1979	Neufassung des Bundesseuchengesetzes
	Dritte Reinigungsstufe für Kläranlagen (Phosphat-Elimination) wird in Deutschland eingeführt
1980	EG-Trinkwasserrichtlinie
	DIN 19627: Ozonerzeugungsanlagen zur Wasseraufbereitung
1981/82	Halle/Saale, Gastroenteritis (Rota-Viren), 10.510 Erkrankte. Ursache: Brunnen bei Hochwasser verseucht

1983	Barry Marshall und John-Robin Waren aus Perth/Australien entdecken den Helicobacter pylori und erhalten dafür 2005 den Nobelpreis
1984	„Hygiene-Hilfsparameter“: neuer Begriff für die Parameter Chlor, Redox-Spannung und pH-Wert, DIN 19643 „Aufbereitung von Schwimm- und Badebeckenwasser“
1986	Novelle der Trinkwasserverordnung
1990	Novelle der Trinkwasserverordnung
1991	Cholera-Epidemie in Süd- und Mittelamerika mit etwa 360.000 Krankheitsfällen und 3900 Todesfällen
1993	Cryptosporidien-Epidemie mit 403.000 Erkrankungen und etwa 100 Todesfällen in Milwaukee/USA
1996	E. coli (EHEC)-Epidemie mit 11.000 Erkrankten in Sakai/Japan, übertragen durch Hydrokulturen
1997	Neufassung DIN 19643: Aufbereitung von Schwimm- und Badebeckenwasser
1998	Novelle der EU-Trinkwasserrichtlinie (98/83/EG vom 03.11.1998)
	Erster Einsatz einer Membran-Filtrationsanlage (Ultrafiltration) in Deutschland
1999	Erster Einsatz von Chlordioxid zur Legionellen-Bekämpfung im Warmwassersystem eines Krankenhauses
2000	Infektionsschutzgesetz (IfSG), löst Bundesseuchengesetz ab
	E. coli (EHEC)-Epidemie mit 2000 Erkrankungen und mehreren Todesfällen in Walkerton/Kanada
2001	Trinkwasserverordnung (TrinkwV 2001) 21.05.2001
2002	EG-„Lebensmittelverordnung“ 178/2002: Trinkwasser ist Lebensmittel nach Verlassen der Entnahmearmatur (Zapfhahn), Grundsatz: Verbraucherschutz
2003	Trinkwasserverordnung tritt am 1. Januar 2003 in Kraft: Grenzwerte für Blei und erstmals für Bromat, UV-Bestrahlung als Desinfektionsverfahren
2004	„Hygiene-Fenster“: Bezeichnung für ein Gerät zur Messung, Regelung, Anzeige und Dokumentation der Hygiene-Hilfsparameter zur Kontrolle der Desinfektion
2006	Empfehlung des Umweltbundesamtes, UBA: Hygieneanforderungen an Bäder und deren Überwachung
2010 – 2017	Haiti, Erdbeben, Januar 2010 mit anschließendem Ausbruch der Cholera, bis 2017: 900.000 Erkrankte, ca. 10.000 Todesfälle
2011	Trinkasserverordnung (TrinkwV 2001) 06.12.2011
2012	Neufassung der DIN 19643: Aufbereitung von Schwimm- und Badebeckenwasser
2013	Trinkwasserverordnung (TrinkwV 2001) 07.08 2013
2015	Richtlinie (EU) 2015/1787 Anforderungen zur Radioaktivitätsüberwachung
2016	Bürgerkrieg im Jemen: Ausbruch der Cholera, bisher über eine Million Erkrankte und etwa 3000 Todesfälle
2017	Beginn der Phosphat-Rückgewinnung aus Klärschlamm in Deutschland
2018	Trinkwasserverordnung (TrinkwV) 08.01.2018

3 Krankheitserreger im Wasser

Jedes Wasser enthält mehr oder weniger Mikroorganismen. Trinkwasser ist im Allgemeinen keimarm, aber selten keimfrei. Die Anzahl und Art der Mikroorganismen ist von der Herkunft und Aufbereitung des Wassers abhängig.
Neben Algen, Pilzen und Protozoen lassen sich zahlreiche Bakterienarten der verschiedenen Gattungen sowie Viren im Wasser nachweisen. In Wasserversorgungssystemen befinden sich „freilebende Mikroorganismen", aber auch Mikroorganismen, die in Biofilmen eingebunden sind. Ein Biofilm gibt den Mikroorganismen einen besonderen Schutz vor chemischen oder physikalischen Einwirkungen.
Unter den Mikroorganismen, die sich im Wasser befinden können, ist eine Anzahl von Krankheitserregern. Diese lassen sich in zwei Gruppen einteilen:

- Krankheitserreger, die im Wasser in so großen Mengen vorhanden sind, dass sie zu einer Gesundheitsgefährdung beim Menschen führen können und
- Krankheitserreger, die im Wasser in niedrigen Konzentrationen vorhanden sind, sodass sie zunächst keine Gefährdung darstellen, die sich aber bei der Speicherung und beim Transport des Wassers im Verteilungssystem vermehren und dann zu Infektionen führen können

Infektionen, die durch hygienisch nicht einwandfreies Trinkwasser verursacht werden, haben überall auf der Welt für die Gesundheit der Menschen eine große Bedeutung. So wird die Anzahl der jährlichen Erkrankungen, die auf „schlechtes Wasser" zurückzuführen sind, weltweit auf rund eine Milliarde und die der Toten auf drei Millionen geschätzt. Eine der Hauptursachen für wasserbedingte Infektionen liegt an mangelhafter und unzureichender Sanitärhygiene. Nicht vorhandene Toiletten und fehlende oder marode Abwassersysteme sind die Hauptursachen, dass Trinkwasser mit Krankheitserregern kontaminiert wird.
Eine Aufstellung der Erkrankungen bzw. Krankheitserreger ist in der Tabelle 1 wiedergegeben. In diese Liste sind in der letzten Zeit eine Reihe neuer Krankheitserreger aufgenommen worden. Dass auch in Zukunft mit neuen Krankheitserregern gerechnet werden muss, zeigt sich daran, dass seit 1973 weltweit insgesamt 21 bisher unbekannte humanpathogene Erreger entdeckt wurden. Dazu zählen die Legionellen, die 1976 eine Epidemie ausgelöst haben und erst ein Jahr später als Erreger der Legionellose identifiziert wurden. Dies gilt auch für das gegen Magensäure resistente Bakterium Heliobacter pylori, das 1983 gefunden wurde, aber die wissenschaftliche Anerkennung erst Jahre später erfuhr. Zu den neu entdeckten Mikroorganismen zählen auch die parasitären Protozoen Cryptosporidien und Giardien, die in den 1970er-Jahren als Krankheitserreger erkannt wurden.

Tabelle 1: Krankheitserreger bzw. Erkrankungen, die mit dem Wasser verbreitet werden können und bei denen die Krankheitserreger bereits im Rohwasser in gesundheitlich bedenklichen Mengen vorhanden sind

Bakterien	**Viren**	**Protozoen**
E. coli EHEC	Hepatitis A und E (Gelbsucht)	Cryptosporidien
Salmonellen	Poliomyelitis (Kinderlähmung)	*Giardien*
Typhus	Adenoviren	Amöbenruhr
Paratyphus	Norwalkviren	Toxoplasmose
Cholera	Coxsackieviren	
Shigellenruhr	Enteroviren	
Yersinien	Rotaviren	
Campylobacter	ECHO-Viren	
Leptospieren		

Die Krankheitserreger mit fäkal-oraler Ausbreitung werden über den Darm von Mensch und Tier ausgeschieden und zeichnen sich durch eine hohe Widerstandsfähigkeit gegen Umwelteinflüsse aus. Sie können auch noch nach Tagen, Wochen oder gar Monaten wieder zu einer Infektion beim Menschen führen, wenn sie z. B. durch Wasser oder mit Lebensmitteln aufgenommen werden.
Die Tabelle 2 enthält eine Zusammenstellung der Mikroorganismen, die sich im Wasser vermehren können. Außer für Legionellen gibt es noch keine Empfehlungen, um eine Vermehrung und damit ein mögliches Gesundheitsrisiko durch diese Mikroorganismen zu vermeiden. Die Legionellen stellen ein Gesundheitsrisiko für alle Menschen dar, unabhängig von irgendwelchen gesundheitlichen Vorschädigungen. Die anderen Krankheitserreger gefährden in der Regel nur Personen mit geschwächtem Immunsystem.

Tabelle 2: Krankheitserreger, die sich im Verteilungssystem vermehren können

• Legionellen	• atypische Mykobakterien
• *Pseudomonas aeruginosa*	• *Aeromonas hydrophila*
• Flavobakterien	• Yersinen
• *Acinetobacter*	• Amöben (Acantamöben, Naeglerien)

Diese Personen halten sich aufgrund der Schwere der Erkrankung im Allgemeinen im Krankenhaus auf und müssen durch besondere Maßnahmen nicht nur vor den Mikroorganismen im Wasser, sondern auch vor Erregern aus anderen Quellen geschützt werden.
Von größerer gesundheitlicher Bedeutung und bedenklich für alle Personen, auch ohne eine Vorschädigung einer anderen Erkrankung, sind die Krankheitserreger mit fäkal-oraler Übertragung (Tabelle 1).

Diese Krankheitserreger liegen aufgrund ihrer fäkalen Herkunft nicht isoliert einzeln suspendiert im Wasser vor, sondern in sogenannten Aggregaten, Partikeln oder Klümpchen, umgeben von Substanzen, die sie schützen.
Diese Begleitstoffe, größere Partikel, lassen sich in der Regel gut abfiltrieren. Dies gilt auch für Klumpen von Mikroorganismen mit fäkalen Begleitstoffen im Vergleich zu einzelnen frei suspendierten Mikroorganismen. So stellt eine kontrollierte Filtration eine wichtige Vorstufe der Desinfektion dar.
Bei der Desinfektion werden durch physikalische Einwirkung, z. B. in Form von UV-Strahlen und Hitze, oder durch chemische Reaktionen die Krankheitserreger so verändert, dass sich die Mikroorganismen nicht mehr vermehren können.
Nur die thermische Desinfektion besitzt eine gleichermaßen zuverlässige Wirkung gegen alle viralen, bakteriellen und parasitären Krankheitserreger, unabhängig davon, ob sie frei suspendiert oder in Schmutzpartikel eingebunden sind. Für eine zentrale Trinkwasserversorgung ist das Abkochen jedoch kein geeignetes Verfahren. Zu Notzeiten aber kann durch Abkochen aus einem verunreinigten Wasser ein seuchenhygienisch unbedenkliches Trinkwasser gewonnen werden.
Die anderen in der Trinkwasserversorgung üblichen Desinfektionsverfahren sind gegenüber Krankheitserregern, die in Schmutzpartikeln eingebunden sind, meist wirkungslos. Daher ist in diesen Fällen eine Filtration mit vorhergehender Flockung notwendig. Die hohe Bedeutung der Filtration für die Bereitstellung eines seuchenhygienisch einwandfreien Trinkwassers ist nochmals durch die durch Parasiten (Cryptosporiden, Giardien) verursachten Epidemien deutlich geworden. Von den Parasiten ist erst in den letzten Jahren bekannt geworden, dass sie mit dem Wasser übertragen werden können und beim Menschen zu Infektionen führen.
Parasiten und in Partikel eingebundene bakterielle und virale Krankheitserreger können nicht durch die üblicherweise in der Trinkwasserversorgung eingesetzten Desinfektionsverfahren abgetötet werden. Sie müssen im Vorfeld der Trinkwassergewinnung durch Gewässerschutz aus dem Wasser ferngehalten werden oder durch natürliche Filtration (Langsam-Filtration) bei der Untergrundpassage oder durch künstliche Filtration (z. B. Schnell-Filtration) bei der Aufbereitung aus dem Wasser entfernt werden. Dabei können auch einzelne frei suspendierte bakterielle und virale Krankheitserreger durch eine Flockungsfiltration in hohem Umfang oder sogar vollständig zurückgehalten werden.
Mit Hilfe der Desinfektion, die sich an die Filtration anschließt, sollen einzelne frei suspendierte bakterielle und virale Krankheitserreger abgetötet werden, die auch bei optimalem Betrieb das Filter gelegentlich passieren können. Aufgrund der hohen Bedeutung der Filtration für die Versorgung mit einem seuchenhygienisch einwandfreien Trinkwasser muss primär fäkal belastetes Rohwasser erst filtriert und anschließend desinfiziert werden. Jedes Verfahren ist für sich allein nicht ausreichend, um ein seuchenhygienisch einwandfreies Trinkwasser zu gewinnen.

3.1 Begriffe der Mikrobiologie

Infektion, Infektionsdosis

Eine *Infektion* ist die Übertragung, das Haftenbleiben und Eindringen von Mikroorganismen (Viren, Bakterien, Protozoen, Pilzen u. a.) in einen Makroorganismus (Mensch, Tier, Pflanze) und die Vermehrung in ihm. Die Infektion bildet die Voraussetzung für die Entstehung einer Infektionskrankheit und wird von den infektiösen und pathogenen Eigenschaften des Mikroorganismus bestimmt. Unter *Infektionsdosis* versteht man die Anzahl der Keime, die notwendig ist, um eine Infektion auszulösen. Dies kann bei Krankheiten, die durch Trinkwasser übertragen werden können, ein einzelner Keim, aber auch Hunderttausende und mehr sein.

Inkubationszeit

Die Inkubationszeit ist die Zeit zwischen der Ansteckung (Eindringen des Krankheitserregers in den Körper) bis zum Auftreten der ersten Krankheitserscheinungen der Infektionskrankheit. Sie beträgt z. B. für die Cholera zwei bis drei Tage, für die Legionellose zwei bis vierzehn Tage.

Epidemie, Endemie, Pandemie

Als *Epidemie* wird das stark gehäufte örtlich und zeitlich begrenzte Vorkommen einer Erkrankung, z. B. einer Infektionskrankheit, bezeichnet. Explosivepidemien zeigen einen steilen Anstieg und Abfall der Zahl der Erkrankten (z. B. Wasserepidemie). Tardivepidemien dagegen zeigen ein langsames Ansteigen und Abfallen der Erkrankungen (z. B. Kontaktepidemie). Eine *Endemie* ist das ständige Vorkommen einer Erkrankung in einem begrenzten Gebiet. Von einer *Pandemie* spricht man, wenn die Ausbreitung der Infektionskrankheit über Länder und Kontinente verläuft (z. B. Influenzapandemie).

Bakterien

Diese sind einzellige Mikroorganismen, die Größe beträgt 0,5 bis 5 Mikrometer (µm). Bakterien werden nach ihrer äußeren Form in vier Grundformen eingeteilt: Kugel-, Stäbchen-, Spiral- und Sichelform. Es sind über 5000 Arten bekannt. Die Zellwand der Bakterien schützt sie vor äußeren Einflüssen, außerdem können Bakterien eine weitere Schutzschicht von unterschiedlicher Dicke und Zusammensetzung (z. B. Schleim) aufbauen.

Manche Bakterien sind mit einer oder mehreren Geißeln ausgestattet, mit denen sie sich im Wasser fortbewegen können. Viele Bakterien können Sporen bilden oder Toxine (Giftstoffe) erzeugen. Die Vermehrung der Bakterien erfolgt durch Querteilung, die bei günstigem Nährstoffangebot und optimaler Temperatur alle 20 Minuten erfolgen kann.

Viren

Sie sind 25 bis 300 Nanometer (nm) klein, erst die Entwicklung des Elektronenmikroskop ab 1931 durch den deutschen Elektroingenieur Ernst Ruska und Max Knoll ermöglichte es, Viren sichtbar zu machen. Viren haben keine Zellwand, kein Protoplasma und keinen Stoffwechsel. Man kann sie als Übergang zwischen Makromolekülen und der lebenden Zelle einordnen. Alle Viren enthalten als Träger der Erbinformation Nukleinsäure (DNA oder RNA) und darum herum eine einfache oder doppelte, als Kapsid bezeichnete Proteinschicht, die bei manchen Viren noch durch eine Hüllmembran ergänzt wird.

Viren wachsen nicht und können sich nicht selbständig vermehren. Sie sind für ihre Vermehrung auf die lebende Zelle angewiesen. Sie dringen in lebende Zellen von Menschen, Tieren, Pflanzen oder Mikroorganismen ein und veranlassen die befallenen Zellen, neue Viren zu produzieren. Mit ihrer Vermehrung in den Zellen ist in der Regel die Schädigung der Wirtszelle verbunden. Das Auftreten von Viren im Trinkwasser ist daher stets mit einer Infektionsgefahr verbunden. Das Infektionsrisiko hängt aber auch davon ab, wie weit der Mensch für das Virus empfänglich ist und ob diese Viren geeignet sind, nach oraler Aufnahme über den Magen-Darm-Trakt eine Infektion zu verursachen.

Viren, die nur Bakterien befallen und für ihre Vermehrung benutzen, bezeichnet man als Bakteriophagen.

Da Viren keine „lebenden Organismen“ sind, können sie auch nicht abgetötet, sondern nur „inaktiviert“ werden. Heute sind rund 1500 verschiedene Arten von Viren bekannt.

Abb. 39:
Der Arbeitsplatz eines Wissenschaftlers an einem Elektronenmikroskop, mit dem Viren sichtbar gemacht werden können

Elektronenmikroskop

Ein Elektronenmikroskop (Abb. 39) kann das Innere oder die Oberfläche eines Objektes mit Elektronen sichtbar machen. Die maximale Auflösung, die mit einem klassischen Lichtmikroskop erreicht werden kann, liegt bei 0,2 Mikrometern. Ist ein Objekt kleiner als die Wellenlänge des Lichts, kann man es mit Lichtstrahlen nicht mehr sichtbar machen. Man benötigt dafür Strahlen aus Teilchen mit kleineren Wellenlängen – z. B. Elektronen. Mit den Transmissionselektronenmikroskopen (TEM) erreicht man eine Auflösung unter 100 Nanometer bei Hochauflösung sogar unter 10 Nanometer.

Das von Ernst Ruska und Max Knoll gebaute erste und seither stetig weiterentwickelte Elektronenmikroskop ermöglicht es, das Innere einer Zelle zu untersuchen und Viren zu betrachten, die bis zu tausendmal kleiner sind als Bakterien. Mit den heutigen Elektronenmikroskopen können sogar einzelne Atome sichtbar gemacht werden.

Protozoen

Dies sind 1 Mikrometer bis 2 Millimeter große Einzeller. Die größten sind gerade noch mit dem Auge erkennbar. Protozoen besitzen einen Zellkern. Die Vermehrung findet geschlechtlich oder ungeschlechtlich statt. Die meisten Protozoen sind durch Geißeln, Wimpern oder Scheinfüßchen beweglich. Protozoen kommen einzeln oder in Kolonien vor und ernähren sich von organischen Stoffen, indem sie z. B. ganze Bakterien aufnehmen und „verdauen".

Etwa 30 % aller Protozoen sind Parasiten. Diese leben auf oder in einem Wirt und schädigen ihn. Protozoen können umweltresistente Dauerstadien bilden (Zysten, Oozysten oder Sporen). Von den rund 40.000 bekannten Arten leben viele frei in Gewässern, wobei die meisten für den Menschen ungefährlich sind. Die größte epidemiologische Bedeutung wird derzeit den Cryptosporidien und den Giardien zugemessen.

Gesamtkeimzahl, Koloniezahl, KBE

Der frühere Begriff „Keimzahl" wurde durch die *Koloniezahl* (genauer: koloniebildende Einheit, KBE) ersetzt und soll bei beiden Bestimmungstemperaturen (22 °C und 36 °C) den Wert von 100 in 1 ml Wasser nicht überschreiten. Bei desinfizierten Wässern soll nach Abschluss der Aufbereitung der Wert nicht höher als 20 KBE pro ml bei 22 °C Bebrütungstemperatur sein. Die Koloniezahl ist ein Indikatorparameter und existiert seit den Zeiten Robert Kochs. In größeren, durch Wasser übertragenen Epidemien konnte beobachtet werden, dass keine Seuchengefahr von kontaminiertem Wasser ausging, wenn der Ablauf von Langsamfiltern weniger als 100 KBE pro ml Wasser aufwies und E. coli sowie coliforme Bakterien in 100 ml nicht nachweisbar waren.

Indikatorbakterien

E. coli *(Escherichia coli)* und Enterokokken (Fäkalstreptokokken) gelten als klassische fäkale Indikatorbakterien. Sie dürfen in 100 ml Trinkwasser nicht nachweisbar sein. E. coli und Enterokokken stammen aus dem Darm des Menschen und warmblütiger Tiere. Bei der Untersuchung der Enterokokken werden *Enterococcus faecalis* (Abb. 40) und *Enterococcus faecium* bestimmt. Fäkalstreptokokken haben im vergleich mit E. coli eine erhöhte Widerstandsfähigkeit gegenüber der Chlorung.

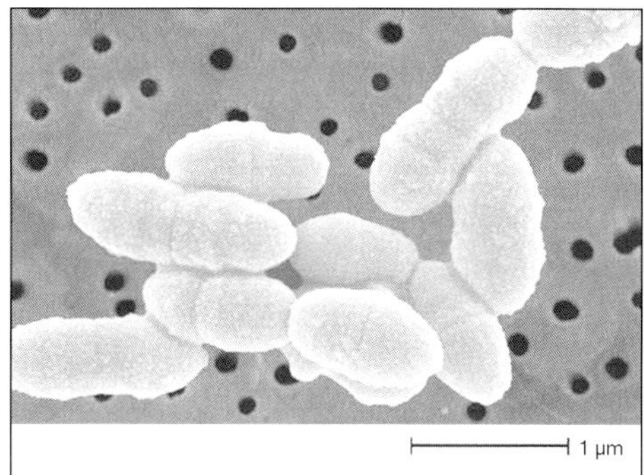

Abb. 40:
Enterococcus faecalis (Fäkalstreptokokken) gelten als klassische fäkale Indikatorbakterien, sie dürfen in 100 ml Trinkwasser nicht nachweisbar sein. Infektionsdosis: 10^6 Bakterien

Biofilme

Biofilme entstehen, wenn Mikroorganismen sich an Grenzflächen anlagern und dort wachsen. Sie sind praktisch überall anzufinden und stellen die älteste bisher nachgewiesene Form des Lebens auf der Erde dar. Sie können sich immer dann entwickeln, wenn Grenzflächen, Feuchtigkeit und Nährstoffe vorhanden sind. Biofilme bestehen aus Mikroorganismen (Bakterien, Protozoen, Pilze), extrazellulären polymeren Substanzen (EPS), eingelagerten anorganischen und organischen Partikeln und gelösten Stoffen (Kationen, Anionen, DOC, Gase).

Man kann Biofilme als eine Art von Gel (Belag, Schleim, Aufwuchs, mikrobieller Rasen) betrachten, das aus extrazellulären polymeren Substanzen (Polysaccharide, Proteine u. a.) besteht, in welchen die Mikroorganismen und die anderen Stoffe eingebettet sind. Die Grenze zwischen Biofilm und Wasser kann stark strukturiert sein (Kanäle, Trichter, Strömungsfahnen).

Die Stärke von Biofilmen (Abb. 41) in Trinkwasserversorgungssystemen beträgt ca. 100 µm, die Bakteriendichte im Biofilm 10^7–10^{10} KBE pro ml.

Bei starker Scherkraft durch das strömende Wasser und Nährstoffmangel können aber auch sehr dünne und feste Biofilme entstehen.

In technischen Systemen (z. B. Rohrleitungen) sind keine Werkstoffe bekannt, die auf Dauer ohne Biofilm bleiben, dies trifft auch für Kupfer- und Silbermaterialen zu. Viele Biofilme in wässrigen Systemen sind viskoelastisch, d. h., sie können kinetische Energie des vorbeiströmenden Wassers absorbieren und dadurch den Reibungswiderstand erhöhen. Die Entstehung von Biofilmen läuft in drei Phasen ab: In der „Induktionsphase" findet das Anhaften und die Primärbesiedlung der Mikroorganismen sowie die Anlagerung von Nährstoffen statt. Es folgt eine logarithmische „Wachstumsphase", die meist vom AOC-Gehalt (assimilierbarer organischer Kohlenstoff) und von der Temperatur des Wassers abhängig ist. Danach erfolgt die „Plateauphase", in der sich ein Gleichgewicht zwischen Zuwachs und Ablösung des Biofilmes einstellt. Die extrazellulären polymeren Substanzen eines Biofilmes stellen eine Diffusionsbarriere (Molekularsieb) für bestimmte gelöste Stoffe im Wasser dar, die den Biofilm und die darin eingebetteten Mikroorganismen vor bestimmten Desinfektionsmitteln (Bioziden) schützt. In Biofilmen von Hausinstallationen können sich typische Wasserbakterien mit pathogenem Potenzial ansiedeln wie zum Beispiel Legionellen, Pseudomonas aeruginosa oder atypische Mykobakterien, welche durch die übliche Trinkwasserchlorung nicht abzutöten sind.

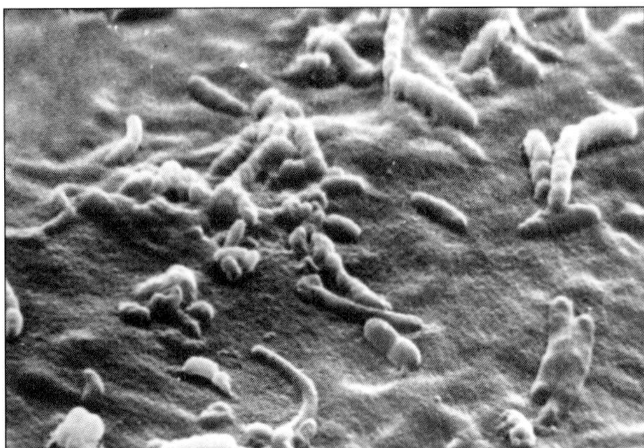

Abb. 41:
Biofilm, der sich an der inneren Oberfläche einer Rohrleitung entwickelt hat. Elektronenmikroskopische Aufnahme, ca. 5000-fache Vergrößerung

DNA/DNS

DNA ist die Abkürzung für **d**esoxyribo**n**ucleic **a**cid (engl.), im Deutschen DNS (wo für acid **S**äure steht). Die DNA bildet bei den meisten Lebewesen, mit Ausnahme der RNA-Viren, das genetische Material und ist Träger der Erbanlagen.

Die DNA liegt meist als Doppelstrang vor, mit Ausnahme bei einzelsträngigen DNA-Viren. Die DNA ist vorwiegend im Zellkern (Nukleus) und dort in den Chromosomen lokalisiert. Als Träger der genetischen Information besitzt sie die Fähigkeit zur Reduplikation (identische Verdoppelung des genetischen Materials), die zugleich ein Reparatursystem der DNA ist.

RNA

Die Abkürzung für **r**ibo**n**ucleic **a**cid (engl.), liegt meist als Einzelstrang vor und ist in verschiedenen Formen an der Proteinbiosynthese beteiligt sowie Informationsvorlage bei den RNA-Viren. Durch Desinfektionsmaßnahmen werden DNA und RNA geschädigt bzw. inaktiviert, sodass sich die Mikroorganismen nicht mehr vermehren können.

3.2 Krankheitserreger

3.2.1 Bakterien

Pathogene Escherichia coli

E. coli ist ein typischer Bewohner im Darm des Menschen und warmblütiger Tiere (Säugetiere und Vögel).

Ein Gramm menschlichen Stuhls enthält bis zu 10^6 E. coli-Bakterien, die sowohl unter anaeroben Bedingungen im Darm als auch unter aeroben Bedingungen in der Umwelt einschließlich des Wassers, überleben können.

E. coli ist seit über 100 Jahren der wichtigste Untersuchungsparameter zur seuchenhygienischen Beurteilung des Trinkwassers. Die Coliformen, die im Zusammenhang mit E. coli genannt werden, haben demgegenüber eine geringere Bedeutung in hygienischer Hinsicht. Wird E. coli im Trinkwasser nachgewiesen, können fäkale Verunreinigungen vorhanden sein, im ungünstigsten Fall auch pathogene E. coli, aber auch Krankheitserreger von Typhus, Ruhr und Cholera.

Neben den sonst harmlosen E. coli treten auch pathogene E. coli-Stämme auf, die ernsthafte Infektionen verursachen. Sie wurden erst 1997 gefunden. Es werden heute fünf Gruppen darmpathogener E. coli unterschieden:

- enterotoxinbildende E. coli: ETEC
- enteropathogene E. coli: EPEC
- enteroinvasive E. coli: EIEC
- enterohämorrhagische E. coli: EHEC
- enteroaggregative E. coli: EAEC

Den ersten vier Gruppen ist gemeinsam, dass sie alle Durchfall auslösen. E. coli ETEC ist eine häufige Ursache der „Reisediarrhö“.

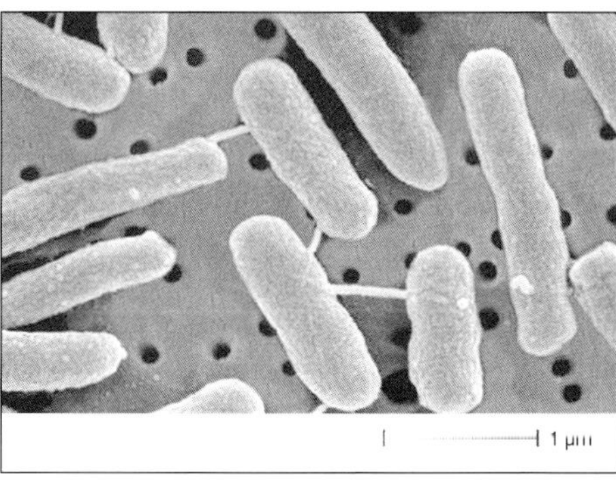

Abb. 42:
Escherichia coli (E. coli), benannt nach seinem Entdecker (1885) Theodor Escherich. E. coli ist ein Indikatorbakterium für fäkale Verunreinigungen im Wasser, Größe: 0,5 x 1,4 µm, Infektionsdosis für pathogene E. coli: etwa 10^3–10^6 Bakterien

Clostridien

Sie sind Bestandteil der menschlichen und tierischen Darmflora. Unter ungünstigen Lebensbedingungen entwickeln sie Sporen als Dauerform, die sehr widerstandsfähig gegen Hitze, Austrocknung und andere Umwelteinflüsse sind. Sie überstehen im Allgemeinen auch die Trinkwasserchlorung. Humanpathogene Bedeutung besitzt von den sporenbildenden, sulfitreduzierenden Anaerobiern die *Clostridium-perfringens*-Gruppe. Diese Mikroorganismen produzieren eine Reihe von hochaktiven Enzymen und Toxinen und können sich in Wunden ansiedeln und unter sauerstoffarmen Verhältnissen (z. B. schlecht durchblutetem Gewebe) zu einer Gasbrandinfektion führen.

Die mit dem Wasser aufgenommenen Clostridien einschließlich deren Sporen stellen keine direkte gesundheitliche Gefahr für den Menschen dar. Die Verwendung von verunreinigtem Trinkwasser (Abb. 43) für die Zubereitung von Nahrungsmitteln und deren unsachgemäße Lagerung kann hingegen zu einer Vermehrung der Clostridien und in der Folge zu ernsthaften Erkrankungen führen. *Clostridium perfringens* ist ubiquitär vorhanden und konnte in Luft, Staub, Erde, Wasser und Nahrungsmitteln nachgewiesen werden.

Nach der deutschen Trinkwasserverordnung darf *Clostridium perfringens* einschließlich Sporen in 100 ml Wasser nicht enthalten sein. *Clostridium perfringens* gilt als Indikatorbakterium für die eventuelle Anwesenheit von Cryptosporidien und Giardien, weil deren Oozysten bzw. Zysten eine ähnliche Resistenz gegenüber Desinfektionsmaßnahmen aufweisen wie die Sporen dieses Bakteriums.

Abb. 43: Mensch und Tier an einer Wasserstelle. Viele Krankheitserreger werden von Haustieren über das Wasser auf den Menschen übertragen. So sind zum Beispiel Rinder weltweit die Ausscheider von pathogenem E. coli EHEC sowie der Darmparasiten Cryptosporidien und Giardien

Salmonellen

Von der Gattung *Salmonella* sind heute mehr als 2500 Salmonellentypen bekannt, die im Wasser, Boden, in Pflanzen, in Fäkalien und in der natürlichen Darmflora

von Tieren vorkommen. Salmonellen haben eine Länge von 1 bis 2 Mikrometer und einen Durchmesser von 0,8 bis 1,5 Mikrometer. Viele der Salmonellen sind für den Menschen oder für Tiere pathogen. Die Salmonellose ist weltweit eines der größten Gesundheitsprobleme. Für die enteritischen Salmonellen (Enteritis: Entzündung des Dünndarms) sind es Haus- und Wildtiere, z. B. Hühner, Vögel, Hunde, Katzen, Schweine, Rinder und Nagetiere, die als Wirte dienen. Da sich Salmonellen in Nahrungsmitteln tierischen Ursprungs vermehren können, genügt schon eine geringere Ausgangsanzahl an Salmonellen, um die Infektionsdosis zu erreichen.
Die *Salmonella*-Typen *S. tyhpi* (Abb. 45) und *S. paratyphi* sind über die ganze Welt verbreitet und verursachen schwere Allgemeinerkrankungen. Die durch verunreinigtes Trinkwasser verbreiteten Typhus- und Paratyphusepidemien sind häufiger als im Allgemeinen angenommen wird. Pro Jahr erkranken auch heute noch weltweit rund 16 Millionen Menschen an Typhus, wobei die Krankheit in etwa 600.000 Fällen tödlich verläuft. Die Gefahr von Typhusepidemien in Ländern mit einem niedrigen Hygienestandard ist somit keinesfalls gebannt. Die Infektionsdosis beträgt für Typhus etwa 10^4 Bakterien und liegt bei enteritischen Salmonellosen bei mehr als 10^5 Bakterien. In Europa war Typhus im 19. und am Anfang des 20. Jahrhunderts ein Problem, bis die Trinkwasserdesinfektion eingeführt wurde. In Deutschland werden dennoch jährlich etwa 100 Typhus- und ebenso viele Paratyphus-Erkrankungen gemeldet, es handelt es sich um importierte Fälle.

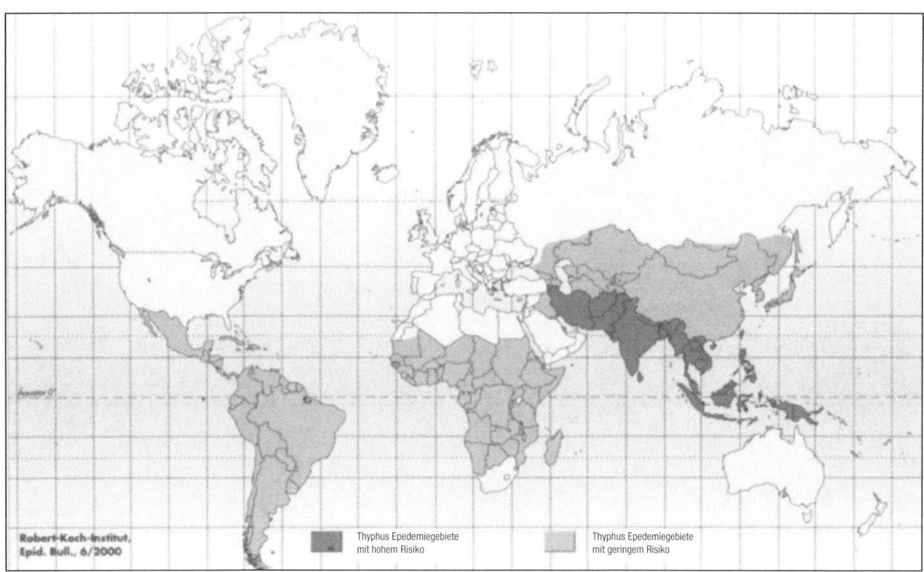

Abb. 44:
Die Weltkarte zeigt die Risikogebiete und die Länder. in den Typhus auftritt

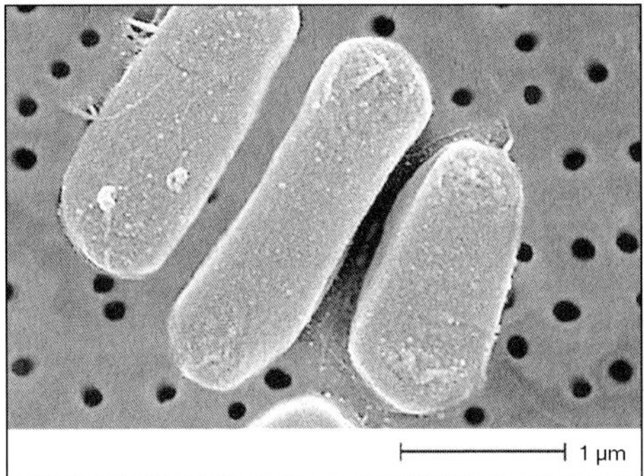

Abb. 45:
Salmonella typhi (Größe etwa 1 µm) und *Salmonella paratyphi* sind auf der ganzen Welt verbreitet und verursachen schwere Allgemeinerkrankungen. Pro Jahr erkranken rund 16 Millionen Menschen weltweit an Typhus. Die Infektionsdosis beträgt für Typhus etwa 10^4 Bakterien

Cholera-Vibrionen

Sie sind die Erreger der Cholera. Die Chlorea ist eine der ältesten Infektionskrankheiten der Menschheit. Sie ist seit Jahrhunderten in den Mündungsgebieten der großen Ströme Indiens und Südostasiens endemisch. Von hier gingen die Pandemien aus, die Asien, Nordafrika und Europa überzogen haben.

Im 19. Jahrhundert erreichten sechs Seuchenzüge Europa. Die Bedeutung des Trinkwassers als Überträger der Cholera wurde bereits 1854 vom englischen Anästhesisten und „Armenarzt" John Snow schlüssig nachgewiesen.

Die Zahl der jährlich registrierten Cholera-Erkrankungen blieb weltweit von 1961 bis 1990 im Bereich von 29.000 bis 112.000 Erkrankten.

Dies änderte sich schlagartig, als 1991 in Peru (Abb. 46) eine Cholera-Epidemie ausbrach, die sich mit ungeahnter Geschwindigkeit, und zwar innerhalb von nur zwei Wochen, über 2000 Kilometer entlang der Westküste von Süd- und Mittelamerika ausbreitete. Weltweit erkrankten 1991 etwa eine halbe Million Menschen an Cholera, von denen 16.700 Menschen starben. Von den Erkrankten wurden etwa 70 % in lateinamerikanischen Ländern registriert, davon allein 300.000 in Peru. Mit 135.000 Fällen aus 19 Ländern war auch Afrika 1991 stark betroffen. Weitere Cholera-Fälle stammen aus 13 asiatischen Ländern, Rumänien und der Ukraine. Abb. 47 zeigt die „Cholera-Weltkarte" von 1992.

Abb. 46:
Trinkwasserversorgung in Peru zur Zeit der Cholera-Epidemie 1991, wo allein in Peru 300.000 Menschen an Cholera erkrankten

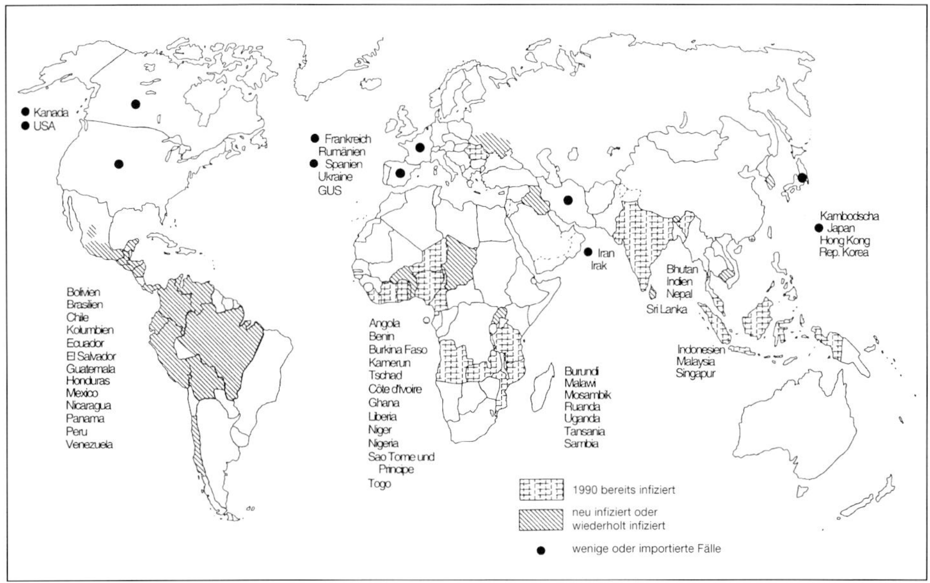

Abb. 47: Weltweite Verbreitung der Cholera (Stand 1992). Seit 2010 ist Haiti und seit 2016 der Jemen dazugekommen

Seit 2010 breitet sich die Cholera auf Haiti aus. Der Epidemie war ein verheerendes Erdbeben nahe der Hauptstadt Port-au-Prince vorausgegangen, das mehr als 200.000 Menschen das Leben kostete. Seitdem sind etwa 900.000 Cholera-Erkrankungen mit rund 10.000 Todesfällen registriert worden.

Vermutlich wurde die Cholera von neapalesischen UN-Blauhelm-Soldaten, die zu der Zeit auf Haiti stationiert waren, eingeschleppt.

Im Jemen, in dem seit 2016 ein erbitterter Bürgerkrieg herrscht, ist im September 2016 die Cholera ausgebrochen, sie gilt als die größte bekannte Cholera-Epidemie in der Geschichte der Menschheit. Die Cholera-Erreger wurden über Ostafrika über das Rote Meer aus Südasien eingeschleppt.

Die erste Welle verlief mit etwa 26.000 Verdachtsfällen relativ glimpflich. Seit April 2017 sind in einer zweiten Welle mehr als eine Million Menschen erkrankt und mindestens 2300 daran gestorben. Die Ausbreitung der Cholera wurde durch die anhaltende Hungersnot, fehlende sanitäre Anlagen, schlechte medizinische Versorgung, verseuchtes Trinkwasser und die Zerstörungen durch den Bürgerkrieg begünstigt.

Forscher vom Institut Pasteur in Paris stellten überraschenderweise fest, dass der aktuelle Cholera-Stamm im Jemen weniger resistent gegen Antibiotika ist als andere bekannte Stämme.

Die Cholera könnte deshalb gut behandelt werden, sofern den Ärzten die entsprechenden Antiobiotika zur Verfügung stehen. Hilfsorganisationen versuchen alles,

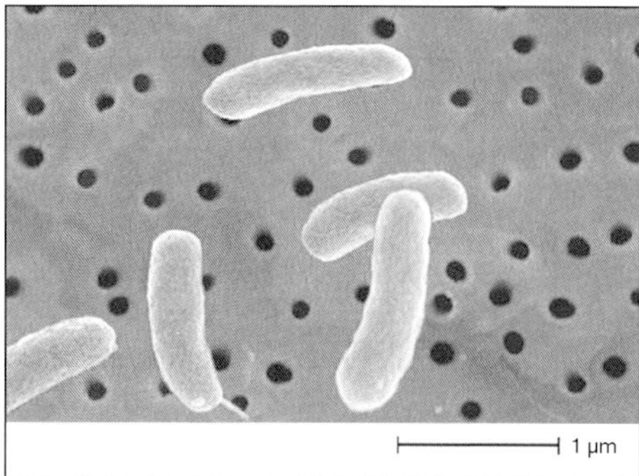

Abb. 48:
Vibrio cholerae, der Erreger der Cholera. Das wie ein Komma aussehende Bakterium ist 0,45 x 1,45 µm groß, die Infektionsdosis beträgt etwa 10^4–10^6 Bakterien, die Inkubationszeit wenige Stunden bis fünf Tage, in der Regel zwei bis drei Tage

um ein Wiederaufleben der Cholera zu verhindern, so sind inzwischen Massenimpfungen in einer Feuerpause des Krieges von über 300.000 Menschen durchgeführt worden.

Die Cholera wird durch das Bakterium *Vibrio cholerae* (Abb. 48) verursacht, das in verschmutztem Wasser und verunreinigten Nahrungsmitteln vorkommt. Das Cholera-Bakterium wurde 1883 von Robert Koch entdeckt. Einziges Erregerreservoir ist der Mensch. Die Cholera-Vibrionen besitzen eine einzige polare Geißel, die ihnen eine hohe Beweglichkeit verleiht. Sie erleichtert dem Erreger das Durchdringen der Schleimhaut über die Dünndarmepithelzelle. Bei einer Cholera-Infektion gelangen Cholera-Vibrionen mit fäkal kontaminiertem Wasser oder kontaminierter Nahrung in den Gastrointestinaltrakt (Magen-Darm-Trakt) des Menschen. Die Salzsäure des Magens stellt eine wirksame Abwehrschranke dar, weil ein Großteil der säureempfindlichen Cholera-Vibrionen durch sie abgetötet wird. Die Erreger, welche die Säurebarriere des Magens überwinden und den oberen Dünndarm erreichen, finden wegen des dort herrschenden alkalischen Milieus gute Vermehrungsbedingungen vor. Nach einer Inkubationszeit von zwei bis drei Tagen beginnt die Erkrankung mit Übelkeit und Erbrechen. Die Folge der Infektion ist die Entzündung des Dünndarms mit starkem Brechdurchfall. Der stetige Flüssigkeitsverlust verursacht eine Austrocknung des Körpers und Elektrolytverlust. Die ausgeschiedenen Flüssigkeitsmengen können bis zu 25 Liter pro Tag erreichen. Eine zu starke Dehydrierung kann zum Tode führen (Abb. 49). Epidemiologisch von Bedeutung ist die Widerstandsfähigkeit der Cholera-Vibrionen. Sie können sich in Oberflächengewässern bei Temperaturen über 20 °C und einem Salzgehalt von rund 1 % (NaCl) vermehren. Bei niedrigen Temperaturen können sie mehrere Wochen überleben und sich bei günstigen Bedingungen wieder vermehren.

Insgesamt sind sie aber gegen äußere Einflüsse wenig widerstandsfähig. Bei Austrocknung, stärkerer Erwärmung oder Sonneneinstrahlung sterben sie schnell ab. Sie halten sich aber in verunreinigten Wasserspeichern, Kanälen, Flüssen, Seen, Brack- und Meerwasser mehrere Wochen lang vermehrungs- und lebensfähig.

Abb. 49: In einem Lager bei Goma in Zaire schöpfen im Sommer 1994 ruandische Flüchtlinge das mit Cholera-Vibrionen verseuchte Wasser. Am Seeufer liegen bereits Opfer der Cholera. Mit den von internationalen Hilfsorganisationen eingeflogenen Trinkwasseraufbereitungsanlagen und deren Chlorungsgeräten sowie des sofortigen Einsatzes von Infusionslösungen konnte ein noch weitaus größeres Massensterben verhindert werden

Die Frankfurter Allgemeine Zeitung berichtete am 21. Oktober 1992:
Makabrer Triumph der Cholera in Lateinamerika
Nach fast hundert Jahren wütet die Seuche wieder / eine halbe Million Krankheitsfälle / Ausbreitung durch das Kauen von Kokablättern begünstigt?
„Nach fast 100 Jahren sucht die Cholera wieder den lateinamerikanischen Kontinent heim. 510.000 Krankheitsfälle wurden der Weltgesundheitsorganisation (WHO) seit Februar 1991 gemeldet. In Wirklichkeit mögen es eine dreiviertel Million sein. Dies ist die größte Zahl von Cholerakranken, die jemals bei einer einzelnen Epidemie zu beklagen war. Allein in Peru erkranken derzeit immer noch etwa 2000 Menschen pro Woche an der Seuche. Jeweils einer von hundert stirbt.
Ähnlich wie bei Katastrophen im technischen Bereich mußten anscheinend zahlreiche Faktoren zusammentreffen, um eine infektiologische Kettenreaktion in Gang zu setzen. Die internationale Frachtschifffahrt hat wahrscheinlich eine wesentliche Rolle gespielt. Untersuchungen haben ergeben, dass Frachter in Bilge und Ballasttanks Vibrio cholera, den Erreger der Cholera, über große Distanzen verschleppen können. Cholera-Erreger fand man sogar in Austern, die an der amerikanischen Küste vor Alabama gefischt worden waren. Zur Überraschung der Mikrobiologen und Lebensmittelhygieniker unterschieden sich die aus den alabamischen Austern isolierten Bakterien nicht von jenen Keimen, die für die derzeitige Epidemie in Südamerika verantwortlich sind und auch in Bilge sowie Ballasttanks von dort kommenden Schiffen nachgewiesen werden konnten.
Vibrio cholerae ist offenbar ein äußerst anpassungsfähiger Krankheitserreger. Die Keime vermehren sich nicht nur im menschlichen Dünndarm, sondern ebenfalls in Organen bestimmter Muscheln und Kleinkrebse. Tatsächlich benutzen die Cholera-Vibrionen diese Meeresfrüchte nicht nur als Vehikel, um in den Magen-Darm-Trakt des Menschen zu gelangen, sondern auch als lebendige Nährböden, in denen sie sich vermehren.
Es gibt die Vermutung, dass die Erreger an Bord eines Schiffes aus einem asiatischen Choleragebiet nach Südamerika kamen. Große Frachtschiffe können einige Millionen Liter Wasser bei der Einfahrt in den Hafen abpumpen. Durch einen solchen Frachter könnte die peruanische Küste kontaminiert worden sein. Selbst die WHO, sonst mit Schuldzuweisungen eher diplomatisch zurückhaltend, stimmt mittlerweile dieser Hypothese zu.
Da sich insbesondere die armen Küstenbewohner regelmäßig von Muscheln und aus dem Hafenschlick gefangenen Kleinkrebsen ernähren, war es für die Cholera-Erreger, einmal in Ufernähe gelangt, leicht, an Land zu gelangen. Dafür spricht auch, dass die ersten Erkrankungsfälle nahezu gleichzeitig in den mehrere hundert Kilometer auseinanderliegenden Küstenstädten Chancay, Chimbote und Piura auftraten, die Hauptstadt Lima jedoch erst in einer zweiten Welle von der Epidemie erfasst wurde. Zusätzlich gefördert wurde die Ausbreitung durch eine Ernährungsgewohn-

heit der Peruaner. Ceviche, eine Zubereitung von rohen oder nur kurz marinierten Meeresfrüchten und Fischen, ist eine Art Nationalgericht und wird beispielsweise in Lima an zahlreichen Imbißständen angeboten. Doch gerade auf diesen delikaten Happen und dem dazu servierten Reis finden die Cholera-Vibrionen einen besonders günstigen Nährboden.

Damit sich die Cholera innerhalb kürzester Zeit auf große Teile der städtischen Bevölkerung ausdehnen konnte, mußten jedoch noch mindestens drei weitere Einflüsse hinzukommen. Nicht nur den peruanischen Ingenieuren, sondern jedem, der in Lima oder Trujillo den Wasserhahn öffnete, war seit langem bekannt, dass es in den Städten an der Trinkwasserqualität haperte. Veraltete Rohrnetze, defekte Pumpen, Risse und Leckagen an Trink- wie Abwasserleitungen machten Kurzschlüsse zwischen den beiden Systemen so gut wie unvermeidlich. Chlor, das, falls in ausreichender Konzentration dem Trinkwasser zugesetzt, die Cholera-Erreger abgetötet hätte, war allerdings nicht zur Hand, als die Katastrophenmeldungen bereits über die Nachrichtenagenturen verbreitet wurden. Die Chlorung des Trinkwassers war einige Jahre zuvor ausgesetzt worden, angeblich, um die Bevölkerung vor einem durch die Chlorung möglicherweise hervorgerufenen Krebsrisiko zu schützen. In der peruanischen Bevölkerung ist dagegen die Meinung verbreitet, Geldmangel und technische Ineffizienz hätten den städtischen Wasserwerken ohnehin keine adäquate Chlorung des Trinkwassers ermöglicht.

Wie unbekümmert die Behörden in Südamerika bisweilen mit einem anderen infektiologischen Gefahrengut, dem Abwasser, umgehen, zeigte sich in Santiago de Chile. Dort wurden die städtischen Abwässer ungeklärt auf jene Gemüsefelder geleitet, von denen aus Kleinbauern die Hauptstadt tagtäglich mit Frischgemüse und Obst versorgen. Und die Abwässer von Lima werden nach wie vor so, wie sie im Kanalsystem eintreffen, nur einen Steinwurf von der Küste entfernt über dicke Rohre ins Meer „entsorgt". Kein Wunder also, dass sich bald das Infektionskarussell Mensch-Abwasser-Meeresfrüchte-Mensch immer schneller drehte.

Doch die hygienischen Mißstände, die unsäglichen Wohnverhältnisse und die durch die Armut bedingte Mangelernährung reichen nach Meinung von Experten nicht aus, die rasend schnelle Ausbreitung der Seuche zu erklären. Hatte sich die Epidemie doch innerhalb von drei Wochen bis in die entlegensten peruanischen Provinzen vorgeschoben. Einen Monat nach Bekanntwerden der ersten Fälle wurden bereits Erkrankungen aus küstenfernen Gebieten Ekuadors und Kolumbiens gemeldet. Und dies, obwohl in der trockenheißen Küstenregion wie auf dem kalten Hochplateau die Überlebenschancen für die Cholera-Vibrionen denkbar ungünstig sind. Möglich ist dagegen, so mutmaßten zwei Infektionsepidemiologen, dass der regelmäßige Genuß von Kokablättern, mit dem viele Einwohner – auf dem Lande wie in den Slums der Großstädte – das Hungergefühl überdecken, das Tempo der Ausbreitung wesentlich beeinflußt haben könnte. Cholera-Vibrionen reagieren äußerst empfindlich auf

Säure. Normalerweise bewirkt die Magensäure, dass etwa eine Milliarde Bakterien notwendig sind, damit es zu einer Ansiedlung der Keime im Darm kommt. Wird dagegen die Magensäure durch Medikamente oder den Genuß bestimmter Speisen abgepuffert, so reichen schon hundert Keime aus.

Da Kokain – ein pflanzliches Alkaloid – seine biologische Wirksamkeit nur dann entfalten kann, wenn es durch Reaktion mit stark basisch reagierenden Substanzen aus seiner natürlichen Bindung gelöst wird, nehmen die Koka-Kauer ständig kleine Prisen von gelöschtem Kalk zu sich. Das freiwerdende Kokain und der Kalk neutralisieren die Magensäure. Regelmäßiger Kokagenuß wäre demzufolge ein entscheidender Risikofaktor für eine Infektion mit Vibrio cholerae. Wenn also bei Kokagenuß bereits eine sehr geringe Keimzahl ausreicht, um eine Besiedlung des Darms mit Cholera-Erregern zu ermöglichen, dann tragen Koka-Kauer – als Erkrankte oder noch gesunde Keimträger – natürlich auch zu einer rascheren Ausbreitung der Seuche bei.

Da weder praktikable Bekämpfungsmaßnahmen zur Verfügung stehen noch eine effiziente Schutzimpfung in Sicht ist, rechnet die WHO damit, dass innerhalb eines halben Jahres weitere 2 Prozent der Andenbevölkerung erkranken werden. Dies würde allein für die bislang am stärksten betroffenen Andenländer 1,5 Millionen Krankheitsfälle im kommenden Jahr bedeuten. Der Direktor der Panamerikanischen Gesundheitsorganisation, Carlyle Guerra de Macedo, rechnet für die nächsten drei Jahre sogar mit 6 Millionen Infizierten und 42.000 Todesopfern. Absehbar ist ebenfalls, dass auch der Süden der Vereinigten Staaten über kurz oder lang wieder als Choleragebiet in die internationalen Seuchenkarten eingetragen werden muß. Mit ihrer siebten weltumspannenden Epidemie, die 1961 im indonesischen Celebes ihren Ausgang nahm, hat sich die Cholera als fast vergessene Schreckensseuche vergangener Zeiten wieder in Erinnerung gebracht. Und viel spricht dafür, dass sie sich aus den eroberten Gebieten so schnell nicht wieder zurückziehen wird.“

Hermann Feldmeier

Shigellen

Sie sind Erreger der bakteriellen Ruhr und kommen weltweit vor allem bei schlechten sanitärhygienischen Verhältnissen vor. Der Mensch ist das einzige Erregerreservoir. Die Übertragung erfolgt über kontaminiertes Wasser bzw. Lebensmittel und über fäkal-orale Kontaktinfektion. Die Verbreitung der Erreger kann auch durch Fliegen erfolgen. Es kommen vier Gruppen von Shigellen vor:

In Europa sind es *Shigella flexneri* und *Shigella sonnei* (Abb. 50), die endemisch sind. Die beiden anderen Arten, *Shigella dysenteriae* und *Shigellea boydii,* kommen als importierte Infektion vor, die meist in warmen Ländern erfolgte. Als Shigellosen werden in Deutschland jährlich etwa 1350 bis 2000 Erkrankungen registriert, von denen ca. 75 % im außereuropäischen Ausland erworben werden.

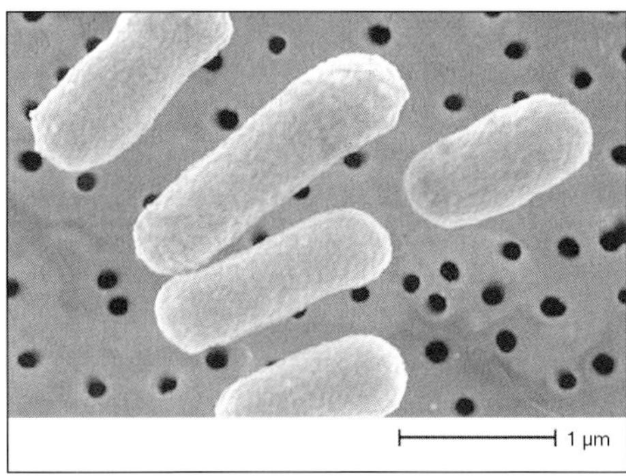

Abb. 50:
Shigella sonnei sind die Erreger der bakteriellen Ruhr. Der Mensch ist das einzige Erregerreservoir. Die krankheitsauslösende Infektionsdosis ist mit 10 bis 200 Erregern sehr gering, die Größe der Bakterien beträgt 0,5 x 1,6 µm

Die krankheitsauslösende Infektionsdosis ist mit 10 bis 200 Erregern sehr gering. Die Shigellen-Bakterien führen nach einer Inkubationszeit von zwei bis fünf Tagen zu wässrigen, später schleimig-blutigen Durchfällen mit starken kolikartigen Leibschmerzen, Fieber und häufigem schmerzhaften Stuhldrang. Durch die zahlreichen Darmentleerungen zeigt der Erkrankte schließlich Symptome der Wasserverarmung und daneben toxische Erscheinungen am Zentralnervensystem, Herz und Kreislauf, die zum Tode führen können.
Durch *Shigella-sonnei*-Ruhrbakterien wurde 1978 in Ismaning bei München eine größere Trinkwasserepidemie ausgelöst. Innerhalb von drei Wochen erkrankten 2450 Personen an der Bakterienruhr.
Wasserbedingte Epidemien, die durch Shigellen verursacht werden, sind meist auf ungeschütztes und unbehandeltes Trinkwasser zurückzuführen, denn mithilfe der Chlorung sind Shigellen relativ leicht abzutöten.

Yersinien

Ist Trinkwasser mit den beiden Bakterienarten *Yersinia enterocolitica* und *Yersinia pseudotuberculosis* kontaminiert, können durch die Aufnahme dieses Wassers beim Menschen Infektionen ausgelöst werden. Betroffen sind vor allem Kinder unter sieben Jahren (Abb. 51). Die Erkrankung tritt vorwiegend im Herbst und Winter auf, verursacht Fieber, Durchfall und Bauchkrämpfe und dauert rund zwei Wochen.
Als Reservoir für *Yersinia enterocolitica* kommen Wasser und Boden sowie Tiere, bei denen das Bakterium zur natürlichen Darmflora gehören kann, in Frage.
Die Übertragung der Erreger findet auf dem fäkal-oralen Weg statt. Verschiedene Lebensmittel wie Milch, Sojasprossen und Schweinefleisch dienen als aktive Krankheitsüberträger. In Deutschland sind die humanpathogenen Stämme von *Yersimia enterocolitica* die dritthäufigsten bakteriellen Erreger von Nahrungsmittelinfektionen. Wasserbedingte Epidemien sind relativ selten, wenn, dann treten sie eher bei ungechlortem Trinkwasser auf, da Yersinien in gechlortem Wasser ähnlich schnell absterben wie E. coli.

Abb. 51: Kinder sind meist die Leidtragenden, wenn es um zu wenig, zu viel oder um zu schlechtes Wasser geht. Deshalb hat UNICEF, das Kinderhilfswerk der Vereinten Nationen, ein weltweites Programm zur Verbesserung der Wasserversorgung und der sanitären Verhältnisse aufgelegt

Campylobacter

Die *Campylobacter*-Infektion ist eine weltweit verbreitete Zoonose. Dabei werden die Bakterien von Haustieren auf den Menschen übertragen. Die Infektion erfolgt fäkal-oral über verunreinigte Nahrungsmittel oder Wasser, Geflügelfleisch ist ebenfalls eine häufige Infektionsquelle.

Auch eine Übertragung von Mensch zu Mensch ist möglich. In Entwicklungsländern wurden bis zu 30 % menschliche Keimträgerraten und in Industrieländern rund 1 % festgestellt. Als Krankheitsüberträger spielen möglicherweise auch Insekten, insbesondere Fliegen, eine Rolle.

Die Infektionsdosis ist sehr gering und wird auf lediglich 500 Keime geschätzt. *Campylobacter* ist weltweit die häufigste bakterielle Ursache von Darmerkrankungen. Er wird für 80 % aller Durchfallerkrankungen in Entwicklungsländern verantwortlich gemacht.

Campylobacter führen beim Menschen zu akuter Entzündung des Dünndarms mit Durchfall, Bauchschmerzen, Fieber und Erbrechen.

Durch kontaminiertes Trinkwasser sind eine Reihe *Campylobacter*-Epidemien ausgelöst worden. So gab es z. B. in den USA von 1978 bis 1986 elf Epidemien mit ca. 5000 Erkrankten. Untersuchungen verschiedener Aufbereitungsstufen in Was-

serwerken zeigten, dass *Campylobacter* zum Teil auch nach einer gut wirksamen Flockungsfiltration nachweisbar waren.
Campylobacter konnten selbst nach Grundwasserpassage und Aktivkohlefiltration gefunden werden. Auch in Biofilmen sind *Campylobacter* ebenfalls zu finden.
Im kommunalen Abwasser (Rohwasserzulauf) sind im Durchschnitt 10^3 *Campylobacter* in 100 ml vorhanden. In den Kläranlagen werden sie um etwa 80 %, in Belebtschlammanlagen um rund 95 % reduziert.

Helicobacter pylori

Ist ein Krankheitserreger, der den Magen und den oberen Gastrointestinaltrakt (Magen-Darm-Trakt) befällt. Das Bakterium wurde erst 1983 entdeckt und als Ursache für Magenschleimhautentzündungen (Gastritis) und Magengeschwüre erkannt. Eine chronische Infektion mit *Helicobacter pylori* ist ein Risikofaktor für die Entstehung des Magenkarzinoms und des MALT-Lymphoms. Aus diesem Grund hat die WHO *Helicobacter pylori* 1994 in die Gruppe I der definierten Karzinogene eingeordnet. *Helicobacter pylori* ist ein gebogenes oder spiralförmiges, stark bewegliches Stäbchen (Abb. 52). Der Erreger wird über den Darm ausgeschieden.
Die Übertragungswege sind noch nicht endgültig geklärt. Es wird eine fäkal-orale und/oder oral-orale Übertragung von Mensch zu Mensch angenommen, sodass auch durch Trinkwasser eine Infektion sehr wahrscheinlich sein kann.
Dass dieses Bakterium sich im Magen ansiedeln kann, beruht auf seiner Säureresistenz, da *Helicobacter pylori* Harnstoff sehr schnell zerlegen kann und der aus Harnstoff gebildete Ammoniak eine wirkungsvolle partielle Neutralisation der Magensäure bewirkt. Neuere Untersuchungen zeigen, das *Helicobacter pylori* durch Chlor rasch inaktiviert wird.

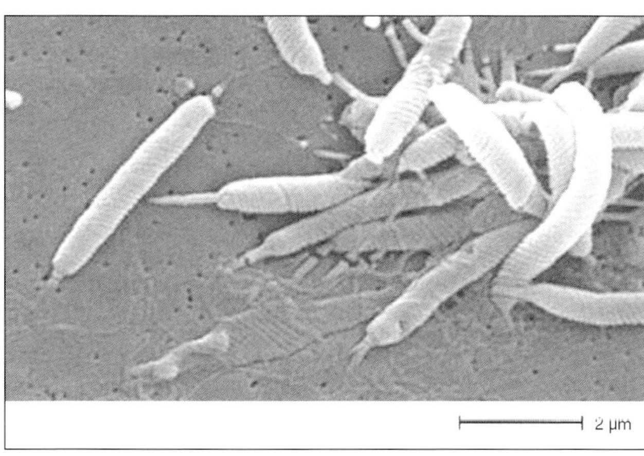

Abb. 52: *Helicobacter pylori* ist ein gramnegatives Stäbchenbakterium, das den menschlichen Magen besiedeln kann. Spezialisierte Haftstrukturen ermöglichen ihm die besondere feste Anbindung an die Epithelzellen der Magenschleimhaut

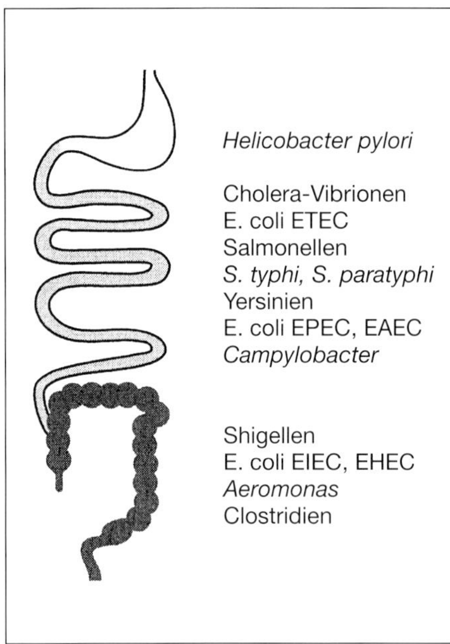

Die Abb. 53 zeigt die Wirkorte darmpathogener Bakterien, wobei *Helicobacter pylori* der einzige Krankheitserreger ist, der die Fähigkeit besitzt, dem extrem niedrigen Säure-pH-Wert des Magens zu widerstehen und sich in den Magenschleimhäuten einzunisten. Während die Magensäure (pH-Wert 1,2–1,7) die meisten Bakterien nicht passieren lässt, können sie sich im Dünndarmsaft (pH-Wert 4,7–8,3) und im Dickdarm im Stuhl (pH-Wert 4,6–8,8) vermehren.

Abb. 53:
Wirkorte darmpathogener Bakterien (nach einer Vorlage von Heesemann)

Atypische Mykobakterien

Unter dem Sammelbegriff „Atypische Mykobakterien" wird die Gruppe der „nicht tuberkulösen Mykobakterien" verstanden. Zahlreiche Vertreter dieser Gruppe lassen sich in der Umwelt und somit auch in Wasser und Boden nachweisen. Das Spektrum der von atypischen Mykobakterien beim Menschen hervorgerufenen Erkrankungen reicht von Infektionen der Haut, Weichteile und Lymphknoten über tuberkuloseähnliche Lungeninfektionen bis hin zu Infektionen, die alle Organe und Gewebe des Körpers erfassen.

Das Bakterium vermehrt sich besonders gut im sauerstoffarmen Wasser mit möglichst hohem Gehalt an organischer Substanz und Zink.

Mykobakterien haben in ihrer Zellwand Wachse eingelagert, was ihnen eine hohe Festigkeit gegen Säuren oder Basen verleiht. Die hydrophobe Zellwand begünstigt auch das Anhaften an Oberflächen und die Bildung von Biofilmen.

Aus heutiger Sicht kann man zu atypischen Mykobakterien folgende Aussagen machen: Sie gehören zur Gruppe der Bakterien, die sich im Trinkwasser-Verteilungssystem vermehren und in Biofilmen zu finden sind. Die meisten der in Deutschland im Trinkwasser nachweisbaren Mykobakterien sind relativ harmlos bis auf das Mycobacterium avium und einige andere pathogene Arten.

Mykobakterien findet man mit geeigneten Untersuchungsmethoden in 80–90 % der Oberflächenwässer- und in Trinkwasserproben in Konzentrationen von etwa 1 KBE pro ml Wasser.

Mit der Trinkwasseraufbereitung erreicht man eine durchschnittliche Reduzierung der Mykobakterienkonzentration von etwa 99 %. Im Laufe der anschließenden Verteilung des Trinkwassers kommt es im Rohrnetz zu einem Wiederanstieg der Mykobakterienkonzentration auf die Ausgangswerte im Rohwasser. Das Mykobakteriumspektrum vor der Trinkwasseraufbereitung unterscheidet sich meist deutlich vom Spektrum nach der Aufbereitung.
Eine Desinfektion mit Chlor in den üblichen Konzentrationen ist nicht erfolgreich. Mit Ozon wird eine schnelle Desinfektion erreicht, der aber anschließend auch eine mykobakterielle Wiederverkeimung im Rohrnetz folgt.

Pseudomonas aeruginosa

Pseudomonas aeruginosa ist die am längsten bekannte und humanmedizinisch wichtigste Pseudomonas-Art. Da *Pseudomonas aeruginosa* ubiquitär (überall) vorkommt, ist es unter anderem in Oberflächenwässern, Grundwasser und Böden zu finden. Abb. 54 zeigt eine elektronenmikroskopische Aufnahme von *Pseudomonas aeruginosa*.
Typische Standorte der Besiedlung von Pseudomonas aeruginosa sind Wasser-Luft-Grenzflächen wie Wasserhähne, Duschköpfe, Waschbecken, Abflusssyphons, Luftbefeuchter aber auch Ionenaustauscher, Dichtungsmaterialien sowie Sand- und Aktivkohlefilter.
Im Trinkwasser ist die Anzahl von *Pseudomonas aeruginosa* eher gering, allerdings kann eine Vermehrung im Trinkwasser stattfinden, wobei die optimale Wachstumstemperatur 15 bis 30 °C beträgt.
Im Brunnenwasser ist *Pseudomonas aeruginosa* selten, häufiger dagegen in Mineral- und Tafelwasser sowie in Schwimmbeckenwasser enthalten. Nach der Trinkwasserverordnung darf in Wasser für den menschlichen Gebrauch, das zur Abfüllung in Flaschen oder sonstigen Behältnissen bestimmt ist, in 250 ml Wasser kein *Pseudomonas aeruginosa* nachweisbar sein (siehe auch Tabelle 4).

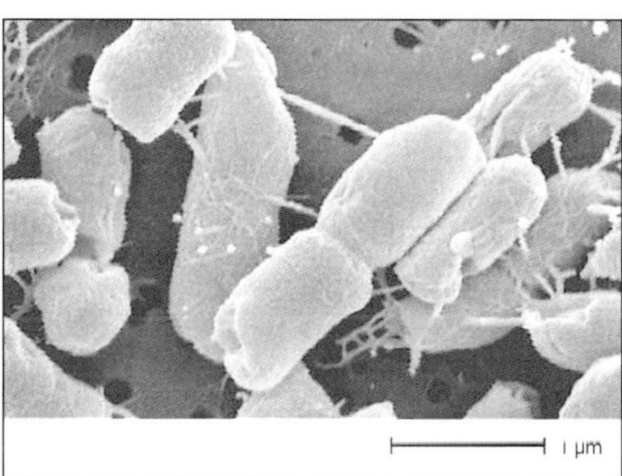

Abb. 54:
Pseudomonas aeruginosa, ein Krankheitserreger, der sich in Trinkwasserverteilungssystemen vermehren kann; Bakteriengröße: 0,5 x 1,2 µm, Infektionsdosis: etwa 10^4–10^8 Bakterien, Infektionen entwickeln sich vorwiegend bei abwehrgeschwächten Menschen, z. B. in Krankenhäusern

Mit Ausdehnung der Rohrleitungsnetze und Zunahme der Verbundsysteme in der Wasserversorgung sowie durch Fernwasserversorgung gewinnt der Nachweis von *Pseudomonas aeruginosa* auch im Trinkwasser an Bedeutung. Im Krankenhaus gilt *Pseudomonas aeruginosa* als sogenannter Pfützenkeim, weil er häufig in kleinen Resten stagnierenden Wassers, namentlich im Sanitärbereich, zu finden ist.
Schon lange ist *Pseudomonas aeruginosa* als Erreger von Wundinfektionen, vor allem bei Verbrennungen, als Erreger von Harnwegsinfektionen, von Atemwegsinfektionen und von Infektionen des Auges und des äußeren Ohres bekannt.
Für *Pseudomonas aeruginosa* charakteristisch ist weiterhin die Fähigkeit zur Bildung von Biofilmen, d. h. zur Ausbildung flächenhafter, schleimiger Besiedlungen auf Wandflächen wasserführender Systeme.
Da die Lebensansprüche von *Pseudomonas aeruginosa* sehr bescheiden sind, kann es sich selbst in sehr sauberem Wasser, sei es Leitungswasser oder auch destilliertes Wasser, vermehren. Das bedeutet eine gezielte Aufmerksamkeit für Krankenhäuser und pharmazeutische Betriebe, die zur Herstellung von wässrigen Medikamenten und Spülflüssigkeiten enthärtetes oder entsalztes Wasser verwenden.
Als besonderer Ansiedlungsort von *Pseudomonas aeruginosa* haben sich Filter der Badewasseraufbereitung erwiesen. Durch die dort vorliegenden Temperaturen und das Nährstoffangebot werden für viele Bakterien, so auch für *Pseudomonas aeruginosa* und für Legionellen, ideale Vermehrungsbedingungen geboten. Hier kann das Verkeimen der Filter nur durch eine effektive Spülung des Filters (Fluidisierung des Filterbettes) und Einhaltung entsprechender Chlorkonzentrationen im Wasser verhindert werden.

Legionellen
Sie sind weltweit das größte umwelthygienische Infektionsproblem in allen Warmwasser-Systemen öffentlicher Gebäude (Schwimmbäder, Krankenhäuser, Alten- und Pflegeheime, Hotels, Kasernen, Arbeits- und Sportstätten), aber auch im privaten Bereich (Warmwasserbereiter, Dusche) sowie in Klimaanlagen (RLT-Anlagen) und Kühlwasserkreisläufen. Diese Bakterien (Abb. 55), die 1976 zum ersten Mal bei einem Veteranentreffen der „American Legion“ in Philadelphia als Auslöser einer Epidemie mit 221 Erkrankten und 34 Toten nachgewiesen wurden, erhielten den Namen „Legionellen“. Da die Infektionsquellen für die Legionellose immer außerhalb des Menschen im technisch konditionierten Umfeld und insbesondere in Warmwasser-Installationssystemen zu suchen sind, ist diese Erkrankung ein klassisches Beispiel für die Notwendigkeit entsprechender Präventionsmaßnahmen.
Maßnahmen zur Verhütung, Erkennung und Bekämpfung von Legionellen verlangen hierbei ein koordiniertes, multidisziplinäres Vorgehen von medizinischer Seite (Allgemeinmediziner, Mikrobiologen, Hygieniker und Amtsärzte) wie auch von Architekten, Installationsingenieuren, ausführenden Sanitärfirmen, Verwaltungslei-

tung und Gesetzgeber. Legionellen kommen ubiquitär (überall verbreitet) in Grund- und Oberflächenwässern vor, erreichen hier jedoch nicht so hohe Konzentrationen wie in Warmwasser-Systemen. Auch in Thermalquellen wurden Legionellen nachgewiesen, weiterhin in salzhaltigen Wässern und in Meerwasser.
Die optimale Vermehrungstemperatur von Legionellen liegt bei etwa 30 bis 45 °C. Selbst bei Temperaturen über 50 °C vermehren sie sich noch. Nennenswerte Absterbevorgänge setzen erst bei über 60 °C ein. Daher liegt die eigentliche Problematik im sogenannten Warmwasser-Niedrigtemperaturbereich.
Legionellen sind gramnegative, stäbchenförmige Bakterien. Schon 1997 waren 42 Legionellen-Arten mit 62 Serogruppen bekannt; weitere Arten kommen laufend hinzu. Die epidemiologisch bedeutsamste Art ist *Legionella pneumophila* (Abb. 55). Bei Legionellosen wird sie bei 90 % der schweren Lungenentzündungen nachgewiesen und hier wiederum in etwa Zweidrittel der Fälle die Serogruppe 1.
Legionellosen treten in zwei unterschiedlichen Verlaufsformen auf: die erste in Form einer schweren Lungenentzündung, die unbehandelt in 15 bis 20 % der Fälle tödlich verläuft. Die Inkubationszeit kann 2 bis 14 Tage betragen.

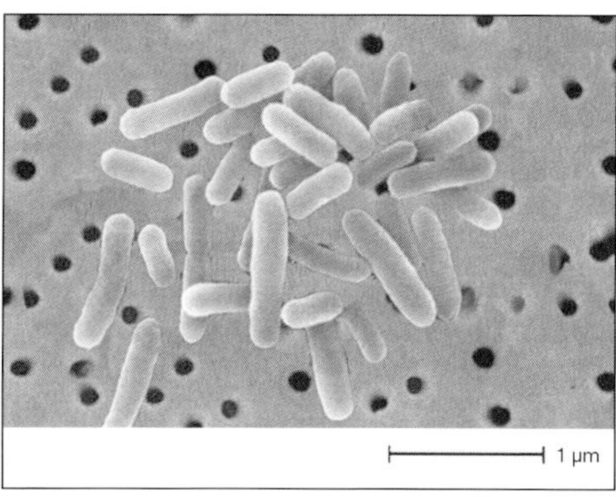

Abb. 55:
Legionella pneumophila, der Erreger der Legionellose (Legionärskrankheit), einer schweren Lungenentzündung. Der Hauptinfektionsweg ist das Einatmen erregerhaltiger Aerosole aus dem Warmwasserbereich. Infektionsdosis: bisher nicht bekannt, Größe der Bakterien: 0,5 0,7 µm

Die zweite Art der Erkrankung ist das weitaus häufiger vorkommende „Pontiac-Fieber“. Hierbei handelt es sich um eine fiebrige, grippeähnliche Erkrankung mit einer Inkubationszeit von bis zu zwei Tagen, die meist ohne Lungenbeteiligung binnen weniger Tage abklingt. Als Hauptinfektionsweg ist das Einatmen erregerhaltiger, lungengängiger Aerosole aus dem Warmwasserbereich anzusehen. Somit stellen insbesondere Duschen, aber auch Aerosole am Wasserhahn Gefahrenquellen dar. Eine Übertragung von Mensch zu Mensch wurde bisher noch nicht festgestellt.
Gefährdet sind vor allem ältere Personen, immungeschwächte Menschen, chronisch Kranke, Raucher, HIV-Erkrankte, Männer über 50 Jahre (häufiger als Frauen der gleichen Altersgruppe) sowie auch Leistungssportler (Schwimmer, Langstreckenläufer, Bodybuilder) nach hoher körperlicher Anstrengung.

Filter für Schwimmbeckenwasser sind bevorzugte Orte für Legionellen: Insbesondere sind Mehrschichtfilter mit Kohleauflagen (Anthrazit, Braunkohlekoks) und Korn-Aktivkohle gefährdet. Legionellen können von dort aus als geschützte größere Aggregate oder intrazellulär überlebend in Einzellern (Amöben, begeißelte Protozoen) ins Beckenwasser gelangen.

Legionellen sind zu 90 % in schleimigen Biofilmen auf Oberflächen eingebunden und befinden sich nur zu 10 % im Wasser selbst. Auf vielen wasserberührten Oberflächen leben Protozoen-Arten (z. B. Amöben), die sich von Legionellen und anderen Mikroorganismen des Biofilmes ernähren.

Die gefressenen Legionellen werden aber im Inneren der Amöbe nicht verdaut, sondern vermehren sich in dieser (Abb. 56).

Die Amöbe stirbt ab, platzt und kontaminiert das Wasser mit Legionellen. Da Biofilme auch fetzenartig abreißen können und als Partikel durch das Rohrnetz geschwemmt werden, verbreiten sich Legionellen auch darin geschützt weiter.

Will man Legionellen vollständig beseitigen, muss man die Biofilme vollständig entfernen. Reste von Biofilmen werden sonst als Nährsubstrat für nachfolgende Keime genutzt. Mit dem Kaltwasser gelangen einzelne Legionellen in die Hausinstallationssysteme.

Im Warmwasser-System finden die Legionellen dann die ökologische Nische, die es ihnen ermöglicht, sich zu infektionsrelevanten Konzentrationen zu vermehren. Leider ist bis heute die konkrete infektiöse Konzentration (Infektionsdosis) nicht bekannt.

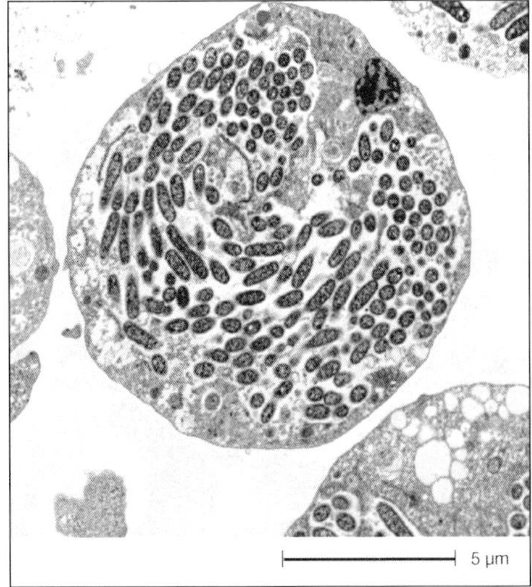

Abb. 56:
Eine mit *Legionella pneumophila* infizierte Amöbe *(Hartmannella vermiformis amoeba)*. Legionellen können sich intrazellular in Protozoen, z. B. in Amöben, massiv vermehren und benutzen diese zur Weiterverbreitung

Faktoren, die die Vermehrung von Legionellen in Hausinstallationssystemen begünstigen, sind:

- Wassertemperaturen zwischen 30 und 45 °C
- Ablagerungen in Trinkwassererwärmern, im Leitungssystem und in den Armaturen (Kalk, Eisen u. a.)
- Stagnation im Leitungsnetz und in „toten" Leitungssträngen
- Lebensgemeinschaft mit anderen Mikroorganismen in Biofilmen
- bestimmte Werkstoffe des Leitungsnetzes und der Dichtungen (Gummi, Silikon, Duschschläuche)
- Wasserqualität (pH-Wert, Sauerstoff, Salze, organische Substanzen)

Unter „günstigen" Bedingungen kann es in Leitungssystemen, Kunststoffschläuchen und an Gummidichtungen zu einer flächendeckenden Wandbesiedelung durch Legionellen kommen, in der Legionellen und andere Mikroorganismen auch extremen Bedingungen widerstehen, wie z. B. der Einwirkung fast aller Desinfektionsmittel und -verfahren.
Auch das Durchspülen mit hohem Wasserdruck kann kontaminierte Wandungen in Leitungssystemen nicht beseitigen. Als einziges Desinfektionsmittel ist Chlordioxid in der Lage, Biofilme abzulösen und dabei Legionellen sicher abzutöten.

3.2.2 Viren

Derzeit sind mehr als 100 verschiedene Virustypen bekannt, die durch Ausscheidungen des Menschen (Stuhl und Urin) in den Wasserkreislauf gelangen können. Die Übertragung von Viren tierischer Herkunft über den Wasserweg auf den Menschen ist bei Hepatitis-E-Viren zu vermuten, bei Rota- und Schweinepicornaviren nicht auszuschließen.
Das Infektionsrisiko hängt im Wesentlichen davon ab, wie weit der Mensch als Wirt für das Virus empfänglich ist. Weiterhin ist wichtig, ob diese Viren geeignet sind, nach oraler Aufnahme, beginnend mit der Mundhöhle über den Magen-Darm-Trakt, die Leber bis hin zum zentralen Nervensystem, eine Infektion zu verursachen.
Die Viren, von denen man weiß, dass sie nach oraler Aufnahme beim Menschen zu Erkrankungen führen, sind *Hepatitis-A-* und *-E-Viren, Poliomyelitisviren, Rotaviren, enterale Adenoviren, Norwalkviren* sowie *Enteroviren* und *Coxsackieviren.*
Den enteralen Viren, sie verursachen eine Entzündung des Dünndarms, ist gemeinsam, dass sie zu den am einfachsten aufgebauten und kleinsten Viren gehören. Als sogenannte nackte Viren besitzen sie auch keine gegen fettlösende Agenzien empfindliche Hülle. Ihre Erbsubstanz liegt überwiegend als Einzelstrang-RNA vor.

Die Viren, die durch Trinkwasser übertragen werden, stammen in aller Regel aus menschlichen Ausscheidungen, meistens aus dem Stuhl.
Der häufigste und einfachste Weg ins Trinkwasser verläuft über Abwasser, Oberflächenwasser und Übergang ins Trinkwasser durch unzureichende Aufbereitung.
Im Untergrund können Viren viele Monate überdauern. Bei gut filtrierenden Schichten werden die Viren im Boden zurückgehalten und mit der Zeit inaktiviert, sodass Grundwasser relativ selten mit Viren belastet ist. Dies trifft allerdings nicht für Karstgrundwasser zu und auch nicht für Uferfiltrate, die über Bodenpassagen mit stark wechselnden Korngrößen gereinigt werden. Über Abwasserverregnung und andere Bewässerungstechniken, die mit Wässern arbeiten, die enterale Viren enthalten, können landwirtschaftliche Erzeugnisse kontaminiert werden.
Über Abwassereinleitungen in Oberflächengewässer können natürliche Badegewässer mit Viren verunreinigt sein. In diesem Zusammenhang ist es interessant, dass es relativ viele Veröffentlichungen gibt, die über erhöhte Häufigkeit von Magen- und Darmerkrankungen sowie von Hepatitis nach dem Baden in natürlichen Gewässern berichten.
Durch Chlor, Chlordioxid, Ozon und UV-Bestrahlung können Viren inaktiviert werden. Untersuchungen mit dem *Hepatitis-A-Virus* und anderen Virustypen bestätigen, dass sich mit Chlor, Chlordioxid und Ozon eine sehr zuverlässige und schnelle Inaktivierung erzielen lässt, wenn die maßgeblichen Bedingungen der Wasserqualität eingehalten werden. Dies betrifft besonders die Einhaltung der geforderten Trübungswerte in einem Trinkwasser vor der Desinfektionsmaßnahme.
Auftretende Schwierigkeiten bei der Virusinaktivierung durch chemische Desinfektionsmittel oder UV-Bestrahlung liegen darin, dass Viren natürlicherweise meistens nicht als freie Suspensionen vorkommen, sondern an Zellen oder anderen Partikeln absorbiert oder aggregiert vorliegen. In diesem Zustand sind sie viel schwerer zu inaktivieren.
Für die Trinkwasseraufbereitung ist daraus der Schluss zu ziehen, dass die Desinfektion von virusbelastetem Rohwasser nur nach Aufbereitung durch eine wirksame Flockungsfiltration erreicht werden kann. Als Indikator für eine erfolgreiche Virus-Desinfektion ist E. coli ungeeignet, stattdessen könnten *Clostridium perfringens* oder andere anaerobe Sporenbildner als Indikatorkeime verwendet werden.

Hepatitis–A-* und *-E-Virus

Die Hepatitis (Gelbsucht) ist eine Entzündung der Leber, die durch verschiedene Viren hervorgerufen werden kann. Zwei davon sind das *Hepatitis-A-* und *-E-Virus,* die über das Wasser übertragen werden können. Die Erreger der Hepatitis-A sind kleine, kubische, im Durchmesser 27 Nanometer kleine RNA-Viren.
Die durch *Hepatitis-A-Viren* ausgelöste Schädigung der Leberzellen ist wahrscheinlich auf die Reaktion des Immunsystems zurückzuführen und wird nicht primär

durch die Viren verursacht. Die Symptome wie Übelheit, Erbrechen, Schüttelfrost, Fieber und Braunfärbung des Urins dauern meist vier Wochen. Bei Kindern verläuft die Krankheit in der Regel gutartig, bei Erwachsenen ab 50 Jahren sind zunehmend schwere Krankheitsverläufe zu erwarten. Die Leberschäden sind reversibel und nach Verschwinden der Viren ist die Heilung vollständig.

Die Inkubationszeit beträgt 10 bis 40 Tage. Als einziger natürlicher Wirt (Reservoir) des *Hepatitis-A-Virus* dient der Mensch. Die fäkal-orale Übertragung der Viren über das Wasser ist zwar von Bedeutung, die meisten Infektionen werden aber über kontaminierte Nahrungsmittel und von Mensch zu Mensch verursacht.

Bei dem durch *Hepatitis-E-Virus* verursachten Infektionen spielt der Von-Mensch-zu-Mensch-Kontakt normalerweise keine Rolle. Hier erfolgt die Übertragung des Erregers in der Regel fäkal-oral über kontaminiertes Trinkwasser.

Vor allem in Indien, wo mehrere Epidemien mit vielen Tausend Erkrankten beschrieben worden sind, sowie in anderen asiatischen Ländern, in Nordafrika, Mittelamerika und Osteuropa kommt das *Hepatitis-E-Virus* vor. Neben mehreren Primatenarten kann das *Hepatitis-E-Virus* auch Hausschweine infizieren, sodass diese Tiere als Virusreservoir für Epidemien eine wichtige Rolle spielen können. Die Inkubationszeit beträgt 30 bis 40 Tage. Das Krankheitsbild des *Hepatitis-E-Virus* ist demjenigen des *Hepatitis-A-Virus* sehr ähnlich.

In den tropischen Ländern ist das Hepatitis-E-Virus unter Jugendlichen für über 50 % der akuten Hepatitis verantwortlich, in Europa beträgt die Erkrankungsrate etwa 1,5 bis 3 %. Auffallend ist allerdings die hohe Sterblichkeit von infizierten schwangeren Frauen von 15 bis 20 %.

Poliovirus

Die Polioviren sind die Erreger der epidemischen spinalen Kinderlähmung *(Poliomyelitis)*, die seit dem Altertum bekannt ist (Abb. 57). In früheren Jahrhunderten trat die Kinderlähmung nur in Einzelfällen auf. Poliomyelitisepidemien waren in China und Ländern der Dritten Welt damals unbekannt.

Später war das Virus dann weltweit verbreitet, und deshalb war fast jeder irgendwann einmal infiziert und später immun. Unzureichende Abwassersysteme und die damit verbundene Verseuchung des Trinkwassers sowie die Verwendung von menschlichen Exkrementen als Dünger für Nutzpflanzen sorgten für den ständigen Kontakt mit dem Virus.

Neugeborene waren durch die Immunität der Mutter geschützt, und zwar sowohl vor der Geburt als auch später durch die Muttermilch. Wenn die Kinder älter wurden, ging die von der Mutter erworbene passive Immunität langsam verloren. Da aber der Kontakt mit dem *Poliovirus* sich fortsetzte, entwickelten die heranwachsenden Jugendlichen ihre eigene, aktive Immunität. Deshalb ist es paradox, aber keinesfalls überraschend, dass ausgerechnet die ersten größeren Epidemien von *Poliomyelitis* in den skandinavischen Ländern und in den USA auftraten. Hier hatten sich die sanitären Verhältnisse im 19. Jahrhundert stark verbessert. In Gegenden mit sauberem Trinkwasser konnte das Virus nicht mehr jeden Säugling infizieren.

Abb. 57: Schon im Altertum trat *Poliomyelitis* auf, wie diese Darstellung auf dem Relief aus Ägypten (etwa 1500 v. Chr.) zeigt. Das verkümmerte rechte Bein des Mannes ist typisch für eine überstandene spinale Kinderlähmung

Die Kinder wuchsen ohne Kontakt mit dem Erreger auf und waren deshalb nicht immun; am anfälligsten war die Bevölkerungsgruppe weit jenseits des Kleinkindalters. So konnte sich die Poliomyelitis in den 30er-, 40er-, und frühen 50er-Jahren des letzten Jahrhunderts in Europa und Nordamerika epidemisch ausbreiten. Jeder fürchtete sich während der Sommermonate in diesen Zeiten vor einer Ansteckung durch Polioviren. Es liegt eine Ironie darin, dass eine zuvor seltene, nur sporadisch auftretende Krankheit durch die Verbesserung der sanitären Verhältnisse zu einem Problem wurde. Moderne Abwassersysteme, die Trinkwasserdesinfektion und ein verbessertes Gesundheitswesen haben uns von vielen Krankheiten befreit, aber das hatte seinen Preis: den Verlust der Immunität gegen den Poliovirus.

Die *Polioviren* wurden 1908 entdeckt und es gibt seit 1934 eine Unterteilung in drei pathogene und immunologisch unterscheidbare Typen: Polio 1, 2 und 3.
Poliomyelitis ist nach dem Infektionsschutzgesetz eine meldepflichtige Krankheit. Das Poliovirus, ein RNA-Virus, das 25–30 nm klein ist, wird fäkal-oral übertragen. Es kommt in verschmutzten Wässern, verunreinigter Nahrung und Speichel vor.
Ist der Erreger in den Verdauungstrakt eingedrungen, vermehrt er sich im Dünndarm und den in der Nähe befindlichen Lymphknoten. Ohne Immunantwort gelangen die Polioviren ins Blut, sind hier keine Antikörper vorhanden, können sie sich über den ganzen Körper verteilen. Die virulenten Viren vermehren sich in mehreren, besonders empfindlichen Körpergeweben, unter anderem in den Neuronen des Rückenmarkes, die zum peripheren und zentralen Nervensystem gehören. Neuronen sind Nervenzellen, die die Motorik des Bewegungsapparates des Körpers steuern. Das Virus tötet diese Zellen und es entstehen Lähmungserscheinungen. Der schlimmste Fall trat ein, wenn auch die Atmung davon betroffen war.

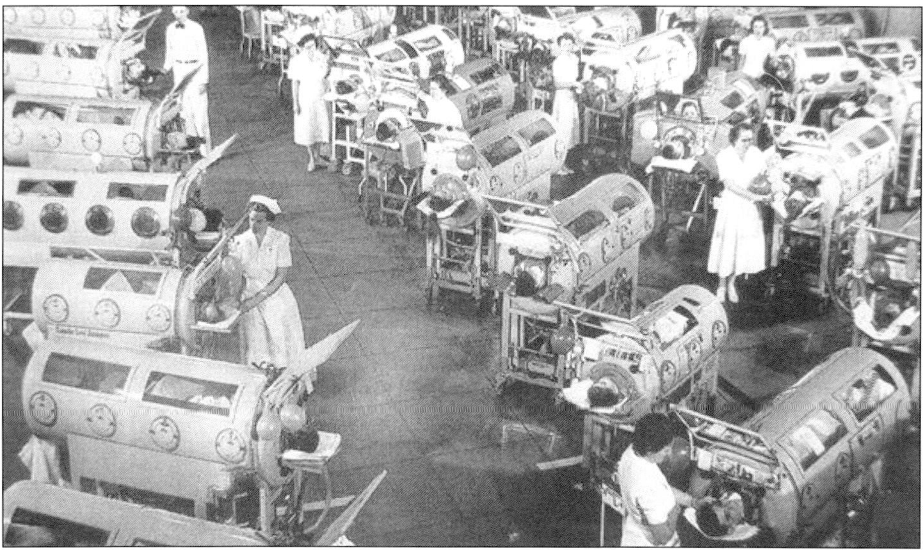

Abb. 58:
Ein vollbelegter Krankenhaussaal in den 1950er-Jahren in den USA. Dicht an dicht stehen die „Eisernen Lungen", in denen die an *Poliomyelitis* erkrankten Kinder künstlich beatmet wurden

Die Inkubationszeit bei *Polioviren* beträgt 7 bis 14 Tage. Die Erreger werden mehrere Wochen lang mit dem Stuhl ausgeschieden und gelangen so ins Abwasser.
In den 1950er-Jahren wurden Impfstoffe gegen Kinderlähmung entwickelt. Jonas E. Salk entwickelte einen Impfstoff aus inaktivierten Poliovieren (Totimpfstoff) zur

intramuskulären Injektion, der 1955 die Zulassung in den USA erhielt. Albert Sabin entwickelte die Schluckimpfung aus sogenannten attenuierten Polioviren – noch vermehrungsfähig, aber praktisch ohne Krankheitspotenzial, ein Lebendimpfstoff. Nach der Entwicklung und Zulassung der Impfstoffe gegen Kinderlähmung und großangelegten Impfprogrammen in aller Welt ist die Krankheit in der westlichen Hemisphäre seit etwa zehn Jahren nicht mehr aufgetreten.

Abb. 59: Schluckimpfung im Bundesstaat Uttar Pradesch, Indien. Seit September 2015 ist auch Indien poliofrei

Auch weltweit meldet die Weltgesundheitsorganisation (WHO), dass die Menschheit von Poliomyelitis bald befreit sein dürfte. Indien ist inzwischen poliofrei (Stand September 2015). Nur in Afghanistan, Pakistan und möglicherweise in Nigeria gibt es noch Fälle.

Enteroviren

Die *Enteroviren* (Abb. 60) schließen die Typenspezies Poliovirus 1, 2, 3 sowie die Coxsackie- und Echoviren ein, und sind weltweit verbreitet.

Die verursachten Erkrankungen können von einer gewöhnlichen Erkältung, „Sommer-Grippe“ über *Meningitis, Enzephalitis* bis zu Schäden des zentralen Nervensystems reichen.

Die *Enteroviren* vermehren sich im Darmepithel und sind daher im Stuhl und im Abwasser nachweisbar. Der Mensch bildet das einzige bekannte Reservoir für Enteroviren. Die minimale infektiöse Einheit für Enteroviren liegt bei 5 bis 10 Viruspartikeln. Neben trinkwasserbedingten Epidemien sind auch für Enteroviren Erkrankungen durch Badewasser und auch durch mit Abwasser bewässertes Gemüse beschrieben worden.

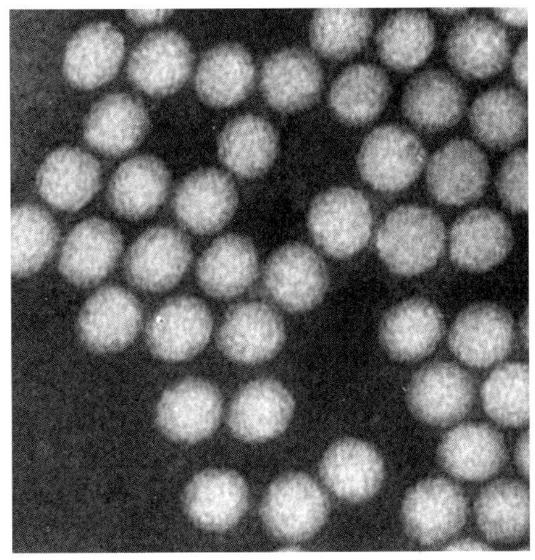

Abb.60:
Enteroviren, zu denen auch die *Polioviren* zählen, haben einen Durchmesser von 30 nm und sind weltweit verbreitet. Der Mensch bildet das einzige bekannte Reservoir für *Enteroviren.* Die Übertragung erfolgt überwiegend fäkal-oral oder respiratorisch

Adeno-, Rota- und Norwalkviren

Sie sind die Erreger der virusbedingten Gastroenteritis (Entzündung von Magen und Dünndarm). Die viral bedingten, gastroentestinalen Erkrankungen, die durch Trinkwasser oder Nahrungsmittel verursacht werden, sind weltweit von steigender Bedeutung. Die WHO schätzt die Zahl der jährlichen Todesfälle durch Darminfektionen auf 5 bis 18 Millionen weltweit.
Bei rund 60 % aller Durchfallerkrankungen werden virale Erreger vermutet. *Adenoviren* sind ebenfalls im Abwasser und Oberflächenwasser häufig zu finden. Sie können außer einer Gastroenteritis und anderen Erkrankungen auch die als Schwimmbad-Konjunctivitis bezeichnete Augenentzündung verursachen.
Rota- und *Adenoviren* (Abb. 61), Größe 70–90 nm, sind nach dem Infektionsschutzgesetz meldepflichtige Krankheitserreger. Rotaviren sind in Deutschland die häufigsten viralen Erreger von Gastroenteritis. Im Jahr 2001 wurden ca. 47.000 Erkrankungen registriert. Die Infektionsdosis ist sehr niedrig. So kann ein einziges Viruspartikel bei einem empfänglichen Individuum eine Infektion auslösen. Dies kann dazu führen, dass, ausgehend von einer erkrankten Person, die Rotaviren oft auf andere Familienmitglieder übertragen werden.
Die infizierten Personen scheiden pro Gramm Stuhl 10^{10} bis 10^{12} infektiöse Viruspartikel aus. Im Abwasser und in belasteten Oberflächengewässern können Rotaviren daher auch häufig nachgewiesen werden. Die Bedeutung des Trinkwassers für ihre Ausbreitung und Häufigkeit kann aber nur schwer abgeschätzt werden, da es hierzu keine größeren epidemiologische Untersuchungen gibt.
Norwalkviren (Noroviren) sind kleine (28–35 nm), runde, unbehüllte Viren mit einsträngiger RNA als Erbsubstanz. Noroviren führen zu akuten Durchfällen und Erbrechen. Erkrankungen treten gleichzeitig bei vielen Personen auf, etwa

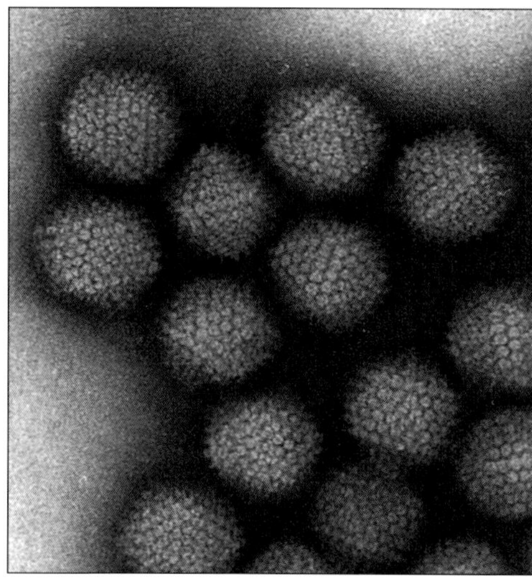

in Gemeinschaftseinrichtungen wie Schulen, Alten- und Pflegeheimen. Die Beschwerden klingen nach etwa 24–28 Stunden ohne weitere Komplikationen ab.

Abb. 61:
Adenoviren sind zwischen 70 und 90 nm im Durchmesser groß. Sie sind unter anderem die Erreger der virusbedingten Gastroenteritis (Entzündung von Magen und Dünndarm) und können durch Trinkwasser oder Nahrungsmittel übertragen werden

3.2.3 Protozoen

Unter Protozoen (Urtiere, tierische Einzeller) werden Lebewesen verstanden, die alle Lebensfunktionen aufweisen. Die Protozoen grenzen sich von den Bakterien dadurch ab, dass ihr genetisches Material in einem Zellkern zusammengefasst ist, der mittels einer Kernmembran deutlich vom Zytoplasma der Zelle abgegrenzt wird. Von den rund 4000 bekannten Arten leben viele frei in Gewässern, wobei die meisten für den Menschen ungefährlich sind. Etwa 30 % aller Protozoen sind Parasiten und leben auf oder in einem Wirt, den sie mehr oder weniger schädigen.
Der Lebenszyklus der Protozoen kann über mehrere Entwicklungsstufen mit geschlechtlichen oder ungeschlechtlichen Stufen führen. In die Umwelt gelangen oft resistente Zysten, Oozysten oder Sporen, die relativ lange überleben können. Diese Dauerstadien sind sehr resistent gegenüber Desinfektionsmaßnahmen und sind meist nur durch Filtration zu eliminieren. Unter den Protozoen, die über das Trinkwasser beim Menschen Erkrankungen hervorrufen können, zählen Cryptosporidien, Giardien, *Entamoeba histolytica* (als Erreger der Amöbenruhr) sowie Amöben der Gattungen *Acanthamoeba* und *Naegleria*. Weltweit verursachen Cryptosporidien, Giardien und *Entomoeba histolytica* jährlich mehr als eine Milliarde Infektionen, wobei eine erhebliche Anzahl davon durch Wasser verursacht wird.

Cryptosporidien
In den letzten Jahren haben die parasitischen Protozoen Cryptosporidium und Giardia als Erreger trinkwasserbedingter Magen-Darm-Infektionen zunehmendes Inter-

esse gefunden. Infektionen durch Cryptosporidien wurden erstmals 1976 dokumentiert und wasserbedingte Cryptosporidiosen sind erst seit 1984 bekannt.
Seither sind mehrere Epidemien, vor allen in den USA und England, beschrieben worden. Die bekannteste Epidemie ereignete sich 1993 in Milwaukee (Wisconsin, USA) mit über 403.000 erkrankten Personen und etwa 100 Todesfällen.
Von den zur Zeit diskutierten *Cryptosporidium*-Species kommt *Cryptosporidium parvum* als auch humanpathogenem Erreger eine herausragende Bedeutung zu.
Der weltweit verbreitete Parasit zeichnet sich durch ein nahezu unbegrenzte Wirtsspektrum aus und konnte im Darmbereich von Menschen und Tieren nachgewiesen werden. Eine Eindämmung der Verbreitung der Erreger wird durch den Umstand erschwert, dass es sich um eine sogenannte Zoonose handelt. Die Cryptosporidien können sich nicht nur im Menschen, sondern auch in zahlreichen Haus- und Nutztierarten sowie auch in Wildtierarten vermehren. Sie haben daher im Tierreich ein Reservoir, das praktisch nicht zu beseitigen sein wird.

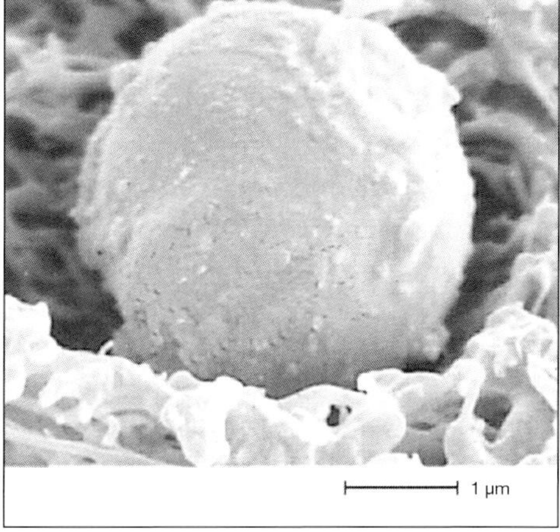

Abb. 62:
Cryptosporidium-parvum-Oozyste, sie enthält vier einzellige infektiöse Sporozoiten, die nach oraler Aufnahme im Dünndarm freigesetzt werden und dann in Schleimhautzellen eindringen können

Besonders häufig dienen Jungtiere als Wirte. Insbesondere bei Kälbern, Lämmern und Ferkeln treten häufig Cryptosporidien-Infektionen auf. Der gesamte Vermehrungszyklus der Crytosporidien kann dabei in einem einzigen Individium ablaufen, die Erreger benötigen also nicht wie viele andere Parasiten einen Zwischenwirt.
Es ist auch keine weitere Reifung außerhalb des Wirts notwendig. Die runden bis ovalen, ca. 5 µm großen Cryptosporidien-Oozysten (Abb. 62), die mit Fäkalien erkrankter Tiere oder Menschen in größeren Mengen (bis zu 10^6 pro ml) ausgeschieden werden, sind unmittelbar danach infektiös. Schon die Aufnahme weniger, in manchen Fällen wahrscheinlich sogar einzelner Oozysten kann zu einer Erkrankung führen. Die Übertragung der Oozysten kann dabei fäkal-oral von Mensch zu Mensch oder von Tier zu Mensch bzw. durch die Aufnahme von kontaminiertem Wasser erfolgen. Die Infektion führt zur Cryptosporidiosis, die sich bei Personen mit normalem Immunstatus vielfach als eine bis zu zwei Wochen andauernde, sich

selbstlimitierende Diarrhö äußert, das heißt, einer Durchfallerkrankung, die von selbst wieder ausheilt. Bei Personen mit defektem Immunsystem (z. B. AIDS) kann die Erkrankung besonders bedrohlich werden, zumal die Cryptosporidiose weder mit Medikamenten noch durch andere Behandlungsmethoden bekämpft werden kann. *Cryptosporidium parvum* gehört zu den meldepflichtigen Krankheitserregern. Die Oozysten besitzen unter günstigen Umweltbedingungen eine Überlebensdauer von bis zu einem Jahr. Zudem weisen sie eine hohe Resistenz gegen viele auch bei der Trinkwasseraufbereitung eingesetzte Desinfektionsmittel bzw. Desinfektionsverfahren auf. Erste Untersuchungsergebnisse deuten jedoch darauf hin, dass eine Inaktivierung (nicht mehr vermehrungsfähig) von Cryptosporidien mit Ozon oder Chlordioxid möglich ist. Auch durch UV-Bestrahlung kann eine Cryptosporidien-Inaktivierung erreicht werden, wie neueren Veröffentlichungen zu entnehmen ist.

Giardien

Die Gattung *Giardia* ist der Klasse der Geißeltierchen (Flagellaten) zuzuordnen, die durch ihre Fortbewegung mittels Geißeln charakterisiert sind. Abb. 63 zeigt das Protozoon *Giardia lamblia* (Seitenansicht), das beim Menschen und vielen Wirbeltieren im Dünndarmbereich nachgewiesen wurde. In einer epidemiologischen Studie konnte eine hohe Durchseuchung von Haus- und Wildtieren festgestellt werden, wobei im Wasser lebenden Wildtieren wie Biber und Bisamratte eine besondere Bedeutung zukommt. *Giardia lamblia* ist weltweit verbreitet, mit einer Häufung in den Tropen. In England, Australien und den USA gilt *Giardia lamblia* als häufigste Ursache für Durchfallerkrankungen und weltweit als häufigster Darmparasit. Giardien haben einen einfachen und einwirtigen Lebenszyklus. Das Protozoon tritt in zwei Formen auf:

Die Trophozoiten (vegetative Form von Giardia) sind 10–20 µm lang und von birnenförmiger Gestalt, die von der Seite betrachtet sehr flach ist (Abb. 63). Der Parasit ist mit zwei Kernen, acht Geißeln sowie einem Saugnapf ausgestattet. Mithilfe dieses Saugnapfes können sich die Trophozoiten an den Darmzellen ihres Wirtes anheften und sie schädigen. Sie leben dabei von den Schleimhautsubstanzen der Darmzellen, wandern aber nicht ins Gewebe. Der Trophozoit vermehrt sich durch Zweiteilung.

Die *Zysten* sind 10–15 µm lang und 7–10 µm breit, haben eine ovale Form, besitzen vier Kerne und Geißelanlagen und werden aus den Trophozoiten durch Einziehen der Geißeln und Wandaufbau gebildet. Die mit Stuhl ausgeschiedenen Zysten sind in feuchter Umgebung bis zu drei Monate lebensfähig.

Nach oraler Aufnahme von Zysten wandeln sich diese durch die Magensäure und Pankreasenzyme des Wirts in Trophozoiten um. Aus jeder Zyste gehen zwei Trophozoiten hervor, die sich durch Zweiteilung weiter vermehren. Die Infektionsdosis ist sehr gering, vermutlich können schon 1–10 Zysten eine Infektion auslösen. Die Übertragung von *Giardia* erfolgt fäkal-oral durch die Aufnahme von kontaminiertem Wasser oder verunreinigter Nahrung bzw. direkten Kontakt mit dem Stuhl infizierter Menschen und Tiere. Der Übertragung durch das Wasser kommt offensichtlich die größere Bedeutung zu.

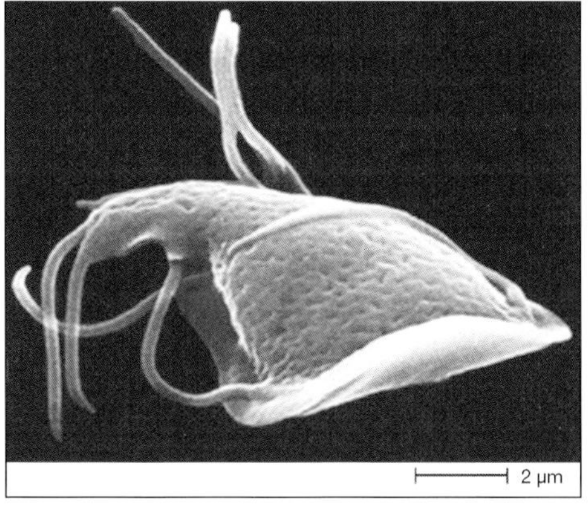

Abb. 63:
Protozoon *Giardia lamblia*, hier als Trophozoit (vegetative Form), 10–20 µm lang und mit acht Geißeln und einem Saugnapf ausgestattet

Im Erkrankungsfall treten Symptome wie krampfartige Bauchschmerzen, Übelkeit, Erbrechen und wässriger Durchfall auf; wobei gleichzeitig die Fettresorption durch die mit Giardien blockierten Oberflächen der Darmzellen vermindert ist. Da Giardien fakultativ pathogen sind, kann die Infektion auch symptomlos verlaufen.
Giardia lamblia ist nach dem Infektionsschutzgesetz meldepflichtig. Im ungeklärten Abwasser kann die Zystendichte 10^4 pro 100 Liter enthalten und beträgt nach der Abwasserbehandlung zwei Zehnerpotenzen weniger.
In Oberflächenwässern, die durch Ausscheidungen von Mensch und Tier (Landwirtschaft) verunreinigt waren, wurden im Mittel 33 Zysten pro 100 Liter erfasst, während unbelastete Gewässer durchschnittlich 0,6 Zysten pro 100 Liter enthielten. Einträge aus der Landwirtschaft und der Tierhaltung tragen hier zu einer höheren Belastung der Gewässer mit Giardien bei als Einleitungen von Kläranlagen. Durch Abflüsse und Abschwemmungen von landwirtschaftlich genutzten Flächen sowie durch Tiere, die in Wassereinzugsgebieten leben, können die Zysten in die Wasservorkommen gelangen. Die Verfahren zum Schutz vor Giardienzysten sind der Ressourcenschutz sowie eine wirksame Filtration (Multiple-Barrieren-System).
Durch die Flockungsfiltration kann eine Reduktion der Giardienzysten um mehr als 99,99 % erreicht werden. Noch wirksamer ist die Langsamsandfiltration. Mit der Ultrafiltration (siehe Kapitel 10) wird eine vollständige Entfernung der Giardienzysten und auch der Cryptosporidien-Oozysten erzielt.

Entamoeba histolytica

Das Protozoon *Entamoeba histolytica* ist der Erreger der Amöbenruhr (Amoebiasis) und verursacht eine akute oder chronische Erkrankung des Dickdarmes. Der Erreger ist weltweit verbreitet und tritt vor allem in Gebieten mit schlechten sanitären Einrichtungen auf. Erkrankungen treten bevorzugt in tropischen und subtropischen Gebieten auf. Die Amöbenruhr zählt mit zu den häufigsten Parasitosen des Menschen. Etwa

50 Millionen Menschen erkranken jährlich an einer invasiven Amoebiasis mit bis zu 100.000 Todesfällen. In Mittel- und Nordeuropa sind die aus südlichen Ländern mitgebrachten Infektionen von Bedeutung.
Bei *Entamoeba histolytica* lassen sich zwei Stadien unterscheiden, das vegetative und das Zystenstadium: Im vegetativen Stadium besitzt der Trophozoit keine formgebende äußere Hülle. Bei der fließenden, amöboiden Bewegung wechselt seine Gestalt ständig. Der Zellleib besteht aus dem Zytoplasma mit Nahrungsvakuolen und einem Zellkern. Die Zyste (10–15 µm groß) als unbewegliches Dauerstadium ist von einer widerstandsfähigen Hülle umgeben und besitzt zunächst einen Kern, nach Teilung im Verlaufe der Reifung zwei und dann vier Kerne. Die Zysten werden mit dem Stuhl ausgeschieden. In feuchter, kühler Umgebung sind die Zysten mehrere Monate infektiös, sterben aber durch Eintrocknung oder höhere Temperaturen (über 55 °C) schnell ab. Nach oraler Aufnahme von reifen, vier Kerne enthaltende Zysten wird im Dünn- oder Dickdarm die Zystenmembran geöffnet und aus der geschlüpften Amöbe kommt es nach Teilung zu acht einzelnen Protozoen.
Zum klinischen Verlauf einer Amöbenruhr ist zu bemerken, dass es nach einer Inkubationszeit von sehr variablem Zeitraum – von wenigen Tagen bis zu mehreren Wochen – zunächst nur zu leichten Schleim- und Blutbeimengungen im Stuhl kommt. Der Stuhl ist bei der Amöbenruhr jedoch selten wässrig; nur bei fortgeschrittenem Stadium kommen Fieber, Schüttelfrost und Kopfschmerzen hinzu.

Freilebende Amöben
Unter den freilebenden Amöben, die sich im Wasser und im Verteilungssystem vermehren können und die beim Menschen Infektionen auslösen können, befinden sich die Gattungen *Acanthamöba* und *Naegleria.*
Acanthamöben verursachen im Menschen neben anderen Erscheinungen eine Entzündung des Gehirns. Die Besiedlung des Gehirns geht im Allgemeinen von einem Primärherd außerhalb des zentralen Nervensystems aus. Amöben der Gattung *Naegleria* dringen auf dem Weg über die Nasenschleimhaut und den Riechnerv direkt in das Gehirn ein.
Die Folgen der Infektion sind eine tödlich verlaufende Entzündung der Gehirnhäute und des Gehirns. Sämtlichen bisher bekannt gewordenen *Naegleria*-Infektionen ist gemeinsam, dass sie mit Schwimmen und Tauchen im warmen Wasser in Zusammenhang stehen. Als Infektionsquellen kommen in Frage: warme Seen, Flussschwimmbäder, Quellen- und Seewasserbäder und Leitungswasser. Pathogene Naeglerien benötigen zu ihrer Vermehrung 23 bis 35 °C. Als Trophozoiten sterben Naeglerien in ungechlortem Leitungswasser bei 4 °C in 24 Stunden ab. Bei Temperaturen zwischen 20 bis 35 °C können sie mehrere Monate am Leben bleiben. Da Trinkwasser (Leitungswasser) in Mitteleuropa normalerweise keine Temperaturen über 20 °C aufweist, ist hierdurch das Infektionsrisiko stark eingeschränkt.

4 Anforderungen, Vorschriften und Regeln

4.1 Infektionsschutzgesetz

Die genaue Bezeichnung lautet: Gesetz zur Verhütung und Bekämpfung von Infektionskrankheiten beim Menschen (Infektionsschutzgesetz – IfSG).
Dieses Gesetz ist am 1. Januar 2001 in Kraft getreten. Zweck des Gesetzes ist es, übertragbare Krankheiten bei Menschen zu erkennen und ihre Weiterverbreitung zu verhindern. Im Sinne dieses Gesetzes ist ein Krankheitserreger ein vermehrungsfähiges Agens (Virus, Bakterium, Pilz, Parasit) oder ein sonstiges biologisches transmissibles Agens, das bei Menschen eine Infektion oder übertragbare Krankheit verursachen kann.
„Als Infektion wird die Aufnahme eines Krankheitserregers und seine nachfolgende Entwicklung oder Vermehrung im menschlichen Organismus definiert.
Zu den meldepflichtigen Krankheiten, die durch das Wasser übertragen werden können, sind in diesem Gesetz aufgeführt: Cholera, akute Virushepatitis, Poliomyelitis, Typhus, Paratyphus.“
Meldepflichtige Nachweise von Krankheitserregern, die im Wasser sein können, sind: „Adenoviren, Cryptosporidien parvum, Escherichia coli (EHEC), Escherícha coli, sonstige darmpathogene Stämme, Giardia lamblia, Hepatitis A- und E-Virus, Legionella sp., Poliovirus, Rotavirus, Salmonella Paratyphi, Salmonella Typhi, Salmonella sonstige, Shigella sp., Vibrio cholerae 01 und 0139, Yersinia enterocolitica, darmpathogen.“
Im § 37 Abschnitt 7 des Infektionsschutzgesetzes wird zur Beschaffenheit von Wasser für den menschlichen Gebrauch Stellung genommen.
Hier heißt es: „Wasser für den menschlichen Gebrauch muss so beschaffen sein, dass durch seinen Genuss oder Gebrauch eine Schädigung der menschlichen Gesundheit, insbesondere durch Krankheitserreger, nicht zu besorgen ist.“
Weiterhin heißt es im Infektionsschutzgesetz: „Wassergewinnungs- und Wasserversorgungsanlagen einschließlich ihrer Wasseraufbereitungsanlagen unterliegen der Überwachung durch das Gesundheitsamt, wobei in diesem Falle das Grundrecht der Unverletzlichkeit der Wohnung eingeschränkt wird, mit anderen Worten: Das Gesundheitsamt kann auch ohne Einwilligung des Betreibers einer Trinkwasserversorgung Gelände und Gebäude betreten, um Untersuchungen durchzuführen.“
Im Infektionsschutzgesetz wird das Bundesministerium für Gesundheit in § 38 aufgefordert, eine Rechtsverordnung zu erlassen.
Diese Forderung des Gesetzgebers ist durch die Verordnung über die Qualität des Wassers für den menschlichen Gebrauch (Trinkwasserverordnung – TrinkwV 2001) erfüllt.

4.2 Deutsche Trinkwasserverordnung

Zur Historie der Trinkwasserverordnung: Die erste Trinkwasserverordnung wurde 1976 erlassen. Im April 1980 erschien die EG-Trinkwasserrichtlinie, die in nationales Recht umgesetzt werden musste. Daraufhin erfolgte 1986 die 1. Novelle (Nachfolgegesetz) zur Trinkwasserverordnung, der 1990 eine weitere Novelle folgte.
Am 1. November 1998 erschien eine Novelle der EU-Trinkwasserrichtlinie 98/83 des Rates der Europäischen Union über die Qualität von Wasser für den menschlichen Gebrauch mit der Aufforderung, diese in nationales Recht umzusetzen. Daraufhin wurde 2001 die Trinkwasserverordnung (TrinkwV 2001) am 21. Mai 2001 erlassen, die am 1. Januar 2003 in Kraft trat. Die Verordnung enthielt erstmals die Akkreditierungspflicht für Labors.
Am 6. Dezember 2011 erschien eine neue Trinkwasserverordnung (immer noch unter der Bezeichnung TrinkwV 2001) mit Einführung Techn. Maßnahmen Werte für Legionellen und Regelungen im Bereich gewerblicher Installationen.
Die nächste Trinkwasserverordnung (TrinkwV 2001) kam am 7. August 2013 heraus mit Korrekturen handwerklicher Fehler und Ergänzungen sowie mit Änderungen und Klarstellungen zur Gefährdungsanalyse.
Im Jahr 2015 gab es Änderungen der Richtlinie 98/83 EG durch die Kommission (EU 2015/1787) von Mindestanforderungen an Überwachungsprogrammen und bei Verfahrenskerndaten für Analysemethoden. Wobei die Umsetzung in nationales Recht bis 27. Oktober 2017 vorgeschrieben war.
In der Zwischenzeit wurde die Trinkwasserverordnung am 16. März 2016 erneut novelliert für die Umsetzung der Anforderungen zur Radioaktivitätüberwachung.
Mit der Trinkwasserverordnung (TrinkwV) vom 8. Januar 2018 mit der Umsetzung der Richtlinie (EU 2015/1787) sind Änderungen zur Verwaltungsvereinfachung, Verbraucherinformation und neue Erkenntnisse aufgrund technischen Fortschritts in die Verordnung aufgenommen worden. Mit der Veröffentlichung am 8. Januar 2018 und dem Inkrafttreten der Trinkwasserverordnung am 9. Januar 2018 hat das Bundesministerium für Gesundheit (BMG) die geänderten Anhänge II und III der EG-Trinkwasserrichtlinie in deutsches Recht umgesetzt. Eine wesentliche Neuerung bildet die Einführung einer sogenannten „Risikobewertungsbasierten Anpassung der Probennahmeplanung“. Diese soll Wasserversorgern mehr Flexibilität bei der Untersuchung des Trinkwassers gewähren. Wasserversorger können nun in enger Abstimmung mit dem zuständigen Gesundheitsamt die vorgeschriebenen Untersuchungen des Trinkwassers an die individuellen Gegebenheiten vor Ort anpassen, um einen maximalen Erkenntnisgewinn zu erlangen und um für ihre Wasserversorgung weniger aussagekräftigen Untersuchungen zu verringern. Hierfür muss der Wasserversorger eine Risikobewertung erstellen, die eine fundierte und nachvollziehbare Begründung für eine Anpassung von Untersuchungsumfang und -häufigkeit liefert.

Die Trinkwaserverordnung enthält auch zum ersten Mal ein Verbot für die Einbringung von Gegenständen oder Verfahren in das Roh- oder Trinkwasserrohrnetz. Damit soll z. B. die Verlegung von Breitbandkabel für schnelles Internet in Trinkwasserleitungen verhindert werden, weil hierdurch eine hygienische Verschlechterung des Trinkwassers eintreten könnte. Eine weitere Neuerung ist die Verpflichtung für Untersuchungsstellen, die Überschreitung des technischen Maßnahmewertes für Legionellen spec. an das zuständige Gesundheitsamt zu melden.
Zweck der Verordnung ist es, die menschliche Gesundheit vor den nachteiligen Einflüssen, die sich aus der Verunreinigung von Wasser ergeben, das für den menschlichen Gebrauch bestimmt ist, durch Gewährleistung seiner Genusstauglichkeit und Reinheit zu schützen.
Im Sinne dieser Verordnung ist „Trinkwasser" alles Wasser, im ursprünglichen Zustand oder nach Aufbereitung, das zum Trinken, zum Kochen, zur Zubereitung von Speisen und Getränken oder zu den folgenden anderen häuslichen Zwecken bestimmt ist:

- Körperpflege und -reinigung
- Reinigung von Gegenständen, die bestimmungsgemäß mit Lebensmitteln in Berührung kommen
- Reinigung von Gegenständen, die bestimmungsgemäß nicht nur vorübergehend mit dem menschlichen Körper in Kontakt kommen

Dies gilt ungeachtet der Herkunft des Wassers, seines Aggregatzustandes und ungeachtet dessen, ob es für die Bereitstellung auf Leitungswegen, in Tankfahrzeugen, in Flaschen oder anderen Behältnissen bestimmt ist.
Nach der Trinkwasserverordnung ist „Wasser für Lebensmittelbetriebe alles Wasser, ungeachtet seiner Herkunft und seines Aggregatzustandes, das in einem Lebensmittelbetrieb für die Herstellung, Behandlung, Konservierung oder zum Inverkehrbringen von Erzeugnissen oder Substanzen, die für den menschlichen Gebrauch bestimmt sind. Weiterhin Wasser zur Reinigung von Gegenständen und Anlagen, die bestimmungsgemäß mit Lebensmitteln in Berührung kommen können, soweit die Qualität des verwendeten Wassers die Genusstauglichkeit des Enderzeugnisses beeinträchtigen kann". Im Sinne der Trinkwasserverordnung sind „Wasserversorgungsanlagen Anlagen einschließlich des dazugehörenden Leitungsnetzes, aus denen auf festen Leitungswegen an Anschlussnehmer pro Jahr mehr als 1000 m^3 Wasser für den menschlichen Gebrauch abgegeben wird, aber auch Anlagen, aus denen pro Jahr höchstens 1000 m^3 Wasser für den menschlichen Gebrauch entnommen oder abgegeben wird (Kleinanlagen), sowie sonstige, nicht ortsfeste Anlagen und Anlagen der Hausinstallation, aus denen Wasser für den menschlichen Gebrauch aus einer Anlage an Verbraucher abgegeben wird".

Somit sind auch die Hausinstallationen in ihrer Gesamtheit der Rohrleitungen, Armaturen und Geräte, die sich zwischen dem Punkt der Entnahme von Wasser für den menschlichen Gebrauch und dem Punkt der Übergabe von Wasser aus einer Wasserversorgungsanlage befinden, nach der Trinkwasserverordnung Wasserversorgungsanlagen.
Die mikrobiologischen Anforderungen der Trinkwasserverordnung gelten auch für die Wasserversorgung in Fahrzeugen (Land-, Luft- und Wasserfahrzeuge) sowie für Wasserverteilungsanlagen auf Märkten, Volksfesten und Großveranstaltungen (siehe dazu DIN 2000-2 und Kommentar dazu).

4.2.1 Mikrobiologische Parameter

Nach der Trinkwasserverordnung muss Wasser für den menschlichen Gebrauch frei von Krankheitserregern, genusstauglich und rein sein. Dieses Erfordernis gilt als erfüllt, wenn bei der Wassergewinnung, der Wasseraufbereitung und der Verteilung die allgemein anerkannten Regeln der Technik eingehalten werden und das Wasser für den menschlichen Gebrauch den mikrobiologischen und chemischen Anforderungen der Verordnung entspricht.
Weiterhin sind die in der Trinkwasserverordnung aufgeführten „Indikatorparameter" und deren festgelegte Grenzwerte einzuhalten. Die mikrobiologischen Parameter sind in den Tabellen 3 und 4 aufgeführt.
„Im Wasser für den menschlichen Gebrauch dürfen Krankheitserreger im Sinne des Infektionsschutzgesetzes nicht in Konzentrationen enthalten sein, die eine Schädigung der menschlichen Gesundheit besorgen lassen."
Im Trinkwasser dürfen die in Tabelle 3 festgesetzten Grenzwerte für mikrobiologische Parameter nicht überschritten werden.

Tabelle 3: Allgemeine mikrobiologische Anforderungen an Trinkwasser

Lfd. Nr.	Parameter	Grenzwert
1	Escherichia coli (E. coli)	0/100 ml
2	Enterokokken	0/100 ml

Im Trinkwasser für den menschlichen Gebrauch, das zum Zwecke der Abgabe in verschlossenen Behältnissen bestimmt ist (z. B. als Flaschenwasser), dürfen die in Tabelle 4 festgesetzten Grenzwerte für mikrobiologische Parameter nicht überschritten werden. Bei abgefüllten Trinkwässern dürfen E. coli, Enterokokken und Pseudomonas aeruginosa in 250 ml Wasser nicht nachweisbar sein. Hier gelten also strengere

Grenzwerte. Die einzuhaltenden Grenzwerte für coliforme Bakterien und Koloniezahlen bei 22 °C und 36 °C sind in der Trinkwasserverordnung unter „Allgemeine Indikatorparameter“ aufgeführt (siehe Tabelle 5).

Tabelle 4: Mikrobiologische Anforderungen an Trinkwasser, das zur Abgabe in verschlossenen Behältnissen bestimmt ist

Lfd. Nr.	Parameter	Grenzwert
1	Escherichia coli (E. coli)	0/250 ml
2	Enterokokken	0/250 ml
3	Pseudomonas aeruginosa	0/250 ml

Soweit der Unternehmer und der sonstige Inhaber einer Wasserversorgungs- oder Wassergewinnungsanlage oder ein von ihnen Beauftragter hinsichtlich mikrobieller Belastungen des Rohwassers Tatsachen feststellen, die zum Auftreten einer übertragbaren Krankheit führen können, oder annehmen, dass solche Tatsachen vorliegen, muss eine Aufbereitung, erforderlichenfalls unter Einschluss einer Desinfektion, nach den allgemein anerkannten Regeln der Technik erfolgen.
In Leitungsnetzen oder Teilen davon, in denen die in den Tabellen 3 und 4 aufgeführten mikrobiologischen Anforderungen nur durch Desinfektion eingehalten werden können, müssen der Unternehmer und der sonstige Inhaber einer Wasserversorgungsanlage eine hinreichende Desinfektionskapazität durch freies Chlor oder Chlordioxid vorhalten.

4.2.2 Chemische Parameter

Für die chemischen Parameter, die in der Trinkwasserverordnung aufgeführt sind, gilt allgemein: „Im Wasser für den menschlichen Gebrauch dürfen chemische Stoffe nicht in Konzentrationen enthalten sein, die eine Schädigung der menschlichen Gesundheit besorgen lassen. Konzentrationen von chemischen Stoffen, die das Wasser für den menschlichen Gebrauch verunreinigen oder seine Beschaffenheit nachteilig beeinflussen können, sollen so niedrig gehalten werden, wie dies nach den allgemein anerkannten Regeln der Technik mit vertretbarem Aufwand unter Berücksichtigung der Umstände des Einzelfalles möglich ist.“
Hier sollen allerdings nur zwei für die Desinfektion relevanten chemischen Parameter besprochen werden: Trihalogenmethane und Bromat.
Bei der Chlorung und Ozonung entstehen als Desinfektionsnebenprodukte (DNP) Trihalogenmethane (THM). Trihalogenmethan ist die allgemeine chemische

Bezeichnung für ein dreifach halogeniertes Methan (Synonym: Haloform). Durch die Reaktion des freien Chlors mit Huminstoffen und anderen organischen Verbindungen, die eine Hydroxyl-, Aldehyd- oder Ketogruppe enthalten, entstehen die Trihalogenmethane. Sie sind die Summe der Einzelverbindungen Chloroform, Bromdichlormethan, Dibromchlormethan und Bromoform. Die Trihalogenmethane gelten als gesundheitlich bedenklich, wobei Chloroform (Trichlormethan) und Bromoform (Tribrommethan) als kanzerogen eingestuft worden sind.
Die Trinkwasserverordnung legt einen Grenzwert für Trihalogenmethane (THM) von 0,05 mg/l fest, der am Zapfhahn des Verbrauchers einzuhalten ist. Eine Untersuchung auf Trihalogenmethane im Versorgungsnetz ist allerdings nicht erforderlich, wenn am Ausgang des Wasserwerkes der Wert von 0,01 mg/l nicht überschritten wird. Ein entsprechender Nachweis ist vom Wasserversorgungsunternehmen zu erbringen, wenn auf Untersuchungen im Netz verzichtet werden soll. Ein spezieller Grenzwert für den Fall von erhöhten Chlordosierungen ist nicht mehr angegeben.
Die Abgabe von Trinkwasser, bei dem der Grenzwert überschritten wird, ist nach der Trinkwasserverordnung strafbar. Allerdings entfällt die Strafbarkeit bei unverzüglicher Anzeige der Grenzwertüberschreitung an das Gesundheitsamt bis zu dessen Entscheidung über zu treffende Maßnahmen. Es wird empfohlen, mit dem Gesundheitsamt Absprachen zu treffen, welche Trihalogenmethan-Konzentrationen im Fall von verstärkten Desinfektionsmaßnahmen zur Abwehr seuchenhygienischer Gefahren toleriert werden können.
Enthält ein Rohwasser Bromide, so entsteht durch die Ozonung Bromat. Bromat kann weiterhin auch durch Natriumhypochlorit-Lösung, wenn diese als Desinfektionsmittel eingesetzt wird, ins Trinkwasser gelangen. Für Bromat gilt seit 01.01.2008 ein Grenzwert von 0,01 mg/l.

4.2.3 Indikatorparameter

In der Trinkwasserverordnung sind sogenannte Indikatorparameter als wichtige Kenngrößen für die Auswahl des optimalen Desinfektionsverfahrens aufgeführt.
In Tabelle 5 sind die für die Desinfektion eines Wasser relevanten Parameter zusammengestellt. So haben einzelne Parameter folgende Auswirkungen auf die Desinfektion: Ammonium erhöht die Chlorzehrung und bildet unerwünschte Chloramine. Organisch gebundener Kohlenstoff und die Oxidierbarkeit sind für eine erhöhte Chlorzehrung und THM-Bildung verantwortlich.
Die Trübung und der pH-Wert beeinflussen die Desinfektion stark. Eisen und Mangan erhöhen ebenfalls die Chlorzehrung und können nach erfolgter Oxidation Ablagerungen im Rohrnetz bilden.

Tabelle 5: Indikatorparameter der Trinkwasserverordnung, die für die Desinfektion und die Auswahl des Desinfektionsverfahrens von Bedeutung sind

Parameter	**Einheit als**	**Grenzwert/ Anforderung**	**Bemerkungen**
Ammonium	mg/l NH_4^+	0,5	bildet Chloramine, erhöht Chlorzehrung
organisch gebundener Kohlenstoff	mg/l TOC	ohne anormale Veränderung	bestimmt die Chlorzehrung und das Trihalogenbildungspotenzial
Oxidierbarkeit	mg/l O_2	5	Dieser Parameter braucht nicht bestimmt werden, wenn der TOC analysiert wird
Trübung	NTU	1,0	früher FNU
Wasserstoffionen-Konzentration	pH-Wert	≥ 6,5 und ≤ 9,5	beeinflusst die Chlorung, das Wasser sollte nicht korrosiv wirken
Eisen	mg/l Fe	0,2	erhöht die Chlorzehrung
Mangan	mg/l Mn	0,05	erhöht die Chlorzehrung
Chlorid	mg/l Cl^-	250	das Trinkwasser sollte nicht korrosiv wirken
elektr. Leitfähigkeit	µS/cm	2790 bei 25 °C	das Wasser sollte nicht korrosiv wirken
Geruchsschwelle		2 bei 12 °C 3 bei 25 °C	stufenweise Verdünnung mit geruchsfreiem Wasser und Prüfung auf Geruch
Geschmack		für den Verbraucher annehmbar und ohne anormale Veränderung	
Koloniezahl bei 22 °C		ohne anormale Veränderung	Grenzwert: 100/ml am Zapfhahn, 20/ml unmittelbar nach Abschluss der Aufbereitung im desinfizierten Trinkwasser
Koloniezahl bei 36 °C		ohne anormale Veränderung	Grenzwert: Trinkwasser 100/ml, zur Abgabe in verschlossenen Behältnissen 20/ml
coliforme Bakterien	Anzahl pro 100 ml	0	zur Abgabe in verschlossenen Behältnissen 0/250 ml
Clostridium perfringens (einschließlich Sporen)	Anzahl pro 100 ml	0	Dieser Parameter braucht nur bestimmt zu werden, wenn das Rohwasser von Oberflächenwasser stammt oder von Oberflächenwasser beeinflusst wird. Wird dieser Grenzwert nicht eingehalten, veranlasst die zuständige Behörde Nachforschungen im Versorgungssystem, um sicherzustellen, dass keine Gefährdung der menschlichen Gesundheit aufgrund eines Auftretens krankheitserregender Mikroorganismen, z. B. Cryptosporidien oder Giardien, besteht

4.2.4 Aufbereitungsstoffe für die Desinfektion

Zur Aufbereitung des Wassers für den menschlichen Gebrauch dürfen nach der Trinkwasserverordnung nur Stoffe verwendet werden, die vom Bundesministerium für Gesundheit in einer Liste im Bundesgesundheitsblatt bekannt gemacht worden sind. Die Liste ist erstmals im Oktober 2002 veröffentlicht worden. Sie enthält Angaben über die Reinheitsanforderungen, den Verwendungszweck, für die sie ausschließlich eingesetzt werden dürfen, weiterhin die zulässige Zugabemenge, die zulässigen Höchstkonzentrationen von im Wasser verbleibenden Restmengen und Reaktionsprodukten. Sie hat ferner die Mindestkonzentration an freiem Chlor, Chlordioxid und Ozon nach Abschluss der Aufbereitung festgelegt. In der Liste wird auch der erforderliche Untersuchungsumfang für die Aufbereitungsstoffe spezifiziert. Die genannte Liste wird auch in Zukunft vom Umweltbundesamt geführt. Die Aufnahme in die Liste erfolgt nur, wenn die Stoffe hinreichend wirksam sind und keine vermeidbaren oder vertretbaren Auswirkungen auf Gesundheit und Umwelt haben. Die Liste der Aufbereitungsstoffe, die zur Desinfektion eingesetzt werden dürfen, ist in Tabelle 6 zusammengestellt.
Der Unternehmer und der sonstige Inhaber einer Wasserversorgungsanlage dürfen Wasser, dem andere Aufbereitungsstoffe zugesetzt worden sind, nicht als Wasser für den menschlichen Gebrauch abgeben und anderen nicht zur Verfügung stellen.
In der Liste der Desinfektionsmittel für Trinkwasser sind die Reinheitsanforderungen in den DIN EN-Normen (Tabelle 10) festgelegt sowie die zulässige Zugabe und die Höchstkonzentration nach Abschluss der Aufbereitung.

4.2.5 Desinfektionsverfahren

Nach der Trinkwasserverordnung dürfen nur solche Desinfektionsverfahren eingesetzt werden, die in der Liste im Bundesgesundheitsblatt bekannt gemacht worden sind. Die erste Liste ist im Oktober 2002 veröffentlicht worden und enthält die Desinfektionsverfahren für Trinkwasser, die in Tabelle 7 zusammengestellt sind. Hier sind auch die Einsatzbedingungen, welche die Wirksamkeit der einzelnen Verfahren sicherstellen, aufgenommen worden. Für alle Verfahren, die für die Desinfektion von Oberflächenwasser oder von durch Oberflächenwasser beeinflusstem Wasser eingesetzt werden, gilt, dass ein Trübungswert von 0,2 NTU nicht überschritten werden darf. Für Rohrleitungsnetze oder Teile davon, die die mikrobiologischen Anforderungen der Trinkwasserverordnung nicht einhalten, vorher aber eine Desinfektion mit Ozon durchgeführt haben, muss eine ausreichende Desinfektionskapazität durch freies Chlor oder Chlordioxid vorgehalten werden.

Tabelle 6: Anwendungsbereiche und zu beachtende Randbedingungen für den Einsatz von Desinfektionsmitteln und -verfahren

Desinfektions-mittel/ -verfahren	Anwendungs-bereich	zulässige Zugabemenge	Höchstkonzen-trationen nach Aufbereitung	Nebenprodukte	DVGW-Arbeitsblätter
Chlor und Chlor-verbindungen	– pH < 8 – Ammonium < 0,1 mg/l – DOC ≤ 2,5 mg/l[2]	– 1,2 mg/l Cl_2 (6,0 mg/l Cl_2)[1]	– max. 0,3 mg/l Cl_2 – min. 0,1 mg/l Cl_2 (max. 0,6 mg/l Cl_2)[1]	– THM und andere chlor-organische Verbindungen – biologisch abbaubare Stoffe	W 203, W 295, W 296 und W 623
Chlordioxid	– gesamter pH-Bereich – DOC ≤ 2,5 mg/l[2]	– 0,4 mg/l ClO_2	– max. 0,2 mg/l ClO_2 – min. 0,05 mg/l ClO_2	– Chlorit – biologisch abbaubare Stoffe	W 224 und W 624
Ozon	– gesamter pH-Bereich – nicht als letzte Aufbereitungs-stufe	– 10 mg/l O_3	– 0,05 mg/l O_3	– Bromat – erhöhte Bildung biologisch abbaubarer Stoffe	W 225 und W 625
UV-Bestrahlung (240–290 nm)	– entsprechend Zulassung, (Prüfzeugnis) – biologisch stabile Wässer				W 293 und W 294
Abkochen[3]	Notfallmaßnahme				

[1] zulässig, wenn die Desinfektion nicht anders gesichert werden kann, oder wenn die Desinfektion zeitweise durch Ammonium beeinträchtigt wird

[2] Orientierungswert bedingt durch Grenzwerte für Nebenprodukte, DOC (gelöster organischer Kohlenstoff)

[3] sprudelndes Kochen, ca. 3 Minuten erforderlich

Tabelle 7: Desinfektionsverfahren für Trinkwasser

Desinfektionsverfahren[1)]	Verwendungszweck	Technische Regeln und Mitteilungen	Anforderungen an das Verfahren	Bemerkungen
Dosierung von Chlorgas-Lösung	Desinfektion	DVGW-Arbeitsblätter W 296, W 623	Einsatz des Vakuumverfahrens	
Dosierung von Natrium- und Calcium-hypochlorit-Lösung	Desinfektion	DGVW-Arbeitsblätter W 296, W 623		
Elektrolytische Herstellung und Dosierung	Desinfektion	DVGW-Arbeitsblätter W 296, W 623		
Dosierung einer vor Ort hergestellten Chlordioxid-Lösung	Desinfektion	DVGW-Arbeitsblätter W 224, W 624		
Erzeugung und Dosierung von Ozon und Ozon-Lösung vor Ort	Desinfektion, Oxidation	DVGW-Arbeitsblätter W 225, W 296, W 625		Das Verfahren ist nicht anwendbar für die Erzeugung einer Desinfektionskapazität im Verteilungsnetz[2)]
UV-Bestrahlung (240–290 nm)	Desinfektion	DVGW-Arbeitsblätter W 293, W 294	Es sind nur gemäß technischer Regel geprüfte Anlagen zulässig, die eine Desinfektionswirksamkeit entsprechend einer Bestrahlung von mindestens 400 J/m² (bezogen auf 254 nm) einhalten Mindestwirkdauer: anlagenspezifisch	Das Verfahren ist nicht anwendbar für die Erzeugung einer Desinfektionskapazität im Verteilungsnetz[2)]

[1)] Bei Einsatz der Verfahren für die Desinfektion von Oberflächenwasser oder von durch Oberflächenwasser beeinflusstem Wasser darf ein Trübungswert von 0,2 NTU nicht überschritten werden.

[2)] In Leitungsnetzen oder Teilen davon, in denen die in Tabelle 3 und 4 aufgeführten mikrobiologischen Anforderungen nur durch Desinfektion eingehalten werden können, müssen der Unternehmer und der sonstige Inhaber einer Wasserversorgung eine hinreichende Desinfektionskapazität durch freies Chlor oder Chlordioxid vorhalten.

4.3 DVGW-Regelwerk

Der DVGW (Deutscher Verein des Gas- und Wasserfaches e. V.) ist seit 1859 der technisch-wissenschaftliche Verein des deutschen Gas- und Wasserfaches. Der Verein hat den Zweck, das Gas- und Wasserfach in technisch-wissenschaftlicher Hinsicht unter besonderer Berücksichtigung der Sicherheit, des Umweltschutzes und der Hygiene zu fördern und verfolgt ausschließlich gemeinnützige Zwecke. Seine Mitglieder sind:

- Fachleute des Gas- und Wasserfaches als persönliche Mitglieder
- Gas- und Wasserversorgungsunternehmen
- Behörden, Institute und Organisationen
- Firmen des Gas- und Wasserfaches

Zur Erfüllung des Vereinszweckes werden im Wesentlichen die folgenden Aufgabenfelder bearbeitet:

- Regelsetzung und Normung
- Prüfung und Zertifizierung
- Forschung und Entwicklung
- Berufsbildung
- Information und Beratung

Die Ergebnisse der Facharbeit fließen in die allgemein anerkannten Regeln der Technik ein, die als DVGW-Regelwerk in Form von Arbeits- und Merkblättern, Informationen, Mitteilungen und Hinweisen herausgeben werden.
In seinen Arbeitsblättern hat der DVGW für alle Desinfektionsverfahren Richtlinien erarbeitet, wobei besondere Bedingungen und praktische Erfahrungen in Wasserwerken Berücksichtigung gefunden haben. Alle für die Trinkwasserdesinfektion in Frage kommenden DVGW-Arbeitsblätter sind in Tabelle 8 zusammengestellt, einschließlich der Richtlinien für Trinkwasserschutzgebiete. Weiterhin die Technischen Regeln der Wasseraufbereitung sowie der Arbeitsblätter über Filtrationsverfahren zur Partikelabtrennung und der Einsatz von Aktivkohle für die Entfernung organischer Stoffe bei der Trinkwasseraufbereitung. Auch für die Überwachung, Kontrolle und Qualitätssicherung sind die entsprechenden DVGW-Arbeitsblätter aufgeführt.

Tabelle 8: DVGW-Arbeitsblätter für die Trinkwasserdesinfektion und zur Kontrolle der Wassergüte

DVGW	Titel der Arbeitsblätter
Arbeitsblatt W 101	Richtlinien für Trinkwasserschutzgebiete Teil 1: Schutzgebiete für Grundwasser
Arbeitsblatt W 102	Richtlinien für Trinkwasserschutzgebiete Teil 2: Schutzgebiete für Talsperren
Arbeitsblatt W 104	Grundsätze und Maßnahmen einer gewässerschützenden Landwirtschaft
Arbeitsblatt W 105	Behandlung des Waldes in Wasserschutzgebieten für Trinkwasser-talsperren
Arbeitsblatt W 112	Entnahme von Wasserproben bei der Erschließung, Gewinnung und Überwachung von Grundwasser
Arbeitsblatt W 126	Planung, Bau und Betrieb von Anlagen zur künstlichen Grundwasser-anreicherung für die Trinkwassergewinnung
Arbeitsblatt W 127	Quellwassergewinnungsanlagen – Planung, Bau, Betrieb, Sanierung und Rückbau
Arbeitsblatt W 151	Eignung von Oberflächenwasser als Rohstoff für die Trinkwasserversor-gung
Arbeitsblatt W 202	Technische Regeln Wasseraufbereitung (TRWA) – Planung, Bau, Betrieb und Instandhaltung von Anlagen zur Trinkwasseraufbereitung
Arbeitsblatt W 203	Begriffe der Chlorung
Arbeitsblatt W 204	Aufbereitungsstoffe in der Trinkwasserversorgung – Regeln für Auswahl, Beschaffung
Arbeitsblatt W 213 Teil 1–6	Filtrationsverfahren zur Partikelabtrennung Teil 1: Grundbegriffe und Grundsätze Teil 2: Filtermaterialien Teil 3: Schnellfiltration Teil 4: Langsamfiltration Teil 5: Membranfiltration Teil 6: Partikelmessung
Arbeitsblatt W 217	Flockung in der Wasseraufbereitung Teil 1: Grundlagen
Arbeitsblatt W 224	Verfahren zur Desinfektion von Trinkwasser mit Chlordioxid
Arbeitsblatt W 225	Ozon in der Wasseraufbereitung
Arbeitsblatt W 227	Kaliumpermanganat in der Wasseraufbereitung
Arbeitsblatt W 229	Verfahren zur Desinfektion von Trinkwasser mit Chlor und Hypochloriten
Arbeitsblatt W 239	Entfernung organischer Stoffe bei der Trinkwasseraufbereitung durch Adsorption an Aktivkohle
Arbeitsblatt W 270	Vermehrung von Mikroorganismen auf Werkstoffen für den Trinkwasser-bereich – Prüfung und Bewertung

DVGW	Titel der Arbeitsblätter
Arbeitsblatt W 271	Tierische Organismen in Wasserversorgungsanlagen
Arbeitsblatt W 290	Trinkwasserdesinfektion: Einsatz- und Anforderungskriterien
Arbeitsblatt W 291	Reinigung und Desinfektion von Wasserverteilungsanlagen
Arbeitsblatt W 293	UV-Anlagen zur Desinfektion von Trinkwasser
Arbeitsblatt W 294 Teil 1–3	UV-Geräte zur Desinfektion in der Trinkwasserversorgung Teil 1: Anforderungen an Beschaffenheit, Funktion und Betrieb Teil 2: Prüfung von Beschaffenheit, Funktion und Desinfektionswirkung Teil 3: Messfenster und Sensoren zur radiometrischen Überwachung von UV-Desinfektionsgeräten, Anforderungen, Prüfung, Kalibrierung
Arbeitsblatt W 295	Ermittlung von Trihalogenmethanbildungspotenzial von Trink-, Schwimmbecken- und Badebeckenwässern
Arbeitsblatt W 296	Vermindern oder Vermeiden der Trihalogenmethanbildung bei der Wasseraufbereitung und Wasserverteilung
Arbeitsblatt W 300	Wasserspeicherung – Planung, Bau, Betrieb und Instandhaltung von Wasserbehältern in der Trinkwasserversorgung
Arbeitsblatt W 318	Wasserbehälter Kontrolle und Reinigung
Arbeitsblatt W 347	Hygienische Anforderungen an zementgebundene Werkstoffe im Trinkwasserbereich – Prüfung und Bewertung
Arbeitsblatt W 551	Trinkwassererwärmungs- und Trinkwasserleitungsanlagen; Technische Maßnahmen zur Verminderung des Legionellenwachstums; Planung, Errichtung, Betrieb und Sanierung von Trinkwasser-Installationen
Arbeitsblatt W 553	Bemessung von Zirkulationssystemen in zentralen Trinkwassererwärmungsanlagen
Arbeitsblatt W 557	Reinigung und Desinfektion von Trinkwasser-Installationen
Arbeitsblatt W 623	Dosieranlagen für Chlor
Arbeitsblatt W 624	Dosieranlagen für Desinfektionsmittel und Oxidationsmittel, Dosieranlagen für Chlordioxid
Arbeitsblatt W 625	Anlagen zur Erzeugung und Dosierung von Ozon
Arbeitsblatt W 641 Teil 1–3	Überwachungs-, Mess-, Steuer- und Regeleinrichtungen in Wasserversorgungsanlagen Teil 1: Messeinrichtungen Teil 2: Steuern und Regeln Teil 3: Prozessleittechnik
Arbeitsblatt W 643	Einsatz von Betriebsmessgeräten zur Kontrolle der Wassergüte
Arbeitsblatt W 1050	Versorgeplanung für Notstandsfälle in der öffentlichen Trinkwasserversorgung

Bezugsquelle: Wirtschafts- und Verlagsgesellschaft Gas und Wasser mbH, Postfach 140151, 53056 Bonn

Die für die Trinkwasserdesinfektion relevanten DVGW-Arbeitsblätter sollen nachfolgend in Form einer kurzen Inhaltsangabe kommentiert werden:

Arbeitsblatt W 213-5: „Filtrationsverfahren zur Partikelentfernung; Teil 5: Membranfiltration"
Dieses Arbeitsblatt gilt für die Anwendung der Mikrofiltration (MF) und Ultrafiltration (UF) zur Entfernung von partikulären Wasserinhaltsstoffen bei der Aufbereitung von Wasser zu Trinkwasser. Dieses Arbeitsblatt erläutert die spezifischen Begriffe, beschreibt die Verfahrensprinzipien, die Verfahrenstechnik und die Auslegung von Membranfiltrationsanlagen und gibt Hinweise zum Betrieb.

Arbeitsblatt W 213-6: „Filtrationsverfahren zur Partikelabtrennung; Teil 6: Überwachung mittels Trübungs- und Partikelmessung"
Dieses Arbeitsblatt gilt für die Aufbereitung von Wasser zu Trinkwasser mit dem Ziel der Partikelabtrennung. Es beschäftigt sich mit der kontinuierlichen Überwachung der entsprechenden Aufbereitungsstufen und des Trinkwassers mithilfe der Parameter Trübung und Partikelkonzentration sowie Partikelgrößenverteilung. Es werden die Bedeutung der Parameter und die Messprinzipien erläutert mit dem Schwerpunkt auf den Einsatz und der Kalibrierung der Geräte.

Arbeitsblatt W 224: „Chlordioxid in der Wasseraufbereitung"
In diesem Arbeitsblatt werden die wesentlichen physikalischen und chemischen Eigenschaften sowie die Anwendungsmöglichkeiten von Chlordioxid in der Wasseraufbereitung beschrieben. Da beim Einsatz von Chlordioxid aus sicherheitstechnischen und hygienischen Gründen gewisse Regeln eingehalten werden müssen, werden die wichtigsten Aspekte dargestellt, die bei Planung, Betrieb und Überwachung von Chlordioxid-Anlagen zu beachten sind.

Arbeitsblatt W 225: „Ozon in der Wasseraufbereitung"
Dieses Arbeitsblatt gilt für die Anwendung von Ozon bei der Wasseraufbereitung zu Trinkwasser. In diesem Arbeitsblatt werden wasserchemische Aspekte der Ozonanwendung, die Ozonungstechnik, die Reaktionen des Ozons mit Wasserinhaltsstoffen, die Ozonungsstufen in der Wasseraufbereitung sowie die Analytik und Unfallverhütungsvorschriften behandelt.

Arbeitsblatt W 227: „Kaliumpermanganat in der Wasseraufbereitung"
Kaliumpermanganat ist wie Wasserstoffperoxid in der Trinkwasserverordnung als Oxidationsmittel zugelassen, dagegen nicht zur Desinfektion des Wassers. Die vorhandenen bakteriziden Eigenschaften werden jedoch für die Desinfektion von Wasserversorgungsanlagen (neu verlegte Rohre, Armaturen u. a.) genutzt. Das

Arbeitsblatt macht Angaben über die Eigenschaften, Reinheitsanforderungen, Handelsform und Lieferbedingungen dieses Chemikals. Weiterhin werden Reaktionen mit Wasserinhaltsstoffen sowie die Technik der Anwendung von Kaliumpermanganat näher beschrieben.

Arbeitsblatt W 229: „Chlor in der Wasserversorgung"
Dieses Arbeitsblatt gilt für den Einsatz von Chlor (Chlorgas, Natrium- und Calciumhypochlorit) zur Desinfektion in der öffentlichen Wasserversorgung. Es behandelt wesentliche Zusammenhänge, die beim Einsatz von Chlor zur Desinfektion von Wasser und Anlagen zu beachten sind.

Arbeitsblatt W 239: „Planung und Betrieb von Aktivkohlefiltern für die Wasseraufbereitung"
Die Beurteilung der Aktivkohlen für die Wasseraufbereitung zählt zu den schwierigsten Aufgaben, die bei der Bereitstellung von einwandfreiem Trinkwasser zu lösen sind. Das Arbeitsblatt soll dem Praktiker bei der Lösung dieser Aufgabe helfen. Es sind zahlreiche produktbezogene Kenndaten von Aktivkohlen in diesem Arbeitsblatt aufgeführt und es werden anwendungsbezogene Eigenschaften von Aktivkohlen beschrieben.
Das Arbeitsblatt behandelt die wichtigsten Gesichtspunkte, die bei Planung und Betrieb von Aktivkohlefiltern über die allgemeinen Regeln der Filtertechnik hinaus beachtet werden müssen. Dazu gehören das Adsorptionsverhalten der Aktivkohle im Filterbett, die Reaktivierung der Aktivkohle sowie die Arbeitssicherheit und die Entsorgung.

Arbeitsblatt W 271: „Tierische Organismen in Wasserversorgungsanlagen"
Mit diesem Arbeitsblatt soll den Betreibern von Wasserversorgungsanlagen Hinweise über das Vorkommen von tierischen Organismen wie Asseln, Kleinkrebsen, Rädertieren, Fadenwürmern, Muscheln, Milben u. a. gegeben werden (s. auch Abb. 64, Seite 98). Es werden Methoden aufgezeigt zur Feststellung, ob und wo tierische Organismen in den verschiedenen Bereichen einer Wasserversorgung auftreten und wie durch Vorsorge oder Bekämpfungsmaßnahmen gegebenenfalls Abhilfe geschaffen werden kann. Beschrieben werden nur „wasserwerksrelevante Organismen", mit Ausnahme von Einzellern (Protozoen). Das vermehrte Auftreten von tierischen Organismen ist für die Wasserversorgung eher ein hygienisch-ästhetisches Problem, das aber auch zu betriebstechnischen Störungen führen kann. Krankheitserreger befinden sich unter den tierischen Organismen in unseren Wässern (Deutschland) nicht. In der Trinkwasserverordnung werden hierzu keine Anforderungen gestellt.

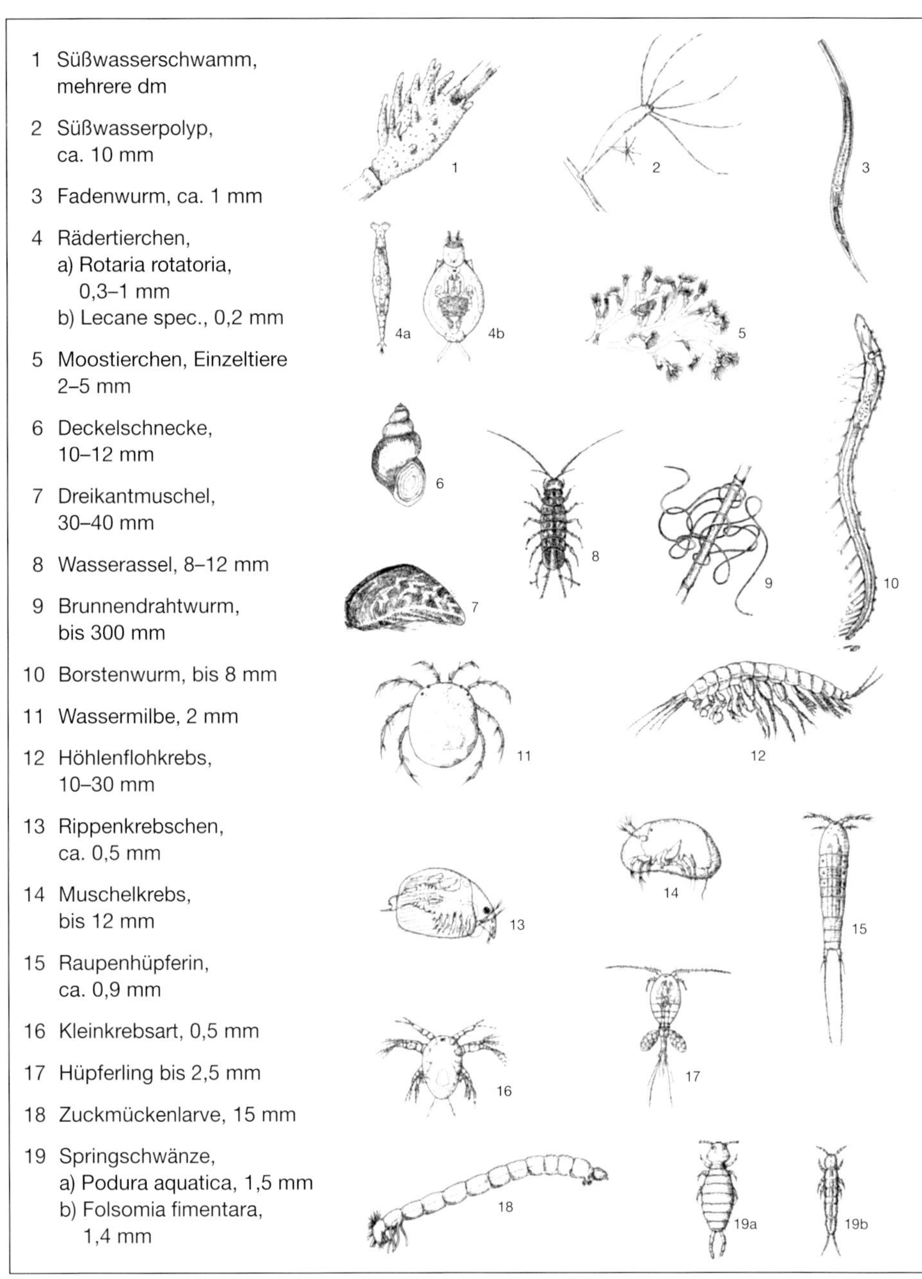

Abb.: 64
Die wichtigsten in Trinkwasserversorgungssystemen vorkommenden tierischen Organismen, DVGW-Arbeitsblatt W 271, Bildtafel nach Vorlage von H. Kowalski, 1995 Berlin

Arbeitsblatt W 290: „Trinkwasserdesinfektion – Einsatz- und Anforderungskriterien“
Dieses Arbeitsblatt beschreibt die Voraussetzungen und Anforderungen, unter denen es möglich ist, mithilfe der Desinfektion ein hygienisch-mikrobiologisch einwandfreies Trinkwasser bereitzustellen. Das Arbeitsblatt gibt zudem Hinweise für die Auswahl des geeigneten Desinfektionsverfahrens. Die Anwendungs- und Einsatzbereiche der in Frage kommenden Desinfektionsverfahren werden beschrieben und die Grundsätze für Betrieb und Überwachung dargestellt. Das Arbeitsblatt gilt für die Desinfektion von Wasser, das als Trinkwasser zur Abgabe an Verbraucher bestimmt ist, und geht besonders auf die Desinfektion im Wasserwerk sowie auf die Desinfektion von Trinkwasser im Versorgungsnetz ein.

Arbeitsblatt W 291: „Reinigung und Desinfektion von Wasserverteilungsanlagen“
Dieses Arbeitsblatt gilt für alle Einrichtungen und Anlagen zum Transport und zur Verteilung des Trinkwassers, die von der Gewinnung bis zur Übergabe an den Abnehmer direkt oder indirekt mit dem Trinkwasser in Berührung kommen. Die zur Durchführung von Reinigungs- bzw. Desinfektionsmaßnahmen geeigneten Verfahren, Mittel und Geräte sowie die Entsorgung der dabei anfallenden Abwässer werden beschrieben. Das Arbeitsblatt findet sinngemäß auch Anwendung für Rohwasserleitungen und -behälter. In der Liste der Chemikalien zur Anlagendesinfektion sind neben Chlor, Natrium- und Calciumhypochlorit und Chlordioxid die beiden Chemikalien Wasserstoffperoxid (H_2O_2) und Kaliumpermanganat ($KMnO_4$) mit aufgeführt. Ausführlich wird in diesem Arbeitsblatt auf die mobilen Chlorungsanlagen für die Desinfektion von Rohrleitungen und Behälter eingegangen.

Arbeitsblatt W 293: „UV-Anlagen zur Desinfektion von Trinkwasser“
Der zunehmende Einsatz von UV-Anlagen zur Desinfektion von Trinkwasser hat den DVGW veranlasst, ein Arbeitsblatt über UV-Anlagen zu erstellen. Es soll den Wasserversorgungsunternehmen eine Hilfestellung zur Beurteilung solcher Anlagen geben. In diesem Arbeitsblatt wird auch auf die Grenzen der Anwendung dieses Desinfektionsverfahrens hingewiesen. Es enthält eine Aufstellung von Anforderungen, die sowohl an die Anlagentechnik als auch an das zu desinfizierende Wasser gestellt werden, damit ein sicherer Betrieb und eine einwandfreie Desinfektion des Trinkwassers gewährleistet werden kann.

Arbeitsblatt W 294: „UV-Geräte zur Desinfektion in der Wasserversorgung“
Dieses dreiteilige Arbeitsblatt legt Anforderungen an die Beschaffenheit, Funktion und Betrieb von UV-Anlagen fest und regelt für die nationale Zertifizierung die Prüfung des Desinfektionspotenzials von UV-Anlagen. Ferner die Anforderungen, die an Sensoren zur Überwachung von UV-Desinfektionsgeräten gestellt werden.
Teil 1: Anforderung an Beschaffung, Funktion und Betrieb
Teil 2: Prüfung von Beschaffung, Funktion und Desinfektionswirksamkeit
Teil 3: Messfenster und Sensoren zur radiometrischen Überwachung von UV-Desinfektionsgeräten; Anforderungen, Prüfung und Kalibrierung

Arbeitsblatt W 295: „Ermittlung von Trihalogenmethanbildungspotenzialen von Trink-, Schwimmbecken- und Badebeckenwässern“
In diesem Arbeitsblatt wird eine Methode zur Ermittlung und Beschreibung der Trihalogenmethanbildung bei der Chlorung von Wasser unter standardisierten Randbedingungen beschrieben. Die Ergebnisse sind dazu geeignet, Auswirkungen von Aufbereitungsmaßnahmen auf die Trihalogenmethanbildung festzustellen. Im konkreten Einzelfall können aus den Ergebnissen die Voraussetzungen für die optimale Dosierung von Chlor bei einer minimalen Trihalogenmethanbildung abgeleitet werden.

Arbeitsblatt W 296: „Vermindern oder Vermeiden der Trihalogenmethanbildung bei der Wasseraufbereitung und Trinkwasserverteilung“
Dieses Arbeitsblatt informiert über Ursachen erhöhter Konzentrationen an Trihalogenmethanen und weiterer Desinfektionsnebenprodukte. Das Arbeitsblatt zeigt weiterhin auf, welche Maßnahmen ergriffen werden müssen, um Trihalogenmethane zu vermeiden bzw. zu vermindern. Dabei wird nicht nur auf die Bedeutung der Aufbereitung eingegangen, sondern auch auf die Beschaffenheit des Rohwassers sowie auf den Zustand und den Betrieb des Trinkwasser-Verteilungssystems.

Arbeitsblatt W 551: „Trinkwassererwärmungs- und Trinkwasserleitungsanlagen; Technische Maßnahmen zur Verminderung des Legionellenwachstums; Planung, Errichtung, Betrieb und Sanierung von Trinkwasserinstallationen“
In diesem Arbeitsblatt werden die Maßnahmen beschrieben, die notwendig sind, um eine massenhafte Vermehrung von Legionellen in Warmwassersystemen zu verhindern bzw. diese, falls bereits vorhanden, zu beseitigen.

Arbeitsblatt W 623: „Dosieranlagen für Desinfektions- bzw. Oxidationsmittel, Dosieranlagen für Chlor“
Dieses Arbeitsblatt gilt für die Dosierung von Chlorgas, Natrium- und Calciumhypochlorit-Lösung sowie für die elektrolytische Herstellung von Chlor vor Ort.

Es werden Angaben zu den Desinfektionsmitteln, zu Transport und Lagerung von Chlorgas, Natriumhypochlorit und Calciumhypochlorit, zu den Dosiereinrichtungen, zum Messen, Steuern und Regeln der Dosieranlagen sowie zu den Sicherheitseinrichtungen und den Unfallverhütungsvorschriften gemacht.

Arbeitsblatt W 624: „Dosieranlagen für Desinfektionsmittel und Oxidationsmittel: Dosieranlagen für Chlordioxid"
Dieses Arbeitsblatt enthält viele Details über die Anlagentechnik zur Bereitung und Dosierung von Chlordioxid. Das Arbeitsblatt gibt einen ausführlichen Überblick über die verschiedenen Verfahren zur Bereitung von Chlordioxid.

Arbeitsblatt W 625: „Anlagen zur Erzeugung und Dosierung von Ozon"
Der Schwerpunkt dieses Arbeitsblattes liegt bei praktischen Hinweisen für den Bau und Betrieb von Ozonungsanlagen. Auf die Auslegung des Ozonerzeugers, die Einbringung des Ozons ins Wasser sowie auf die Entfernung des Restozons in Wasser und Luft und auf die Unfallverhütungsvorschriften wird in diesem Arbeitsblatt detailliert eingegangen.

Arbeitsblatt W 643: „Einsatz von Betriebsmessgeräten zur Kontrolle der Wassergüte"
Dieses Arbeitsblatt gilt für den gesamten Bereich der Wasserversorgung. Die Kontrolle der Wassergüte wird infolge der gestiegenen Umweltbelastung, der Verwendung von Oberflächenwasser und den deutlich erhöhten Anforderungen durch die Trinkwasserverordnung immer wichtiger. Kontinuierlich arbeitende Betriebsmessgeräte werden immer mehr in Wasserwerksanlagen im Bereich der Rohwasserförderung, Aufbereitung einschließlich Desinfektionsüberwachung, Speicherung und in der Wasserverteilung eingesetzt. Für die Parameter pH-Wert, Leitfähigkeit und Chlor oder Chlordioxid entfallen bei fortlaufender Aufzeichnung die nach Trinkwasserverordnung vorgeschriebenen Einzeluntersuchungen. Das DVGW-Arbeitsblatt W 643 gibt Hinweise für die Auswahl und den Einsatz von Betriebsmessgeräten zur kontinuierlichen Überwachung der Wassergüte.

Arbeitsblatt W 1050: „Vorsorgeplanung für Notstandsfälle in der öffentlichen Trinkwasserversorgung"
Dieses Arbeitsblatt gibt Hinweise für das Verhalten in Katastrophenfällen und anderen Notstandssituationen der Wasserversorgungsunternehmen.

4.4 Normen

Die vom DIN (Deutsches Institut für Normung e. V.) herausgegebenen Normen sind Hilfsmittel zur Abwicklung und Erleichterung der vielfältigen Beziehungen im Wirtschaftskreislauf. Sie geben eine Orientierung für technisch richtiges Handeln und haben das Ziel, die Ansprüche der Verbraucher an die Qualität und Sicherheit von Produkten und Dienstleistungen mit wirtschaftlich vertretbarem Aufwand zu erfüllen. Als Zielsetzung der Normungsarbeiten werden Sicherheit, Rationalisierung und Qualitätsverbesserung in allen Lebensbereichen und zum Nutzen der Allgemeinheit hervorgehoben. DIN-Normen haben grundsätzlich von sich aus keine rechtliche Verbindlichkeit. Ihre Anwendung wird jedermann auf freiwilliger Basis empfohlen. Der Normenanwender kann bei der Beachtung der Normen darauf vertrauen, technisch richtig zu handeln. Eine Abweichung von der Norm ist zulässig, bedarf aber ggf. einer Begründung. Neben diesem grundsätzlichen Stellenwert haben DIN-Normen als ein wesentliches Ordnungselement in der technischen Umwelt auch vielfältige Beziehungen zur Rechtsordnung und zwar, wenn sie z. B.

- in Gesetzen, Verordnungen, Verwaltungsvorschriften usw. zitiert oder durch pauschalen Verweis auf die „allgemein anerkannten Regeln der Technik“ einbezogen werden
- in der Rechtsprechung zur Beurteilung eines technischen Fehlverhaltens herangezogen werden
- Bestandteil von Verträgen werden

Die Normenkonformität von Produkten oder Verfahren kann von den Herstellern durch entsprechende Kennzeichnung der Produkte oder durch Angaben in den technischen Unterlagen zum Ausdruck gebracht werden. Derartige Herstellerangaben geben dem Verbraucher eine Information über die Qualität der Produkte und Verfahren. Das Gesetz über den unlauteren Wettbewerb verschafft jedermann einen Anspruch auf Unterlassung derartiger Angaben, falls diese nicht zutreffend sind.

Durch das Zusammenwachsen der Mitgliedsstaaten der Europäischen Union und auch durch die Vereinfachung und Intensivierung der weltweiten Handelsbeziehungen sind auch die Normenwerke DIN EN und ISO (ISO: Internationale Organisation für Normung – International Organization for Standardization) inzwischen so eng verknüpft, dass die für den Stellenwert der DIN-Normen getroffenen Aussagen grundsätzlich auf die europäischen und weltweiten Normen übertragbar sind.

Alle europäischen Normen sind von den 30 europäischen CEN-Mitgliedsorganisationen (CEN: Europäisches Komitee für Normung – European Committee for Standardization – Comité Européen de Normalisation) in ihre nationalen Normenwerke zu übernehmen und haben in Deutschland als DIN EN-Normen denselben Status

wie DIN-Normen. Die europäischen Normen sind in den drei offiziellen Versionen (Deutsch, Englisch, Französisch) verfasst worden.
Auf der Basis der zwischen CEN und ISO (in der 150 Länder vertreten sind) getroffenen Vereinbarung über die Koordinierung der Arbeiten werden immer mehr ISO-Normen zu europäischen und somit auch zu deutschen DIN EN ISO-Normen.

4.4.1 DIN-Normen Wasseraufbereitung – Verfahrenstechnik

Tabelle 9: DIN-Normen Wasseraufbereitung – Verfahrenstechnik

DIN	**Wasseraufbereitung – Verfahrenstechnik**
1988-100	Technische Regeln für Trinkwasser-Installationen – Teil 100: Schutz des Trinkwassers „Erhaltung der Trinkwassergüte – Technische Regel des DVGW“
2000	Zentrale Trinkwasserversorgung, Leitsätze der Anforderungen an Trinkwasser
2001-2	Trinkwasserversorgung in Fahrzeugen und auf Märkten, Volksfesten und Großveranstaltungen
4046	Wasserversorgung – Begriffe, Technische Regeln des DVGW
19605	Festbettfilter zur Wasseraufbereitung – Aufbau und Bestandteile
19606	Chlorgasdosieranlagen zur Wasseraufbereitung – Anlagenaufbau und Betrieb
19627	Ozonerzeugungsanlagen zur Wasseraufbereitung
19633	Ionenaustauscher zur Wasseraufbereitung – Technische Lieferbedingungen
19636	Enthärtungsanlagen (Kationenaustauscher) in der Trinkwasserinstallation – Anforderungen, Prüfungen – Technische Regeln des DVGW

4.4.2 DIN EN-Normen: Aufbereitungsstoffe

Für alle Aufbereitungsstoffe, die zur Desinfektion und Oxidation, zur Herstellung von Chlordioxid, zur Entchlorung, Entozonung (Reduktion) und zur Adsorption von Desinfektionsnebenprodukten eingesetzt werden, liegen DIN EN-Normen vor (Tabelle 10). Die DIN EN-Normen für Produkte (Aufbereitungsstoffe) zur Aufbereitung von Wasser für den menschlichen Gebrauch haben alle eine gemeinsame Strukturierung. Sie gliedern sich in:

- Anwendungsbereich
- Normative Verweisungen
- Beschreibung: Identifizierung, physikalische Eigenschaften, chemische Eigenschaften
- Reinheitskriterien: Zusammensetzung des Handelsproduktes, Verunreinigungen und Nebenbestandteile, toxische Substanzen

- Prüfverfahren
- Kennzeichnung – Transport – Lagerung: Lieferformen, Gefahren- und Sicherheitskennzeichnung gemäß EU-Richtlinien, Transportvorschriften und -kennzeichnung, Produktkennzeichnung, Lagerung

Weiterhin werden in den DIN EN-Normen Informationen über Herkunft, Regeln für sichere Handhabung und Benutzung sowie zur Probenahme und Analyse des Produktes (Aufbereitungsstoffes) gegeben.

Tabelle 10: DIN EN-Normen von Aufbereitungsstoffen, die zur Desinfektion und Oxidation, zur Herstellung von Chlordioxid und zur Entchlorung, Entozonung (Reduktion) und Adsorption eingesetzt werden

DIN EN	Aufbereitungsstoff	chemische Formel	Verwendungszweck
899	Schwefelsäure	H_2SO_4	Herstellung von Chlordioxid
900	Calciumhypochlorit	$Ca(OCl)_2$	Desinfektion
901	Natriumhypochlorit	$NaOCl$	Desinfektion
902	Wasserstoffperoxid	H_2O_2	Oxidation
937	Chlor	Cl_2	Desinfektion, Herstellung von Chlordioxid
938	Natriumchlorit	$NaClO_2$	Herstellung von Chlordioxid
939	Salzsäure	HCl	Herstellung von Chlordioxid, Chlor-Elektrolyse
973	Natriumchlorid	$NaCl$	zum Regenerieren von Ionenaustauschern
1019	Schwefeldioxid	SO_2	Entchlorung, Reduktion
1278	Ozon	O_3	Desinfektion, Oxidation
12120	Natriumhydrogensulfit	$NaHSO_3$	Entchlorung, Reduktion
12121	Natriumdisulfit	$Na_2S_2O_2$	Entchlorung, Reduktion
12124	Natriumsulfit	Na_2SO_3	Entchlorung, Reduktion
12125	Natriumthiosulfat	$Na_2S_2O_3 \cdot 5\ H_2O$	Entchlorung, Reduktion
12671	Chlordioxid	ClO_2	Desinfektion
12672	Kaliumpermanganat	$KMnO_4$	Oxidation
12678	Kaliumperoxomonosulfat	$KHSO_5$	Oxidation
12903	Pulver-Aktivkohle	C (elementar)	Entchlorung, Adsorption
12915	Granulierte Aktivkohle	C (elementar)	Entozonung, Entchlorung, Adsorption

DIN EN	Aufbereitungsstoff	chemische Formel	Verwendungszweck
12926	Natriumperoxodi-sulfat	$Na_2S_2O_8$	Oxidation, Herstellung von Chlordioxid
12931	Natriumdichlorisocy-anurat, wasserfrei	$NaCl_2(NCO)_3$	Desinfektion, Produkt für den Notfall
12932	Natriumdichlorisocy-anurat, Dihydrat	$NaCl_2(NCO)_3 \cdot 2\ H_2O$	Desinfektion, Produkt für den Notfall
14805	Natriumchlorid	NaCl	Herstellung von Chlor durch Elektrolyse

4.4.3 DIN EN ISO-Normen: Wasserbeschaffenheit, Messmethoden

Die in Tabelle 11 aufgeführten DIN EN ISO-Normen sind Normen, die die Analysemethoden betreffen für die Bestimmung der Wasserbeschaffenheit. Für die chemischen Parameter sind dies: TOC/DOC, AOX, Trübung, freies Chlor und Gesamtchlor, Chlorat, Chlorit, Chlorid, Bromid, Bromat und Trihalogenmethane. Für die mikrobiologischen Parameter: Escherichia coli, coliforme Bakterien, Enterokokken und die Bestimmung der Koloniezahl und Clostridien. Zusätzlich sind die Analysemethoden aufgeführt, die die Indikatorparameter aus Tabelle 5 betreffen.

Tabelle 11: Normen für Wasserbeschaffenheit, Wassergüte und Messmethoden

Parameter	Einheit	Analyseverfahren
Probenahme für mikrobiologische Untersuchungen		DIN EN ISO 19458
Temperatur	°C	DIN 38404-4
Escherichia coli (E. coli) und coliforme Bakterien	Anzahl pro 100 ml	DIN EN ISO 9308-1 DIN EN ISO 9308-2
Enterokokken	Anzahl pro 100 ml	DIN EN ISO 7899-2
Pseudomonas aeruginosa	Anzahl pro 100 ml	DIN EN ISO 16266
Legionella species	Anzahl pro 100 ml	ISO 11731
Koloniezahl (KBE) bei 36 °C	Anzahl pro ml	DIN EN ISO 6222
Koloniezahl (KBE) bei 20 °C	Anzahl pro ml	
Clostridium perfringens	Anzahl pro 100 ml	DIN EN ISO 14189
Probenahme von Rohwasser und Trinkwasser		DIN 38402-14
Chlor, freies und Gesamtchlor Teil 1: Titrimetrisches Verfahren Teil 2: Kolorimetrisches Verfahren Teil 3: Iodometrisches Verfahren	mg/l	DIN EN ISO 7393 Teil 1–3 DIN EN ISO 7393-1 DIN EN ISO 7393-2 DIN EN ISO 7393-3

Parameter	Einheit	Analyseverfahren
Chlordioxid	mg/l	DIN 38408-5
TOC (gesamtorganischer Kohlenstoff)	mg/l	DIN EN ISO 1484 (H3)
Oxidierbarkeit, ($KMnO_4$ – Index)	mg/l	DIN EN ISO 8467
Ozon	mg/l	DIN EN ISO 38406 (G3)
pH-Wert pH-Begriffe für Messverfahren pH-Messzusatz, Anforderungen pH-Standard-Pufferlösungen pH-Technische-Pufferlösungen	pH-Einheiten	DIN 38404-5 DIN 19261 DIN 19265 DIN 19266 DIN 19267
Redox-Spannung	mV	DIN 38404-6
Trübung	NTU	DIN EN ISO 7027
UV-Absorption	1/m	DIN 38404-3
Färbung (SAK 436 nm)	1/m	DIN EN ISO 7887
Elektrische Leitfähigkeit bei 25 °C	µS/cm	DIN EN 27888 (C8)
Säurekapazität bis pH 4,3	mmol/l	DIN 38409-7 (H7)
Carbonathärte	°dH	DIN 38409-7 (H7)
Gesamthärte	°dH	DIN 38409-6 (H6)
Aluminium	mg/l mg/l	DIN EN ISO 17294-2 DIN ISO 10566
Eisen	mg/l mg/l	DIN 38406-32 DIN EN ISO 11885
Ammonium	mg/l mg/l	DIN 38406 (E5) DIN EN ISO 11732
Nitrat	mg/l mg/l	DIN 38405-9 DIN EN ISO 10304-1
Nitrat, Nitrit Chlorid, Flourid Sulfat, Phosphat Bromid	mg/l mg/l mg/l mg/l	DIN EN ISO 10304-1 Ionenchromatografie
Chlorat, Chlorit, Chlorid	mg/l	DIN EN ISO 10304-4
Bromat	mg/l mg/l	DIN EN ISO 11206 DIN EN ISO 15061
Trihalogenmethane	mg/l mg/l	DIN 38407-30 DIN EN ISO 10301 1997 (Verfahren 2)
AOX (adsorbierbare Halogene)	mg/l	DIN EN ISO 1485

Bezugsquelle: Beuth Verlag GmbH, Burggrafenstraße 6, 10772 Berlin

5 Trinkwasserdesinfektion

Im DVGW-Arbeitsblatt W 290 „Trinkwasserdesinfektion – Einsatz- und Anforderungskriterien“, das von Fachleuten der Wasserversorgung, Chemikern, Mikrobiologen und Hygienikern erarbeitet wurde, werden Aussagen zu allen relevanten Fragen der Desinfektion von Trinkwasser gemacht. Dies betrifft Maßnahmen der Desinfektion im Wasserwerk, im Versorgungsnetz sowie im häuslichen Bereich. Über die Notwendigkeit und das Ziel der Trinkwasserdesinfektion sagt das DVGW-Arbeitsblatt W 290 Folgendes aus:

„Mit Wasser können Krankheitserreger übertragen werden. Hierbei handelt es sich zum einen um fäkal-oral übertragbare Krankheitserreger. Hierzu zählen u. a. die bakteriellen Erreger von Cholera, Typhus und Salmonellen-Enteritis, die viralen Erreger von Hepatitis und Kinderlähmung sowie die parasitären Erreger von Amöbenruhr, Cryptosporidiosis und Giardiasis. Zum anderen handelt es sich um ubiquitär verbreitete fakultativ-pathogene Mikroorganismen. Zu diesen Krankheitserregern gehören z. B. Pseudomonas aeruginosa und Legionellen.

Fäkal-oral übertragbare Krankheitserreger, die mit menschlichen und tierischen Ausscheidungen freigesetzt werden, vermehren sich mit einzelnen Ausnahmen im Trinkwasserbereich nicht, können aber in der Umwelt bis zu einigen Monaten überleben. Fakultativ pathogene Krankheitserreger, die in der Umwelt nur in geringen Konzentrationen vorkommen, können sich dagegen im Trinkwasser unter bestimmten Bedingungen bis hin zu infektionsrelevanten Konzentrationen vermehren, z. B. Legionellen und Pseudomonas aeruginosa.“

Nach der Trinkwasserverordnung darf Trinkwasser keine Krankheitserreger enthalten, die eine Schädigung der menschlichen Gesundheit besorgen lassen. Es muss arm an unspezifischen Mikroorganismen sein. Grundsätzlich gilt: Rohwasser muss so weit wie möglich vor fäkalen Kontaminationen durch häusliche und landwirtschaftliche Abwässer geschützt werden, um das Risiko für eine Übertragung von Krankheitserregern mit dem Wasser so gering wie möglich zu halten.

Die hygienisch-mikrobiologische Sicherheit des Trinkwassers ist durch Gewässerschutz, Wasseraufbereitung und einen sicheren Netzbetrieb zu gewährleisten. Im Rahmen der Wasseraufbereitung spielt dabei die Desinfektion eine wichtige Rolle. Während Wasser aus einem gut geschützten und gut filtrierenden Grundwasserleiter aus hygienisch-mikrobiologischer Sicht ohne Aufbereitung und Desinfektion für die Trinkwasserversorgung eingesetzt werden kann, bedürfen kontaminierte Wässer in aller Regel einer Aufbereitung mit abschließender Desinfektion.

Eine Desinfektion des Wassers im Verteilungssystem kann erforderlich werden, wenn es als Folge von Bau- und Instandhaltungsmaßnahmen zu einer Kontamination gekommen ist, die nur durch den Einsatz von Desinfektionsmitteln im Netz beherrscht werden kann.

Für Hausinstallationen gelten die gleichen Aussagen wie für den Betrieb der Netze der öffentlichen Trinkwasserversorgung. Hier muss insbesondere auf die Verhinderung einer gesundheitlich bedenklichen Vermehrung von Legionellen in Warmwassersystemen hingewiesen werden.
Die Voraussetzung für eine sichere Desinfektion von Oberflächen-, Quell- und Grundwässern ist eine möglichst weitgehende Trübstoff- und Partikelfreiheit. So wird in der Liste der Desinfektionsverfahren nach § 11 der Trinkwasserverordnung für die Desinfektion von Oberflächenwasser oder von durch Oberflächenwasser beeinflusstem Wasser ein Trübungswert von < 0,2 NTU gefordert.
Grundsätzlich gilt, dass eine sichere Abtötung oder Inaktivierung von Mikroorganismen nur dann gegeben ist, wenn das Desinfektionsmittel unmittelbar auf die Mikroorganismen einwirken kann. Krankheitserreger, die von Erkrankten mit den Faeces ausgeschieden werden, sind jedoch in Aggregate (Klümpchen) und Schleim eingebettet. Die Krankheitserreger werden dadurch vor schädigenden Umwelteinflüssen, vor allem gegen Austrocknen, geschützt. Sie bleiben dadurch lange vermehrungsfähig und können so vom Abwasser über Oberflächenwasser, Grundwasser und Rohwasser ins Trinkwasser gelangen.
Die Schleimsubstanzen schützen die Krankheitserreger auch vor der Einwirkung der Desinfektionsmittel. Nur die an der Oberfläche der Aggregate befindlichen Krankheitserreger können abgetötet werden. Die Krankheitserreger im Inneren der Aggregate bleiben unversehrt und können wieder zu Infektionen führen. Selbst durch eine deutliche Erhöhung der Konzentration des Desinfektionsmittels oder eine Verlängerung der Einwirkzeit wird eine Abtötung der in Aggregaten befindlichen Krankheitserreger nicht mit der erforderlichen Sicherheit erzielt.
Die Abtötung bzw. Inaktivierung der Mikroorganismen bei der Desinfektion wird weiterhin von der Widerstandsfähigkeit der Mikroorganismen, der Art des Desinfektionsmittels, der Konzentration und Einwirkzeit des chemischen Desinfektionsmittels bzw. der Intensität der Bestrahlung bei Einsatz von UV-Desinfektion bestimmt.
Die Desinfektion im Verteilungsnetz kann nur durch den Einsatz von Chlor bzw. Hypochloriten oder Chlordioxid erreicht werden. Eine hinreichende Desinfektionskapazität kann in der Regel gesichert werden, wenn im betroffenen Netz bzw. in Netzteilen freies Chlor bzw. Chlordioxid in Konzentrationen nachweisbar sind, wie sie nach der Trinkwasserverordnung gefordert werden.
Beim Einsatz der Desinfektion im Verteilungsnetz ist zu beachten, dass es bei der Inbetriebnahme der Desinfektion in Leitungen, in denen im Normalbetrieb Wasser ohne Restdesinfektionsmittel verteilt wird, zu einer erheblichen Zehrung des Chlors bzw. Chlordioxids an den Leitungsoberflächen kommen kann. Dies führt dazu, dass freies Chlor bzw. Chlordioxid trotz höherer Desinfektionsmittel-Zugabemengen erst nach einer längeren Betriebszeit nachgewiesen wird. Außerdem ist zu beachten, dass auch die Desinfektion im Netz zur Bildung von Desinfektionsnebenprodukten

führt, wodurch die Zugabemengen begrenzt werden können. Bei Überschreitung der Grenzwerte sind Ausnahmeregelungen erforderlich. Neben der Bildung von Trihalogenmethanen bzw. von Chlorit und Chlorat kommt es auch zur Bildung biologisch abbaubarer Stoffe. Dies kann in Netzendbereichen, in denen das Desinfektionsmittel gezehrt ist, zu einem Anstieg der Koloniezahlen führen.

Durch den Einsatz von chlorhaltigen Chemikalien kommt es zur Bildung von Nebenreaktionsprodukten wie Trihalogenmethanen, Chlorit, Chlorat und Chloraminen, die von der Art und Konzentration der anorganischen und organischen Wasserinhaltsstoffe bestimmt wird. Dies muss bei der Auswahl des Desinfektionsmittels besonders beachtet werden. Weiterhin ist die Desinfektionswirkung von Chlor und Hypochloriten stark vom pH-Wert abhängig. Mit steigendem pH-Wert nimmt die Wirkung der hypochlorigen Säure ab. Bei Anwesenheit von Ammonium kommt es beim Einsatz von Chlor und Hypochloriten zur Bildung von Chloraminen, die den Gehalt an freiem Chlor vermindern und zu Geruchsbeeinträchtigungen führen können. Für die Auswahl des richtigen Desinfektionsmittels, Chlor oder Chlordioxid, aufgrund der Wasserinhaltsstoffe und des vorliegenden pH-Wertes, wird auf die Tabellen 5, 6 und 17 verwiesen. Der Einsatz von Ozon führt in der Regel zu einer erhöhten Bildung biologisch abbaubarer Stoffe, die eine Aufkeimung im Verteilungsnetz fördern kann. Daher sollte nach der Ozonbehandlung eine biologisch arbeitende Filterstufe nachgeschaltet sein.

Einschränkungen für den Ozoneinsatz können sich auch durch die Bildung von Bromat ergeben, wenn das zu desinfizierende Wasser erhöhte Bromidgehalte aufweist.

Im Hinblick auf die Abtötung bzw. Inaktivierung von Bakterien und Viren sind alle für die Trinkwasserdesinfektion zugelassenen Verfahren hinreichend effektiv, sofern die Anwendungsbedingungen der jeweiligen Verfahren beachtet werden. Wesentliche Unterschiede in der Effektivität zeigen sich bei der Abtötung von Parasiten. Hier sind Chlor und Chlordioxid bei den zugelassenen maximalen Zugabemengen praktisch wirkungslos. Durch eine Ozonung oder eine UV-Bestrahlung ist dagegen eine Inaktivierung von Parasiten möglich, z. B. bei Cryptosporidien und Giardien.

5.1 Begriffe der Trinkwasserdesinfektion

Desinfektion

Abtötung bzw. Inaktivierung von krankheitserregenden Mikroorganismen (Viren, Bakterien und Parasiten) durch chemische Desinfektions- und Oxidationsmittel, durch UV-Bestrahlung oder Abkochen. Nach einer hygienisch einwandfreien Desinfektion sind in definierten Volumina Krankheitserreger mit spezifizierten Verfahren nicht mehr nachweisbar und die Zahl unspezifischer Mikroorganismen liegt unter einem geforderten Wert.

Desinfektionsmittel
Chlor, Natriumhypochlorit, Calciumhypochlorit, Chlordioxid, Ozon.

Oxidationsmittel
Ozon, Wasserstoffperoxid, Kaliumpermanganat, Kaliumperoxomonosulfat, Natriumperoxodisulfat.

Desinfektionsverfahren
Chlorung mit Chlor, Chlorverbindungen und Chlordioxid, Ozonung, UV-Bestrahlung, thermische Desinfektion (Abkochen).

Desinfektionsnebenprodukte (DNP)
Als Desinfektionsnebenprodukte werden die bei der Desinfektion mit Chlor, Hypochlorit, Chlordioxid oder Ozon entstehenden organischen und anorganischen Produkte (Chlorat, Chlorit, Bromat) bezeichnet. Neben Trihalogenmethanen (THM) können unter anderem haloginierte Essigsäuren, haloginierte Acetonitrile und Chlorpikrin entstehen. Darüber hinaus werden weitere, als adsorbierbares organisch gebundenes Halogen (AOX) erfassbare Verbindungen sowie auch nichthaloginierte Oxidationsprodukte gebildet.

Trihalogenmethane (THM)
Trihalogenmethan ist die allgemeine chemische Bezeichnung für ein dreifach halogeniertes Methan (Synonym: Haloform). Trihalogenmethane entstehen als letztes Glied einer Kette von Reaktionen der im Wasser gelösten organischen Stoffe mit Chlor, Hypochlorit oder Ozon. Trihalogenmethane sind die Summe der Einzelverbindungen: Chloroform, Bromdichlormethan, Dibromchlormethan und Bromoform.

Trihalogenmethan-Bildungspotenzial
Mit diesem Begriff wird die THM-Konzentration bezeichnet, die unter standardisierten Reaktionsbedingungen erhalten wird (siehe DVGW-Arbeitsblatt W 295, Ermittlung von Trihalogenmethan-Bildungspotenzialen).

Chloramine
Chloramine sind chemische Verbindungen, die bei der Desinfektion mit Chlor aus Ammoniak (NH_3) bzw. Ammonium (NH_4^+) oder organischen Stickstoffverbindungen entstehen.

Wiederverkeimungspotenzial
Trinkwasser kann nach erfolgter Desinfektion und zunehmender Verweilzeit im

Rohrnetz wieder verkeimen. Die Neigung zur Wiederverkeimung ist abhängig vom gewählten Desinfektionsverfahren, von den Wasserinhaltsstoffen, von der Wassertemperatur und vom Zustand des Rohrnetzes. Faktoren, die das Wiederverkeimungspotential erhöhen, sind insbesondere ein hohes Angebot an Nährstoffen und Substraten. Dazu gehören in erster Linie Stickstoff-, Phosphor- und Schwefelverbindungen (Ammonium, Nitrat, Phosphat, Sulfat) sowie biologisch abbaubare organische Stoffe.

Desinfektionskapazität (Depotwirkung)
Der Begriff Desinfektionskapazität bzw. Depotwirkung beschreibt, über welche Zeiträume ein Desinfektionsmittel nach Abschluss der Aufbereitung noch seine desinfizierende Wirkung beibehält. Dies gilt im besonderen im Verteilernetz. Die Depotwirkung ist abhängig von der Qualität des Wassers, vom eingesetzten Desinfektionsmittel, von dessen Dosiermenge und vom Restgehalt des Desinfektionsmittels, bevor das Trinkwasser ins Rohrnetz geht. So hat z. B. Chlordioxid im Vergleich zum Chlor eine bessere Depotwirkung, während mit der UV-Bestrahlung oder der Ozonung keine Depotwirkung erzielt wird.

Abkochgebot
Das Abkochen des Trinkwassers – thermische Desinfektion – wird auch heute noch als Notmaßnahme empfohlen. Es gilt als Sofortmaßnahme und wird von den Gesundheitsbehörden angeordnet. Dabei soll das Wasser, um eine zuverlässige Abtötung eventueller Krankheitserreger zu erreichen, mindestens 3 Minuten unter Berücksichtigung des Luftdruckes sprudelnd kochen.

5.2 Desinfektionsmittel

Nach der Trinkwasserverordnung (TrinkwV) sind für die Desinfektion folgende Stoffe zugelassen: Chlorgas, Natriumhypochlorit, Calciumhypochlorit, Chlordioxid und Ozon (siehe auch Tabelle 7: Zugelassene Desinfektionsverfahren), wobei Ozon wegen seiner erheblichen Toxidität nicht im Trinkwasser vorhanden sein darf.
Als Desinfektionsmittel für Wasserversorgungsunternehmen kommen vor allem Chlorgas, Natriumhypochlorit, Calciumhypochlorit und Chlordioxid in Frage. Diese Mittel werden seit Jahrzehnten eingesetzt und sind schon in geringsten Mengen wirksam. Tabelle 12 zeigt eine Zusammenstellung dieser Desinfektionsmittel nach ihrem Aggregatzustand, der Handels- und der Anwendungsform.
Voraussetzung für den Erfolg der Desinfektion mit Chlor und den Chlorverbindungen ist wie bei allen anderen Desinfektionsverfahren ein weitgehend trübstofffreies Wasser. Durch Chlor können frei suspendierte Mikroorganismen einschließlich

viraler und bakterieller Krankheitserreger abgetötet werden. In Oberflächenwässern, oberflächennahen Quellwässern sowie in Kluft- und Karstwässern liegen fäkale Verunreinigungen in der Regel in Form von Aggregaten bzw. eingebunden in Partikeln vor, die die Krankheitserreger in großen Mengen enthalten können. Hierin sind die Krankheitserreger vor Einwirkung des Desinfektionsmittels, selbst bei sehr hohen Konzentrationen, geschützt. In diesen Fällen ist eine mechanische Beseitigung der Partikel bzw. Aggregate durch eine vorhergehende Aufbereitung des Wassers notwendig.

Tabelle 12: Desinfektionsmittel für Trinkwasser

Desinfektionsmittel	**chem. Formel**	**Aggregatzustand**	**Handelsform/Anwendungsform**
Chlorgas	Cl_2	gasförmig	verflüssigt in Stahlflaschen 50 kg, 65 kg oder Stahlfässer mit 500 kg und 1000 kg Inhalt. Lieferbedingungen nach DIN EN 937: $\geq$ 99,5 % Cl_2, max. 20 mg/kg H_2O, Zugabe in Form wässriger Lösungen z. B. 0,3–3,5 g/l Cl_2
			hergestellt am Ort der Verwendung durch Elektrolyse von Salzsäure (HCl)
Natriumhypochlorit	NaOCl	flüssig, als wässrige Lösung	handelsübliche Lösung mit 150 bis 170 g/l wirksamem Chlor, enthält Natronlauge und Soda und ist daher stark alkalisch, pH-Wert 11,5 bis 12,5, Lieferbedingungen nach DIN EN 901, enthält als Nebenbestandteile ca. 140 g/l Natriumchlorid, (NaCl) und ca. 5 g/l Natriumchlorat ($NaClO_3$), ist schlecht lagerfähig, zersetzt sich
			wird am Ort der Verwendung durch Elektrolyse von Natriumchlorid-(Salz)-Lösung hergestellt. Konzentration der Lösung je nach Elektrolyseverfahren 8 bis 35 g/l wirksames Chlor. Die aus Salzsole hergestellte Hypochlorit-Lösung hat einen pH-Wert von 9 bis 10
Calciumhypochlorit	$Ca(OCl)_2$	fest	handelsüblich als Granulat oder Tabletten, Lieferbedingungen nach DIN EN 900, sollte mindestens 65 % Aktiv-Chlor enthalten, hat bis 7 % unlösliche Anteile und sollte mindestens 5 bis 10 % H_2O enthalten, wird als 1 bis 5%ige Lösung eingesetzt, der pH-Wert der Lösung beträgt 10 bis 11
Chlordioxid	ClO_2	flüssig, als wässrige Lösung	wird am Ort der Verwendung aus Chlorgas und Natriumchlorit-Lösung oder aus Salzsäure und Natriumchlorit-Lösung hergestellt. Konzentration der bereiteten Lösung 2 bis 4 g/l ClO_2

Die Desinfektionswirkung des freien Chlors beruht in erster Linie auf der hypochlorigen Säure. Hypochlorige Säure zerfällt (dissoziiert) jedoch mit steigendem pH-Wert. Daher ist die Wirkung vom pH-Wert des zu desinfizierenden Wassers abhängig. Die Desinfektionswirkung nimmt mit steigendem pH-Wert stark ab und ist bei einem pH-Wert über 8,5 praktisch nicht mehr vorhanden. Die drei nachfolgenden Reaktionsgleichungen zeigen die Hydrolyse von Chlorgas, Natriumhypochlorit und Calciumhypochlorit, also für ein gasförmiges, flüssiges und festes Chlorungsmittel:

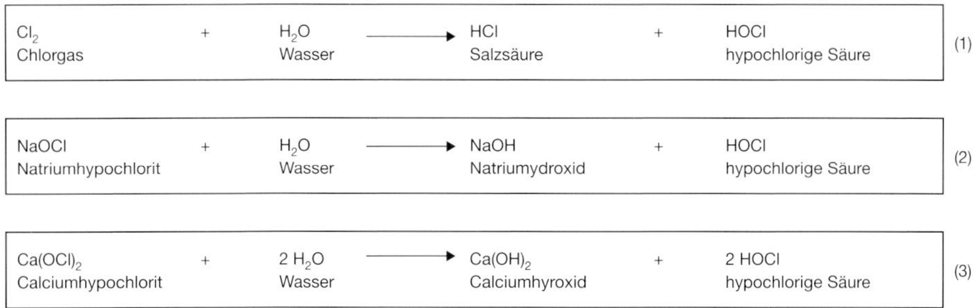

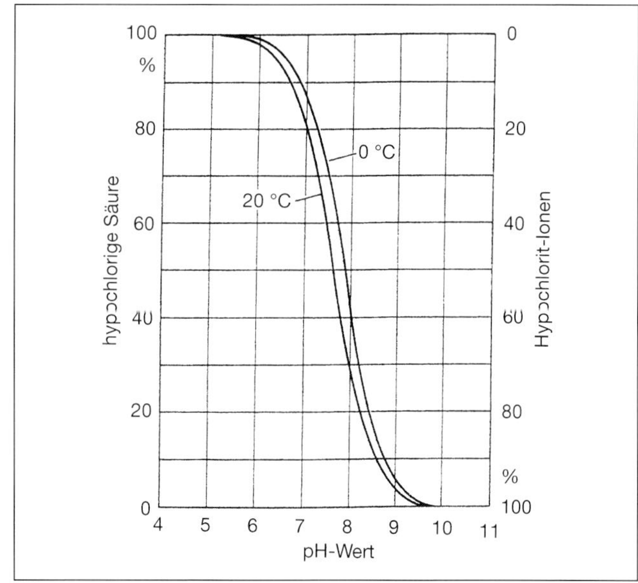

Abb. 65: Anteile an hypochloriger Säure und Hypochlorit-Ionen in Abhängigkeit vom pH-Wert und von der Temperatur

Um die Wirkungsweise des Chlors als Desinfektionsmittel zu verstehen, ist es notwendig, die chemischen Reaktionen, die bei der Chlorung des Trinkwassers ablaufen, zu kennen. Hier ist als erstes die „Hydrolyse des Chlors" zu erwähnen. Unter „Hydrolyse des Chlors" versteht man die Reaktion des Chlors mit Wasser. Löst man

z. B. Chlorgas in Wasser auf, so reagiert das Chlor mit dem Wasser und es bildet sich hypochlorige Säure und Salzsäure. Alle anderen Desinfektionsmittel, die auf Chlorbasis beruhen, setzen sich ebenfalls mit dem Wasser um und bilden gleichfalls hypochlorige Säure. In jedem Fall entsteht die hypochlorige Säure, die als eigentliche Wirksubstanz für die Desinfektion zur Verfügung stehen muss. Alle drei Reaktionen sind Gleichgewichtsreaktionen, die vom pH-Wert und der Temperatur des Wassers abhängig sind. Während die Salzsäure, das Natriumhydroxid und das Calciumhydroxid dissoziieren, bleibt die hypochlorige Säure im sauren bis neutralen Bereich undissoziiert. Erst mit steigendem pH-Wert zerfällt sie in H^+- und OCl^--Ionen.
Die Dissoziation der hypochlorigen Säure in Abhängigkeit vom pH-Wert ist auf Abb. 65 dargestellt.
Die Abbildung zeigt den Anteil an hypochloriger Säure und Hypochlorit-Ionen in Wasser von 0 °C und 20 °C bei verschiedenen pH-Werten.
Weitere Fakten, die neben dem pH-Wert die Wirkung des Chlors bei der Desinfektion beeinflussen, sind die Temperatur, der Gehalt an freiem Chlor (Chlorüberschuss), die Einwirkungszeit, der Verschmutzungsgrad und die Verkeimung des Wassers. In der Regel ist eine Reaktionszeit von 20 bis 30 Minuten für eine einwandfreie Desinfektion erforderlich.
In ammoniumhaltigen Wässern reagiert die hypochlorige Säure unter Bildung von Chloraminen (gebundenes Chlor). Dabei wird das Chlor zunächst für die Oxidation der Ammonium-Ionen verbraucht. Je nach vorliegendem Mengenverhältnis Ammonium zu Chlor und dem im Wasser vorliegenden pH-Wert können Monochloramin und Dichloramin entstehen. Das Trichloramin kommt im Wasser so gut wie nie vor. Im Folgenden sind die einzelnen Reaktionen, die bei der Chloraminbildung ablaufen, aufgeführt:

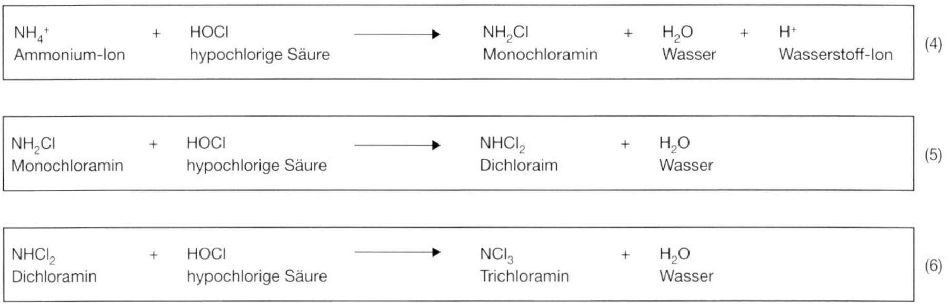

Befindet sich Ammonium im zu desinfizierenden Wasser, nach der Trinkwasserverordnung darf Trinkwasser bis zu 0,5 mg/l Ammonium enthalten, muss die Chlordosis entsprechend erhöht werden, um freies Chlor für die Desinfektion zur Verfügung zu haben.

Das Chlor reagiert mit den Chloraminen unter Bildung von Nitrat oder Stickstoff und Chlorid. Die folgenden Reaktionsgleichungen zeigen diesen Vorgang.

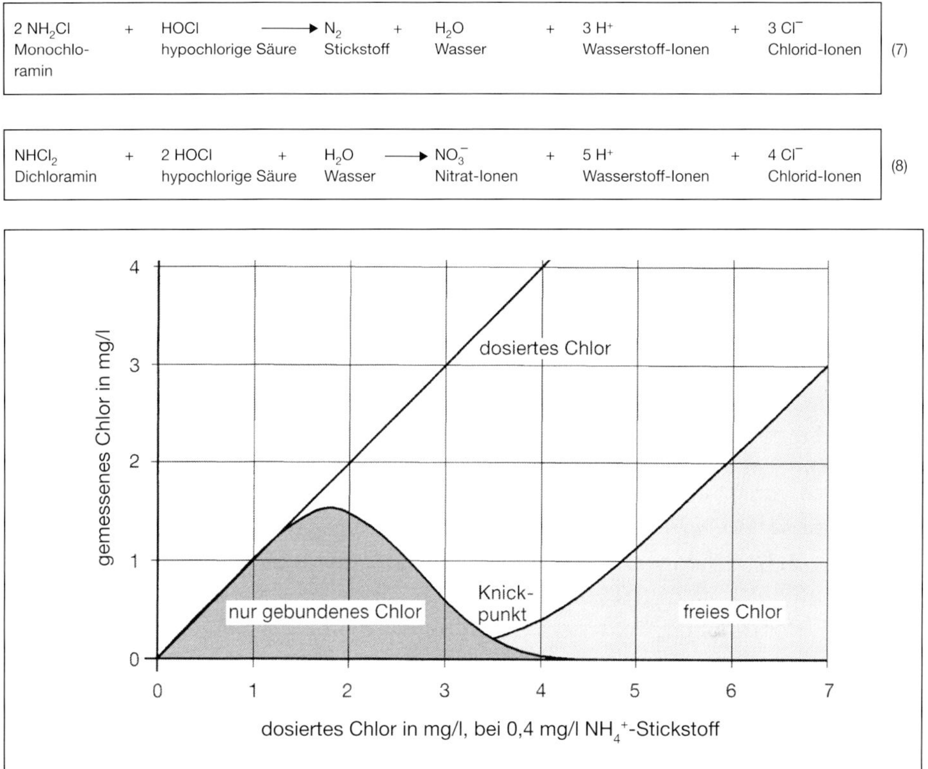

$$2\,NH_2Cl + HOCl \longrightarrow N_2 + H_2O + 3\,H^+ + 3\,Cl^- \quad (7)$$

2 NH_2Cl Monochloramin + HOCl hypochlorige Säure → N_2 Stickstoff + H_2O Wasser + 3 H^+ Wasserstoff-Ionen + 3 Cl^- Chlorid-Ionen (7)

$$NHCl_2 + 2\,HOCl + H_2O \longrightarrow NO_3^- + 5\,H^+ + 4\,Cl^- \quad (8)$$

$NHCl_2$ Dichloramin + 2 HOCl hypochlorige Säure + H_2O Wasser → NO_3^- Nitrat-Ionen + 5 H^+ Wasserstoff-Ionen + 4 Cl^- Chlorid-Ionen (8)

Abb. 66: Knickpunktchlorung: Enthält ein Wasser Ammonium (NH_4^+), muss die Chlordosierung entsprechend erhöht werden, bis freies Chlor für die Desinfektion zur Verfügung steht. Erst nach vollständiger Oxidation der Chloramine (gebundenes Chlor), nach Erreichen des sogenannten Knickpunktes, ist bei weiterer Chlorzugabe freies Chlor nachzuweisen

Erst nach vollständiger Oxidation der Chloramine, nach Erreichen des sogenannten Knickpunktes, ist bei weiterer Chlorzugabe freies Chlor nachzuweisen (siehe Abb. 66). Chloramine können zu geschmacklichen und geruchlichen Beeinträchtigungen des Wassers führen. In solchen Fällen ist der Ammoniumgehalt des Rohwassers zu vermindern (z. B. durch Belüftung bei gleichzeitiger pH-Wert-Anhebung) oder man wählt in solchen Fällen ein anderes Desinfektionsverfahren, z. B. den Einsatz von Chlordioxid. In vielen Ländern wird auch heute noch bewusst Chloramin im Trinkwasser erzeugt durch die Zugabe von Ammoniak-Gas und Chlor. Dieses Verfahren zur Desinfektion von Trinkwasser wird als „Chloramin-Verfahren“ bezeichnet und verhindert weitgehend die Bildung von Trihalogenmethanen. In Deutschland wird das Chloramin-Verfahren nicht mehr angewandt.

5.3 Desinfektion durch Abkochen

Die thermische Desinfektion von mikrobiologisch verunreinigtem Trinkwasser ist unter seuchenhygienischen Gesichtspunkten die schnellste, einfachste und effektivste Methode im Notfall. Das Abkochen gilt als Sofortmaßnahme und wird meist benutzt, bis eine ständige Desinfektion z. B. auf Chlorbasis eingerichtet ist.
Bereits bei Temperaturen zwischen 60 und 80 °C werden die Krankheitserreger, die durch Trinkwasser übertragen werden können, abgetötet. Es ist jedoch eine Mindesteinwirkzeit von einigen Minuten einzustellen. Um eine zuverlässige Abtötung eventueller Krankheitserreger zu erreichen, ist eine Abkochdauer durch längeres Erhitzen am Siedepunkt des Wassers unter Berücksichtigung des Luftdruckes von ca. 3 Minuten erforderlich: 100 °C bei 1000 hPa[1)]. Je 300 Höhenmeter nimmt der Siedepunkt von Wasser um etwa 1 °C ab. Eine Siedetemperatur von 85 °C wird daher auch noch in 4500 Metern über den Meeresspiegel erreicht.
Die Nachteile des Abkochens gegenüber den anderen Desinfektionsverfahren sind der hohe Energieaufwand und die Verbrühungsgefahr. Aus diesen Gründen wird das Abkochen immer nur auf kleine Wassermengen, die zum Trinken und Zubereiten von Speisen benötigt werden, beschränkt bleiben.
Abkochgebote – von den Gesundheitsbehörden angeordnet – sollten möglichst vermieden werden. Dazu kann ein zwischen den Wasserversorgungsunternehmen und dem Gesundheitsamt abgestimmter Maßnahmenplan gute Hilfe leisten. Solch ein Plan wird ohnehin in § 16 der Trinkwasserverordnung von 2001 gefordert.
Insbesondere bei Wasserversorgungsunternehmen, die das Trinkwasser ohne ständige Abschlussdesinfektion ins Netz abgeben, ist dieser Maßnahmeplan von entscheidender Bedeutung und muss einen festen Platz in der mikrobiologischen Überwachungsstrategie einnehmen. Eine Notfalldesinfektion muss auch bei diesen Wasserversorgungsunternehmen kurzfristig möglich sein.
Grundsätzlich muss ein solcher Maßnahmenplan mindestens die folgenden Schritte umfassen: Zugabe von Desinfektionsmittel (bei Desinfektion mit Mitteln auf Chlorbasis muss vorher bekannt sein, welche Dosierung erforderlich ist), Anzeige beim zuständigen Gesundheitsamt, Ursachenforschung, Durchführung weiterer Maßnahmen nach Absprache mit dem Gesundheitsamt, entsprechende Informationen für Verbraucher und Nutzer.

[1)] aus: Bundesgesundheitsbl. – Gesundheitsforsch. – Gesundheitsschutz 2003 46, S. 72–95

6 Chlorungs- und Oxidationsmittel

6.1 Chlorgas

Chlor ist bei normaler Temperatur und normalem Druck ein gelbgrünes, giftiges, stechend riechendes Gas. Es ist 2,5-mal so schwer wie Luft, sinkt daher rasch zu Boden und kann sich in Vertiefungen ansammeln. Chlorgas kann man an seinem Geruch und seiner starken Reizwirkung auf Augen und Atmungsorgane sowie bei hoher Konzentration an seiner gelbgrünen Farbe erkennen. Die wichtigsten physikalischen Eigenschaften sind in Tabelle 13 zusammengestellt.

Tabelle 13: Physikalische Eigenschaften des Chlors

Formel:	Cl_2
Molekülmasse:	70,9
Farbe:	gelbgrün
Dichte (gasförmig):	3,214 g/l (0 °C, 1 bar)
Dichte (gasförmig) bezogen auf Luft:	2,491 (Luft = 1) g/l
Dichte flüssig:	1,57 g/cm^3 (bei –34,05 °C)
Volumen von 1 kg Chlor bei 1 bar:	0,311 m^3
Siedepunkt:	–34,05 °C (1 bar)
Schmelzpunkt:	–100,98 °C
Verdampfungswärme:	269 kJ/kg (bei 0 °C)
Wärmeleitfähigkeit von flüssigem Chlor:	2,2135 kJ/m^2 · h (bei 30 °C)

Chlorgas wird durch Druck und Abkühlung in eine orangegelbe Flüssigkeit umgewandelt. Um Chlor zu verflüssigen, muss z. B. bei einem Druck von 5–6 bar Überdruck die entsprechende Temperatur 15 °C bis 20 °C betragen. Unter diesen Bedingungen ist das Chlor in den handelsüblichen Stahlflaschen und Stahlfässern abgefüllt. Es befindet sich in diesen Behältern in gasförmigem und flüssigem Zustand nebeneinander.

Der Druck des gasförmigen Chlores, das sich in den Chlorgasbehältern oberhalb des flüssigen Chlores befindet, ist stark temperaturabhängig.

Erhöhte Wärmeeinwirkung hat eine erhöhte Vergasung des flüssigen Chlors und somit ein Ansteigen des Druckes zur Folge. Steigt z. B. die Temperatur von 20 °C auf 50 °C, so erhöht sich der Druck im Chlorbehälter von 5,84 bar auf 13,56 bar Überdruck (Tabelle 14).

Die Abb. 67 zeigt die Chlor-Dampfkurve, in der die Abhängigkeit des Druckes im Chlorbehälter von der Temperatur dargestellt ist.

Tabelle 14: Druck, spezifisches Volumen und spezifisches Gewicht von Chlor in Abhängigkeit von der Temperatur

Temperatur °C	Überdruck bar	spez. Volumen Liter/kg	spez. Gewicht kg/Liter
–20	0,85	0,658	1,521
–10	1,67	0,669	1,494
0	2,75	0,682	1,467
+10	4,12	0,695	1,439
+20	5,84	0,709	1,410
+30	7,95	0,725	1,380
+40	10,51	0,742	1,349
+50	13,56	0,760	1,317
+60	17,16	0,780	1,282
+70	21,38	0,803	1,246
+100	38,23	0,896	1,116

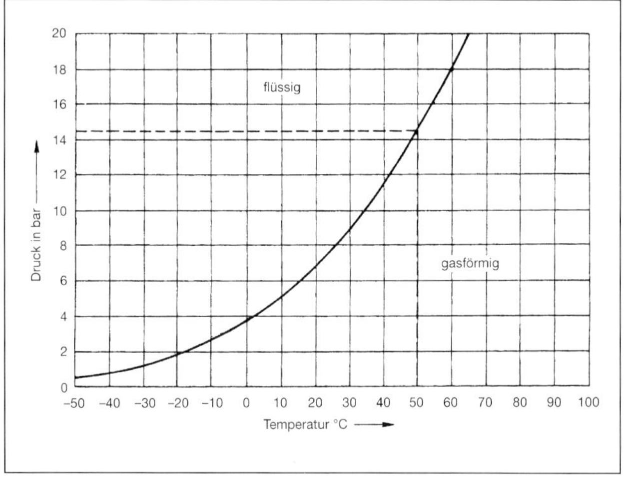

Abb. 67: Dampfdruckkurve von Chlor

Parallel zum Anstieg des Gasdruckes dehnt sich das flüssige Chlor aus. Flüssiges Chlor ist übrigens die Flüssigkeit mit dem größten Ausdehnungskoeffizienten, die wir kennen.

So nimmt z. B. 1 kg flüssiges Chlor bei 20 °C einen Raum von 0,709 l ein (spezifisches Volumen l/kg), während bei einer Temperatur von 50 °C bereits ein Volumen von 0,760 l/kg eingenommen wird. Flüssiges Chlor wird daher nach gesetzlicher Vorschrift entsprechend abgefüllt.

Für 1 kg Chlor wird ein Füllvolumen von 0,8 l eingesetzt. Daher sind die Chlorbehälter nur bis 80 % ihres Rauminhaltes gefüllt.
In der Tabelle 14 ist der Druck, das spezifische Volumen und das spezifische Gewicht des Chlors in Abhängigkeit von der Temperatur zusammengestellt. Danach würde es bedeuten, dass das flüssige Chlor bei einer Temperatur von 50 °C das Volumen der Chlorflaschen dann bis zu 95 % ausgefüllt hat. Bei 64 °C hat sich das Flüssigchlor soweit ausgedehnt, dass es den gesamten Behälterraum einnimmt. Beim Überschreiten dieser Temperatur platzt der Behälter unweigerlich auseinander. Die Temperatur des flüssigen Chlors in den Behältern darf deshalb auf keinen Fall 50 °C überschreiten.
Während trockenes, gasförmiges sowie flüssiges Chlor bei gewöhnlicher Temperatur mit Eisen nicht reagiert, wird ab einer Temperatur von 100 °C Eisen und Stahl angegriffen. Bei weiterem Temperaturanstieg nimmt der Angriff stark zu und führt schließlich zu einer vollständigen Zerstörung der Behälterwände, Druckleitungen usw.
Chlorgas kann auch am Ort der Verwendung durch Elektrolyse von Salzsäure hergestellt werden.
Chlorgas ist in Wasser gut löslich. Die maximal erreichbare Löslichkeit hängt von der Temperatur des Wassers und vom Druck des Chlorgases ab. Die Löslichkeit von Chlorgas im Wasser in Abhängigkeit von der Temperatur zeigt Abb. 68.

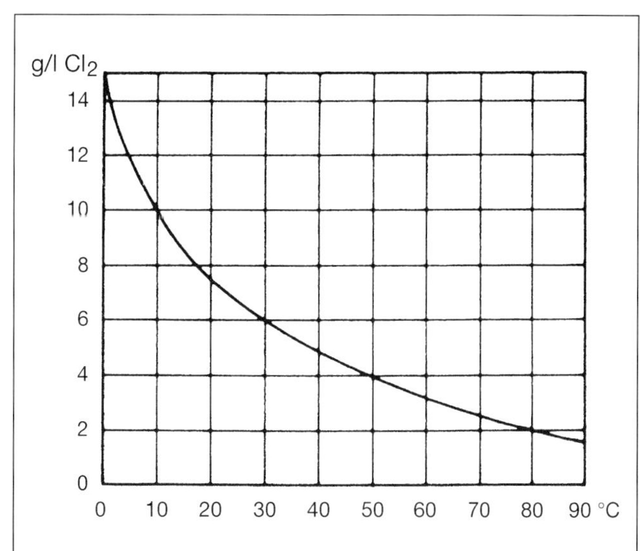

Abb. 68:
Löslichkeit von Chlorgas in Wasser in Abhängigkeit von der Temperatur, Chlorgasdruck 1 bar

6.2 Natriumhypochlorit

Natriumhypochlorit-Lösung ist auch unter den veralteten Bezeichnungen Chlorlauge, Chlorbleichlauge, Natronbleichlauge oder Javelwasser im Handel. In der Trinkwasserversorgung wird die Natriumhypochlorit-Lösung zwar nicht häufig verwendet, kommt aber oft bei Hilfs- oder Notchlorungen zum Einsatz.
Durch Elektrolyse von Natriumchlorid-(Kochsalz)-Lösung wird Natriumhypochlorit am Ort der Verwendung in den Konzentrationen von 8–35 g/l wirksamen Chlors (Aktivchlor) hergestellt. Als *wirksames Chlor* (Oxidationswert ausgedrückt als Cl_2) bezeichnet man diejenige Menge an Chlor, die beim Versetzen der Natriumhypochlorit-Lösung mit einem Überschuss an Säure freigesetzt wird.
Die handelsübliche Natriumhypochlorit-Lösung nach DIN EN 901 ist eine gelbgrüne, nach Chlor riechende, klare Flüssigkeit. Sie wirkt ätzend und ist giftig.
Natriumhypochlorit, chemische Formel: NaOCl, enthält als Lösung 150–170 g/l wirksames Chlor. Als Verkaufsgarantie wird der Wert von 170 g/l wirksames Chlor angegeben, was bei einem spezifischen Gewicht von ca. 1,25 g/cm^3 (20 °C) einer Konzentration von 15 Gew.-% entspricht.
Eine Natriumhypochlorit-Lösung enthält außerdem noch 1–5 g Natriumhydroxid (NaOH) und 3–8 g Natriumcarbonat (Na_2CO_3) pro Liter. Dadurch liegt der pH-Wert der Lösung im alkalischen Bereich. Der pH-Wert der handelsüblichen Lösung liegt bei pH 11. Weiterhin sind in der Natriumhypochlorit-Lösung Natriumchlorid (NaCl), Natriumchlorat ($NaClO_3$) und Bromat (BrO_3^-) enthalten.
Nach DIN EN 901, Tab. 1: Typ 1, liegt der Grenzwert für Verunreinigungen mit Chlorat $< 5{,}4$ % des Aktivchlors. Natriumhypochlorit-Lösungen können herstellungsbedingt mit Bromat in Konzentrationen von mehr als 1000 mg/l verunreinigt sein und stellen somit eine bisher unerwartete Quelle für eine Bromatkontamination dar. Eine Minimierung der Bromatkonzentration in Natriumhypochlorit-Lösungen könnte durch verstärkte Reinheitsanforderungen in Bezug auf den Bromidgehalt der Salze sein, die für die Chlor-Elektrolyse eingesetzt werden. Es gibt Salze für die Elektrolyse, die je nach Herkunft mehr oder weniger Bromide enthalten.
In der alkalischen Natriumhypochlorit-Lösung liegt das Chlor fast ausschließlich als Hypochlorit-Ion (OCl^-) vor, das relativ wenig zur Desinfektion beiträgt. Durch die pH-Wert-Absenkung auf Werte von 7–8, welche die Natriumhypochlorit-Lösung bei der Dosierung ins Trinkwasser erfährt, entsteht daraus die hypochlorige Säure (HOCl), die ein gutes Desinfektions- und Oxidationsmittel ist.
In der folgenden Reaktionsgleichung 9 ist dieser Vorgang dargestellt:

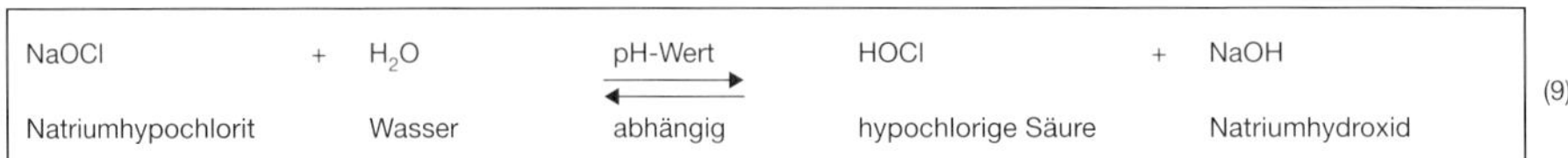

(9)

Diese Reaktion läuft nur bei der äußerst geringen Zugabe von Natriumhypochlorit-Lösung ab und ist stark vom pH-Wert des Wassers abhängig.
Die Wirkung des Natriumhypochlorits als Desinfektionsmittel beruht daher nur auf der pH-Wert-Verschiebung, die bei der Zugabe der Lösung zum Wasser erfolgt.
Natriumhypochlorit-Lösung ist nur begrenzt haltbar. Sie zersetzt sich allmählich, wobei der Gehalt an „wirksamem Chlor“ abnimmt. Die Zersetzung wird begünstigt durch die Einwirkung von Licht und Wärme und durch Verunreinigungen, z. B. durch Schwermetallspuren. Der Verlust an wirksamem Chlor tritt bei einer Natriumhypochlorit-Lösung nicht in Form von ausgasendem Chlor in Erscheinung, sondern es entstehen neue chemische Verbindungen in der Lösung, nämlich Natriumchlorat, Natriumchlorid und Sauerstoff.
Die folgende chemische Reaktionsgleichung 10 zeigt, dass die instabile Verbindung Natriumhypochlorit das Bestreben hat, sich in die stabileren Verbindungen Natriumchlorat und Natriumchlorid umzulagern.

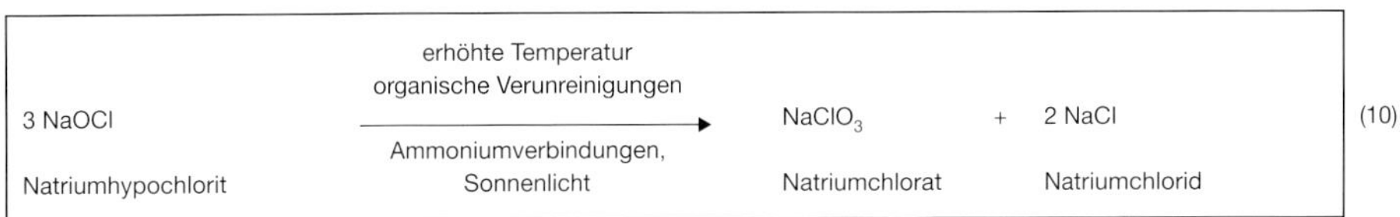

(10)

Die Umlagerung des Natriumhypochlorits in Natriumchlorat und Natriumchlorid tritt bevorzugt bei erhöhter Temperatur auf, bei direkter Sonneneinstrahlung und bei Anwesenheit von Ammoniumsalzen und organischen Stoffen in der Lösung.
Die Temperatur spielt dabei die wesentlichste Rolle. So muss etwa mit Verlusten an wirksamem Chlor gerechnet werden, wie in Tabelle 15 angegeben. Die Werte beziehen sich auf eine frische, 170 g/l wirksames Chlor enthaltende Natriumhypochlorit-Lösung.
Auf Abb. 69 ist die Abnahme des Gehalts an wirksamem Chlor in Abhängigkeit von zwei verschiedenen Lagertemperaturen grafisch dargestellt. Auch hier erkennt man den großen Einfluss der Temperatur bei der Abnahme des wirksamen Chlors während der Lagerung.
Als Richtwert kann bei der Lagerung von handelsüblicher Natriumhypochlorit-Lösung bei Temperaturen von 15–20° C mit einem Verlust an wirksamem Chlor von ca. 1 g/l/Tag gerechnet werden.
Der Verlust an wirksamem Chlor hängt allerdings auch von der Konzentration der Lösung ab. Er ist am stärksten bei konzentrierten Lösungen und nimmt mit fallender Konzentration ab. Die Bildung des Natriumchlorats und damit der Verlust an wirksamem Chlor ist somit auch vom pH-Wert der Lösung abhängig.
Natriumhypochlorit-Lösungen reagieren weiterhin sehr empfindlich auf Spuren von Schwermetallen. So bewirken z. B. geringste Spuren von Kupfer, Nickel, Kobalt

oder Eisen eine Zersetzung des Natriumhypochlorits unter Abgabe von gasförmigem Sauerstoff. In der folgenden Reaktionsgleichung 11 ist die Zersetzung dargestellt:

$$2\,NaOCl \xrightarrow[\text{Sonnenlicht}]{\text{Spuren Schwermetalle}} 2\,NaCl + O_2 \qquad (11)$$

Natriumhypochlorit — Natriumchlorid — Sauerstoff

Aus dem Natriumhypochlorit entsteht Natriumchlorid und Sauerstoff, der aus der Lösung ausgast. Zeigt sich in der Praxis, dass eine Natriumhypochlorit-Lösung Gasblasen in stärkerem Maße entwickelt, so liegt wahrscheinlich eine Verunreinigung der Lösung mit Schwermetallspuren vor.

Tabelle 15: Verlust an wirksamem Chlor einer Natriumhypochlorit-Lösung in Abhängigkeit von der Temperatur

Temperatur der Natriumhypochlorit-Lösung in °C	**täglicher Verlust in g wirksames Chlor pro Liter**
15°	0,4
20°	1,1
25°	2,0
30°	2,2
35°	5,6

Auch gegen Licht ist Natriumhypochlorit sehr empfindlich. Direktes Sonnenlicht kann bewirken, dass die Lösung innerhalb weniger Stunden 10–20 g Chlor pro Liter verliert. Hierbei treten sowohl die Natriumchlorat- als auch die Sauerstoffbildung auf.

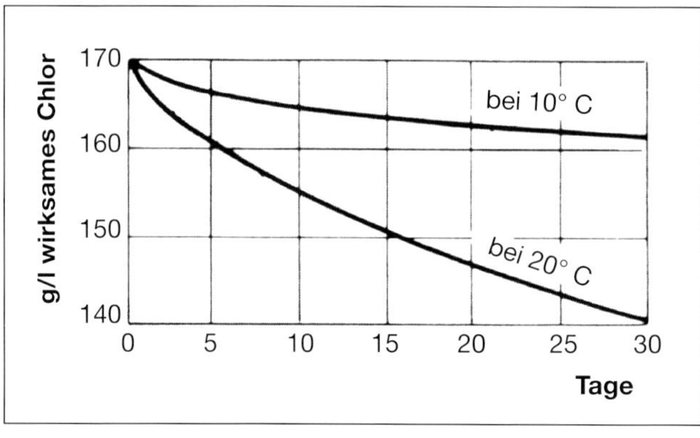

Abb. 69: Abnahme des Gehalts an wirksamem Chlor von handelsüblicher Natriumhypochlorit-Lösung in Abhängigkeit von der Lagertemperatur und -zeit

6.3 Calciumhypochlorit

Calciumhypochlorit, chemische Formel: $Ca(OCl)_2$ nach DIN EN 900, enthält je nach Produkt einen Massenanteil an Aktivchlor im Bereich 40–70 %. Es wird geliefert als weißes, rieselfähiges Granulat oder weiße Tabletten.
Die Schüttdichte beträgt etwa 0,8 g/cm³ bei Granulat und 1,9 g/cm³ bei Tabletten. Zur Stabilisierung des Chlors enthält Calciumhypochlorit etwa 2 % Calciumhydroxid ($Ca(OH)_2$).
Außerdem enthält es 10–11 % Natriumchlorid (NaCl) und daneben noch Calciumcarbonat ($CaCO_3$) und Calciumchlorid ($CaCl_2$).
Calciumhypochlorit sollte aus Sicherheitsgründen einen Wassergehalt von 5–10 % haben.
Die Löslichkeit von Calciumhypochlorit beträgt 180 g/l bei 25 °C. Löst man Calciumhypochlorit in Wasser auf, so bildet sich eine milchig-trübe Lösung. Dies wird einerseits durch die Unlöslichkeitsanteile des Produktes – Calciumhydroxid und Calciumcarbonat, die ca. 7 % betragen können – und andererseits durch Härteausfällung ($CaCO_3$) im Lösewasser verursacht.
In der Regel wird eine 1%ige Lösung verwendet, die monatelang ohne Abnahme des Gehaltes an „wirksamem Chlor" beständig ist. Stärkere Chlorlösungen bis zu 7 % sind nur noch begrenzt haltbar, wobei der Chlorgehalt der Lösung abnimmt.
Es sei an dieser Stelle noch erwähnt, dass man im Zusammenhang mit der Anwendung von Calciumhypochlorit die Bezeichnung Chlorkalk öfters gebraucht. Chlorkalk ist ein Doppelsalz, das aus Calciumhypochlorit und Calciumchlorid mit der Formel CaCl(ClO) besteht und auch Verwendung als Bleich- und Desinfektionsmittel findet. Für die Wasserdesinfektion wird es selten eingesetzt.

6.4 Chlordioxid

Chlordioxid, chemische Formel: ClO_2 nach DIN EN 12671, wird in der Wasseraufbereitung zur Desinfektion eingesetzt, wobei allerdings auch gleichzeitig Oxidationsvorgänge mit ablaufen.
Aufgrund der physikalischen und physikalisch-chemischen Eigenschaften wird Chlordioxid nur in Form von wässrigen Lösungen am Ort der Verwendung in besonderen Apparaturen bereitet.
Die physikalischen Eigenschaften von Chlordioxid sind in Tabelle 16 zusammengestellt.

Tabelle 16: Physikalische Eigenschaften des Chlordioxids

Formel:	ClO_2
Molekülmasse:	67,5
Farbe:	orangengelb; im Wasser gelöst: gelb
Dichte (gasförmig):	2,40 g/l (0 °C, 1 bar)
Dichte (gasförmig) bezogen auf Luft:	2,37 (Luft = 1) g/l
Explosionsgrenze in Luft:	300 g/m^3
Dichte flüssig:	1,64 g/cm^3 (20 °C)
Siedepunkt:	11 °C (1 bar)
Kristallisationspunkt:	–59 °C

Chlordioxid wird entweder aus Natriumchlorit ($NaClO_2$) und Chlor (Cl_2) als Aktivierungsmittel oder aus Natriumchlorit und Säure – vorzugsweise Salzsäure (HCl) – herstellt. Dabei laufen folgende Reaktionen ab:

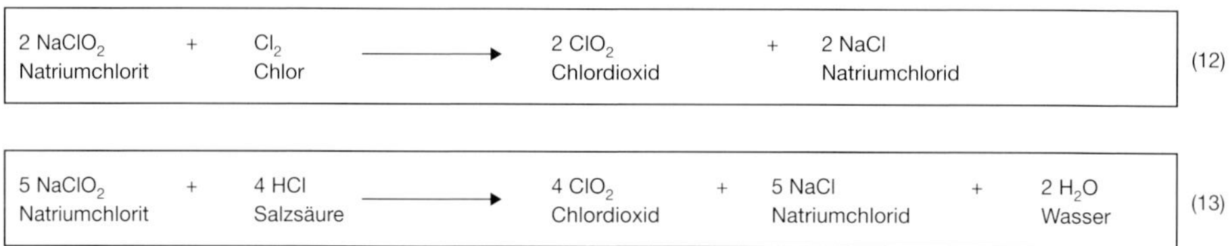

Die Reaktionen erfolgen unter kontrollierten Bedingungen, wobei die Konzentration der entstehenden Chlordioxid-Lösung mit eine wesentliche Rolle spielt. Mit der heutigen Technologie stellt man Chlordioxid-Lösungen im Reaktor einer Bereitungsanlage in Konzentrationen zwischen 6 und 20 g/l ClO_2 her.

Diese werden anschließend aus Sicherheitsgründen auf die Gebrauchskonzentration von 0,5–4 g/l ClO_2 verdünnt.

Eine alternative Herstellung von Chlordioxid kann mit oder ohne Apparaturen nach folgender Reaktion aus Natriumchlorit und Natriumperoxodisulfat (Chlorit-/Peroxo-Verfahren) erfolgen:

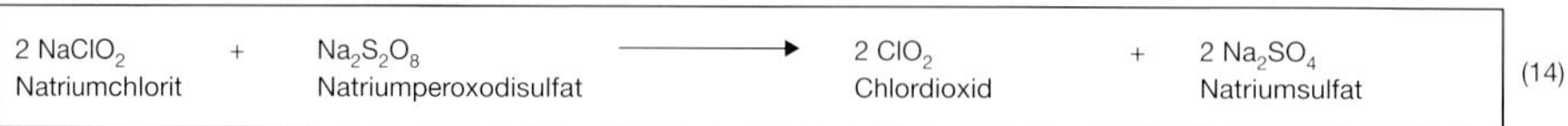

Gasförmiges Chlordioxid ist nicht stabil. Es zersetzt sich ab einer Konzentration von 300 g/m^3 (= 10 Vol.-%) explosionsartig in Chlor und Sauerstoff.

Chlordioxid-Konzentrationen in wässrigen Lösungen von mehr als 8 g/l sind als kritisch zu betrachten, da die Gefahr einer explosionsartigen Zersetzung des Chlordioxids im überstehenden Gasraum eintreten kann. Abb. 70 zeigt die Löslichkeit von Chlordioxid in Wasser in Abhängigkeit von der Temperatur sowie den Chlordioxidgehalt im Gasraum über der Lösung. Chlordioxid-Lösungen ab einer Konzentration von über 30 g/l sind explosiv. Aus diesen Gründen kann Chlordioxid in konzentrierter Form weder als Gas noch als konzentrierte wässrige Lösung gelagert und transportiert werden.

Bei der Desinfektion mit Chlordioxid wird die Bildung der unerwünschten Trihalogenmethane vermieden. Unangenehme Geruchs- und Geschmacksstoffe im Wasser, die z. B. von Phenolen, Algen oder deren Zersetzungsprodukten herrühren, werden von Chlordioxid oxidiert und in geruchs- und geschmacksneutrale Stoffe umgewandelt. Die Keimtötungsgeschwindigkeit von Chlordioxid ist nicht wie beim Chlor vom pH-Wert des Wassers abhängig.

Mit Ammonium oder Aminoverbindungen geht Chlordioxid keine Reaktion ein. Dies ist ein wesentlicher Unterschied im Vergleich zu Chlor, das mit Ammonium Chloramine bildet, die einen negativen Einfluss auf die Desinfektion und den Geschmack des behandelten Wassers haben. Chlordioxid ist im Wasser sehr beständig. Nach abgeschlossener Zehrung lässt sich ein Überschuss über längere Zeit aufrechterhalten, sodass auch bei ausgedehnten Rohrnetzen ein Überschuss gehalten werden kann und somit einer Wiederverkeimung des Wassers wirksam begegnet wird.

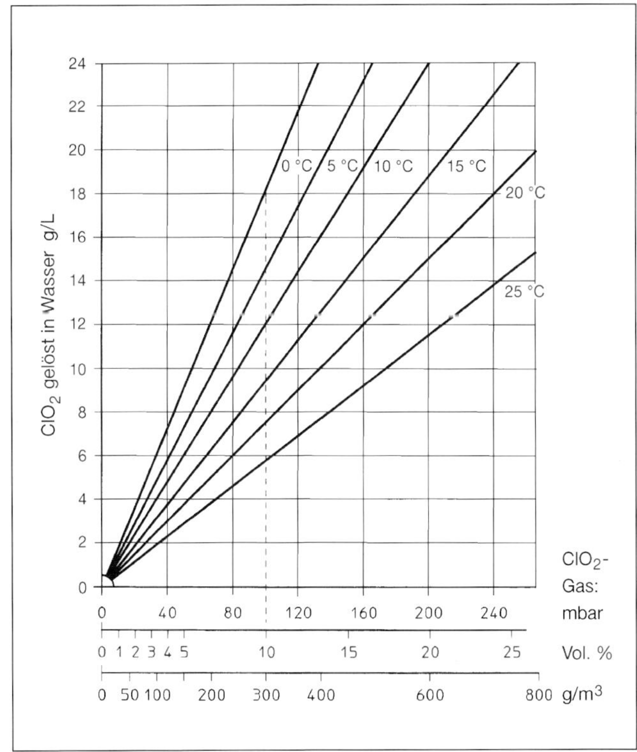

Abb. 70: Löslichkeit von Chlordioxid in Wasser in Abhängigkeit von der Temperatur und dem Chlordioxidgehalt im Gasraum über der Lösung in mbar, Vol.-% und g/m³, bei 300 g/m³ ClO_2 ≙ 10 Vol.-% ist die untere Explosionsgrenze erreicht

Chlordioxid kann Reaktionsnebenprodukte bilden, die jedoch unbedenklich sind, sofern die maximale Dosiermenge (0,4 mg/l ClO_2) eingehalten wird. Zu den häufigsten Reaktionsprodukten zählen Carbonsäuren, Aldehyde, Ketone und Chinone. Die Endprodukte des Chlordioxids selbst sind Chlorid, Chlorat und Chlorit. Die Praxis hat gezeigt, dass in Abhängigkeit von der Wasserqualität aus dem für die Desinfektion eingesetzten Chlordioxid ca. 50 % Chlorit entsteht.
In der Trinkwasserverordnung ist ein Höchstwert für Chlorit von 0,2 mg/l ClO_2^- nach Abschluss der Aufbereitung angegeben. Dieser kann eingehalten werden, wenn der Wert an TOC (gesamter organischer Kohlenstoff) im Wasser unter 2,5 mg/l liegt. Chlordioxid bietet in bestimmten Anwendungsfällen Vorteile gegenüber Chlor und Hypochloriten.
In Tabelle 17 ist ein Vergleich einiger Eigenschaften zwischen Chlor und Chlordioxid aufgestellt worden. Dies betrifft auch die Geruchsschwelle im behandelten Trinkwasser.

Tabelle 17: Vergleich einiger Eigenschaften und Grenzwerte von Chlor und Chlordioxid

Eigenschaften		Chlor	Chlordioxid
Löslichkeit in Wasser (10 °C, 1 bar)		10 g/l	ca. 30 g/l[2]
Hydrolyse, Dissoziation		HOCl, HCl H^+, ClO^-	keine, bleibt als Gas im Wasser gelöst
Geruchs- und Geschmacksschwelle in Wasser, Temperatur < 12 °C		0,05 mg/l	ab 0,15 mg/l
Dosiermenge[1]		1,2 mg/l	max 0,4 mg/l
Grenzwerte in Trinkwasser[1]		min. 0,1 mg/l max. 0,3 mg/l	min. 0,05 mg/l max. 0,2 mg/l
chemische Reaktionen mit Wasserinhaltsstoffen	Ammonium Aminoverbindungen	Chloramine	keine Reaktion
	Phenole	Chlorphenole	Oxidation
	Huminstoffe Kohlenwasserstoffe organische Substanzen	Chlorierung Trihalogenmethane Organochlor-verbindungen	Oxidation
	Eisen-II-, Mangan-II-	Oxidation	Oxidation
	pH-Wert-Abhängigkeit	mit steigendem pH-Wert abnehmende Desinfektionswirkung	im Bereich pH 6–9 gleichbleibende Desinfektionswirkung

[1] nach Trinkwasserverordnung, [2] aus Sicherheitsgründen max. 4 g/l ClO_2 durch Verdünnung

6.5 Natriumdichlorisocyanurat

Natriumdichlorisocyanurat, Summenformel: $NaCl_2(NCO)_3$ nach DIN EN 12931, ist ein Desinfektionsmittel für Notfälle: in Deutschland nur einsetzbar bei der Bundeswehr und für den zivilen Bedarf in Katastrophenfällen.
Natriumdichlorisocyanurat (auch als Chlorisocyanurat bezeichnet) hat einen Gehalt an wirksamem Chlor von 60–63 % und ist ein festes weißes Granulat mit Chlorgeruch. Es wird hauptsächlich in Form von Tabletten bevorratet. Als eine weitere Form des Natriumdichlorisocyanurats wird das Dihydrat nach DIN EN 12932 dieser Verbindung eingesetzt. Das Dihydrat des Natriumdichlorisocyanurats enthält zusätzlich zwei Moleküle Wasser ($NaCl_2(NCO)_3 \cdot 2\ H_2O$) und hat einen „wirksamen Chlorgehalt“ von etwa 56 %.
Beide Verbindungen sind in Wasser leicht löslich. Die Wasserlöslichkeit beträgt für das Natriumdichlorisocyanurat 250 g pro Liter Wasser bei 25 °C.
Der pH-Wert einer 1%igen wässrigen Lösung liegt bei pH 6–7. Die Wirkung des Natriumdichlorisocyanurats beruht darauf, dass diese Verbindung im Wasser durch Hydrolyse Natriumisocyanurat und hypochlorige Säure bildet:

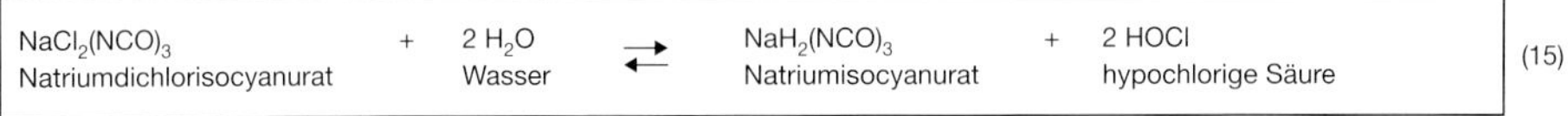

$$\underset{\text{Natriumdichlorisocyanurat}}{NaCl_2(NCO)_3} + \underset{\text{Wasser}}{2\ H_2O} \rightleftharpoons \underset{\text{Natriumisocyanurat}}{NaH_2(NCO)_3} + \underset{\text{hypochlorige Säure}}{2\ HOCl} \quad (15)$$

6.6 Ozon

Ozon, Formel: O_3, ist unter Normalbedingungen (1 bar, 0 °C) ein farbloses, stechend riechendes, äußerst giftiges Gas. In stärkeren Konzentrationen nimmt das Ozongas eine bläuliche Färbung an. Reines Ozon ist etwa 1,6-mal so schwer wie Luft. Die Konzentration des Ozongases, wie es mit den herkömmlichen Ozonanlagen erzeugt wird, beträgt 2–4 Vol.-% O_3. Die wichtigsten physikalischen Eigenschaften des Ozons sind in Tabelle 18 zusammengestellt.

Tabelle 18: Physikalische Eigenschaften des Ozons

Formel:	O_3
Molekülmasse:	47,98
Farbe:	bläulich
Geruch:	stechend
Dichte (gasförmig):	2,140 g/l (0 °C, 1 bar)
Dichte (gasförmig) bezogen auf Luft:	1,655 (Luft = 1) g/l
Siedepunkt:	–110,5 °C (1 bar)
Schmelzpunkt:	–251,4 °C

Ozon besteht aus drei Sauerstoffatomen (O_3) und zerfällt bei Raumtemperatur sehr leicht wieder in molekularen Sauerstoff (O_2). Der dabei als Zwischenstufe entstehende atomare Sauerstoff ist sehr reaktionsfreudig und verleiht dem Ozon die große Oxidationswirkung.

Ozon tötet Bakterien und inaktiviert Viren wesentlich schneller als Chlor. Es müssen jedoch auch hier zur sicheren Abtötung der Keime bzw. zur Vireninaktivierung bestimmte Mindestüberschüsse an Ozon im Wasser vorliegen und eine Mindesteinwirkungszeit eingehalten werden.

Organische Belastungsstoffe im Wasser werden durch Ozon abgebaut und eine Verminderung der Oxidierbarkeit bzw. des DOC-Gehaltes wird herbeigeführt.

Die Löslichkeit des Ozons im Wasser ist sehr gering und hängt stark vom Druck und der Temperatur ab. In der Literatur werden voneinander abweichende Angaben zur Löslichkeit des Ozons im Wasser gemacht.

Geht man von reinem Ozongas mit einem Druck von 1 bar aus, so kann in etwa eine theoretische Löslichkeit bei 10 °C von 1,11 g O_3, bei 20 °C von 0,79 g O_3 und bei 30 °C von 0,49 g O_3 pro Liter Wasser angenommen werden.

Die angegebenen Konzentrationen werden in der Praxis jedoch nie erreicht, da die Löslichkeit von Ozon in Wasser proportional vom Partialdruck in der Gasphase ist (ideales Gas, Gesetz von Henry Dalton).

Da der Gehalt an Ozon in der Gasphase nur 2 bis 4 Vol.-% O_3 beträgt und der Rest aus Luft oder Sauerstoff besteht, liegt auch ein niedriger Partialdruck des Ozons vor. Dieser niedrige Partialdruck und die hohen Ballastmengen an Luft bzw. Sauerstoff, die beide ebenfalls nur sehr schlecht in Wasser löslich sind, erschweren das Einbringen von Ozon ins Wasser. Durch die bei der Ozonung üblicherweise eingesetzten spezifischen Ozondosen, 1–2 g Ozon pro g gelöstem organischen Kohlenstoff (DOC), führt die Oxidationsreaktion mit organischen Stoffen nicht zur vollständigen Mineralisierung (CO_2 und H_2O).

Typische Oxidationsprodukte sind z. B. Aldehyde, Ketone und Carbonsäuren. Die Ozonung kann zur Enteisenung und Entmanganung eingesetzt werden, da Ozon die zweiwertigen Metallionen leicht oxidiert. Für die Enteisenung und Entmanganung ist Ozon dann besonders vorteilhaft einzusetzen, wenn die Metalle an organischen Inhaltsstoffen komplex gebunden vorliegen, da Ozon gleichzeitig eine Zerstörung der Komplexe bewirkt.

Dreiwertiges Arsen wird schnell zu fünfwertigem Arsen oxidiert. Im Gegensatz zum Oxidationsmittel Chlor reagiert Ozon unter den Bedingungen der Wasseraufbereitung weder mit Ammonium noch mit Ammoniak. Nitrit wird durch Ozon zum Nitrat, Schwefelwasserstoff bis zum Sulfat oxidiert.

Bromide werden von Ozon zu Bromat oxidiert, das wegen seiner potenziell kanzerogenen Wirkung seit 01.01.2008 einen Grenzwert nach der Trinkwasserverordnung von 0,01 mg/l Trinkwasser hat.

Eine Begrenzung der Bromatbildung ist durch Optimieren der Ozonungsbedingungen (Absenkung des pH-Wertes, Ozonkonzentration, Reaktionszeit) möglich.

6.7 Wasserstoffperoxid

Wasserstoffperoxid, chemische Formel: H_2O_2, ist in der Liste der Aufbereitungsstoffe gemäß § 11 Trinkwasserverordnung nur als Stoff für die Oxidation aufgeführt, nicht für die Desinfektion.
Die Reinheitsanforderungen sind in DIN EN 902 festgelegt. Die zulässige Zugabe zum Wasser beträgt 17 mg/l H_2O_2, die Höchstkonzentration nach Abschluss der Aufbereitung 0,1 mg/l H_2O_2.
In der Trinkwasserversorgung wird Wasserstoffperoxid hauptsächlich für die Oberflächendesinfektion von Armaturen, Schiebern und anderen Anlagenteilen sowie für die Rohrleitungsdesinfektion eingesetzt. Für die Entchlorung kann Wasserstoffperoxid ebenfalls verwendet werden. Geliefert wird Wasserstoffperoxid als wässrige Lösungen in den Konzentrationen von 5–35 % und darüber. Lösungen mit Konzentrationen über 20 % verursachen Verätzungen und sind brandfördernd. In Konzentrationen zwischen 5 und 20 % reizt Wasserstoffperoxid Haut und Augen.
Wasserstoffperoxid zerfällt zu Wasser und Sauerstoff. Selbst bei dunkler und kühler Lagerung findet ein langsamer Zerfall statt. Licht, Wärme und Staub beschleunigen den Zerfall erheblich. Bei konzentrierten Lösungen kann es zu Explosionen kommen. Daher muss jede Verunreinigung sorgfältig vermieden werden. Lösungen mit Konzentrationen von 35 % und darüber dürfen nur mit deionisiertem oder destilliertem Wasser verdünnt werden. Die Wirksamkeit ist bis zu pH-Werten von pH 8 weitgehend unabhängig von der Wasserstoffionenkonzentration; sie lässt aber bei höheren pH-Werten schnell nach. Suspendierte Feststoffe, z. B. Eisenhydroxid, katalysieren den Selbstzerfall des Wasserstoffperoxids. Als Dosierlösungen werden Lösungen mit 15–50 g/l eingesetzt, die nicht als Gefahrstoff gelten.
Wegen der raschen Zersetzung ist die Entsorgung über die Kanalisation (Abwasser) unproblematisch; in offenen Gewässern (Oberflächengewässer) sind Konzentrationen bis 10 mg/l unschädlich.

6.8 Kaliumpermanganat

Kaliumpermanganat, chemische Formel: $KMnO_4$, wird wegen seiner oxidativen und algiziden Wirkung für die Aufbereitung von Wasser zu Trinkwasser verwendet. Für die Desinfektion von Wasserversorgungsanlagen werden die bakteriziden Eigenschaften genutzt.

Nach der Trinkwasserverordnung ist Kaliumpermanganat zur Oxidation von Wasserinhaltsstoffen zugelassen, dagegen nicht zur Desinfektion des Wassers.
Die maximal zulässige Dosiermenge beträgt 10 mg/l $KMnO_4$. Die Reinheitsanforderungen sind in der DIN EN 12672 festgelegt.
Kaliumpermanganat wird in Form von dunkelvioletten, prismaähnlichen Kristallen geliefert. Die Schüttdichte beträgt 1,45–1,60 g/cm^3. In gut verschlossenen Metallbehältern ist Kaliumpermanganat praktisch unbegrenzt haltbar und lagerfähig.
Kaliumpermanganat mit einem Gehalt von mindestens 97 % $KMnO_4$ enthält geringe Zusätze von Silikaten und eignet sich besonders für die Trockengutdosierung. In wässriger Lösung wird es schnell, insbesondere durch Licht- und Wärmeeinfluss, zu Mangandioxid (Braunstein) reduziert. Die Löslichkeit in Wasser ist stark temperaturabhängig (siehe Tabelle 19).

Tabelle 19: Löslichkeit von Kaliumpermanganat in Wasser

Temperatur °C	$KMnO_4$ g/l
10	44
15	53
20	63
30	91
65	250

Im Wasserwerk werden Lösungen mit Massenanteilen von etwa 1 % eingesetzt, die zur Dosierung im Bedarfsfalle weiter verdünnt werden können.
Kaliumpermanganat-Lösungen haben eine hohe Farbintensität und können bei Überdosierung trotz des relativ niedrigen Konzentrationsbereichs im aufbereiteten Wasser farblich erkennbar werden.
Bei der Desinfektion von Anlagen, insbesondere bei neu verlegten, mit Zementmörtel ausgekleideten Versorgungsleitungen, haben sich Kaliumpermanganat-Lösungen (mit Konzentrationen bis etwa 50 g/m^3) nach Einwirkungszeiten von 12–24 Stunden bewährt.
Vorteile gegenüber Chlor bietet die Desinfektion mit Kaliumpermanganat in diesem Falle wegen der geringeren Gefährlichkeit, des leichteren Transportes und der besseren optischen Kontrollmöglichkeit.
Kaliumpermanganat hat besonders auf fadenförmige Algen eine algizide Wirkung. Das Wachstum von Planktonalgen wird dagegen nur wenig eingeschränkt. Die Algenbekämpfung mit Kaliumpermanganat erfolgt bevorzugt in Infiltrations- und Reaktionsbecken. Die angewendeten Konzentrationen liegen zwischen 0,5 und 2 g/m^3. Bei der Einleitung der wässrigen Lösung in die Kanalisation entstehen keine Probleme, die Einleitung in Oberflächengewässer ist bis zu 25 mg/l schadlos.

7 Verfahrenstechnik der Chlorung

7.1 Begriffe der Chlorung

Chlorung
Unter Chlorung wird die Behandlung eines Wassers mit Chlor verstanden, d. h. das Zusammenbringen von Chlorgas oder einer Chlorlösung mit Wasser zum Zwecke der Desinfektion sowie der Oxidation von schädlichen oder störenden Wasserinhaltsstoffen.

Chlorierung
Chlorierung ist die direkte und indirekte Einwirkung von Chlor oder Hypochlorit auf im Wasser vorhandene Inhaltsstoffe mit unterschiedlichen Reaktionsabläufen, z. B. die Bildung von Desinfektionsnebenprodukten wie Trihalogenmethane oder Chloramine.

Chlorungschemikalien
Chlorungschemikalien sind Gase, Lösungen oder Feststoffe, die bei Zugabe in Wasser oder durch Umsetzung mit anderen Chemikalien desinfizierend wirkende Chlorverbindungen bilden.

Indirekte Chlorung
Unter indirekter Chlorung versteht man in der Wasseraufbereitung die Herstellung einer Chlorlösung, die am Ort des Einsatzes aus Chlorgas und Wasser mithilfe eines Injektors bereitet wird. Diese Chlorlösung dient dann als Desinfektionsmittel. Eine direkte Zugabe von Chlorgas zum zu behandelnden Wasser ist aus Sicherheitsgründen heute nicht mehr üblich.

Chlorungseinrichtungen
Chlorungseinrichtungen sind der Zusammenschluss verfahrenstechnischer Einrichtungen, die zur Chlorung von Wasser verwendet werden.

Vakuum-Chlorgas-Dosieranlagen
Unter dem Begriff „Vakuum-Chlorgas-Dosieranlagen“ versteht man, dass in der gesamten Installation der Dosieranlage, d. h. vom Chlorgasbehälter bis zur Injektoreinführung (Impfstelle), ein Unterdruck (Vakuum) vorliegt.

Chlor-Verdampferanlagen
In Chlor-Verdampferanlagen wird flüssiges Chlor durch Wärmezufuhr in Chlorgas umgewandelt. Der Einsatz von Chlorverdampfern ist zweckmäßig, wenn die Dosiermenge an Chlor 40 kg pro Stunde übersteigt oder das Flüssigchlor aus Großtanks entnommen wird.

Chlorgasaustritt, Chlorgasausbruch
Chlorgasaustritt ist bei Verwendung von Chlorgas das Freiwerden geringer Chlorgasmengen. Chlorgasausbruch ist bei Verwendung von Chlorgas das Freiwerden größerer Chlorgasmengen aufgrund eines Störfalls.

Chlorgas-Beseitigungseinrichtungen
Zur Beseitigung von ausgetretenem Chlorgas werden Wassersprühanlagen oder Chlorgaswäscher eingesetzt. Dem Sprühwasser kann Natriumthiosulfat (Antichlor) zugesetzt werden, um die Chlorgasbindung zu erhöhen. Chlorgaswäscher arbeiten mit Wasser, Natronlauge und Natriumthiosulfat.

Ortsveränderliche Chlorungseinrichtungen (mobile Chlorungsanlagen)
Ortsveränderliche Chlorungseinrichtungen sind fahrbare oder tragbare Einrichtungen zur zeitlich begrenzten Verwendung an verschiedenen Einsatzstellen, z. B. für den Einsatz in Katastrophenfällen und anderen Notstandssituationen der Wasserversorgung.

Chlor-Elektrolyseanlagen
Chlor-Elektrolyseanlagen sind Einrichtungen, in denen Hypochlorit-Lösung oder Chlorgas durch Elektrolyse einer Chloridlösung, von Salzsäure oder von chloridhaltigem Wasser erzeugt wird.

Chlordosierung, Chlordosis
Unter Chlordosierung versteht man den Vorgang der Chlorzugabe. Sie wird in g/m^3 oder mg/l angegeben und erfolgt in Form wässriger Lösungen. Die Chlordosis ist die pro Volumeneinheit Wasser zugegebene Chlormenge.

Chlorverbrauch (Chlorzehrung)
Der Chlorverbrauch ist die Differenz zwischen eingetragener Chlormenge und dem Restchlorgehalt im Wasser.

Freies Chlor
Chlor, das als hypochlorige Säure, Hypochlorit-Ion oder als gelöstes elementares Chlor im Wasser vorliegt.

Gebundenes Chlor, Gesamtchlor
Gebundenes Chlor entsteht bei der Chlorung, wenn freies Chlor mit Ammonium und/oder organischen Stickstoffverbindungen reagiert. Es entstehen Chloramine sowie chlorierte organische Stickstoffverbindungen. Die Summe aus freiem Chlor und gebundenem Chlor wird als Gesamtchlor bezeichnet.

Reaktionszeit (Einwirkungszeit)
Unter Reaktionszeit wird die Zeit verstanden, die erforderlich ist, um eine ausreichende Desinfektion zu erzielen. Sie sollte, je nach Reaktionsbedingungen, nicht unter 5 Minuten liegen. Bei der Trinkwasserdesinfektion muss die Einwirkungszeit 20 bis 30 Minuten betragen, um eine sichere Desinfektion zu gewährleisten.

CT-Konzept
In den USA und anderen angelsächsischen Ländern wird das CT-Konzept zur Beurteilung der Desinfektionswirkung in Abhängigkeit von der Konzentration des Desinfektionsmittels und der Einwirkungszeit eingesetzt. Je höher die Konzentration (**C**oncentration) des Desinfektionsmittels und je länger die Einwirkungszeit (**T**ime) sind, umso größer ist die Desinfektionswirkung. Dieses Konzept ist uneingeschränkt für Laboruntersuchungen gültig, bei denen mit „nackten" Mikroorganismen gearbeitet wird, jedoch nicht unter praktischen Verhältnissen der Wasserversorgung, wenn eine fäkale Kontamination vorliegt. Hier liegen die Krankheitserreger geschützt in Partikeln vor, die mit chlorzehrenden Substanzen umhüllt sind. Das CT-Konzept ist in Deutschland nicht üblich. Hier wird wegen der höheren Sicherheit das Multiple-Barriere-Prinzip umgesetzt: Wasserschutzgebiet – Filtration – Desinfektion.

Restchlor
Restchlor ist das im Wasser noch analytisch zu erfassende freie, gebundene oder Gesamtchlor nach einer vorgegebenen Reaktionszeit.

Entchlorung
Die Beseitigung von Restchlor im Wasser durch Reduktionsmittel wie Schwefeldioxid, Natriumsulfit, Natriumthiosulfat, Wasserstoffperoxid oder Aktivkohle bezeichnet man als Entchlorung.

7.2 Chlorgas-Dosieranlagen

Die heute üblichen Chlorgas-Dosiergeräte arbeiten fast alle nach dem Vakuumprinzip und werden ausschließlich für die indirekte Chlorung eingesetzt. Unter indirekter Chlorung versteht man in der Wasseraufbereitung die Herstellung einer Chlorlösung, die am Ort des Einsatzes aus Chlorgas und Wasser bereitet wird. Diese Chlorlösung dient dann als Desinfektionsmittel. Mit der Einführung der Vakuum-Chlorgas-Dosiergeräte sind auch von Seiten der Sicherheit keine Bedenken mehr gegen die Anwendung von Chlorgas zu erheben. Unter dem Begriff Vakuum versteht man, dass in der gesamten Installation, d. h. von der Chlorflasche bzw. vom Chlorfass bis zur Impfstelle (Injektoreinführung), Unterdruck vorliegt. Dadurch kann bei einem Defekt, sei es in der Chlorgaszuführung, im Dosiergerät oder in der Gasleitung zum Injektor (Zusatzstelle), kein Chlorgas austreten. Abb. 71 zeigt das Durchflussschema eines Vakuum-Chlorgas-Dosiergerätes, bei dem Unterdruck von der Chlorflasche bis zum Injektor vorliegt.

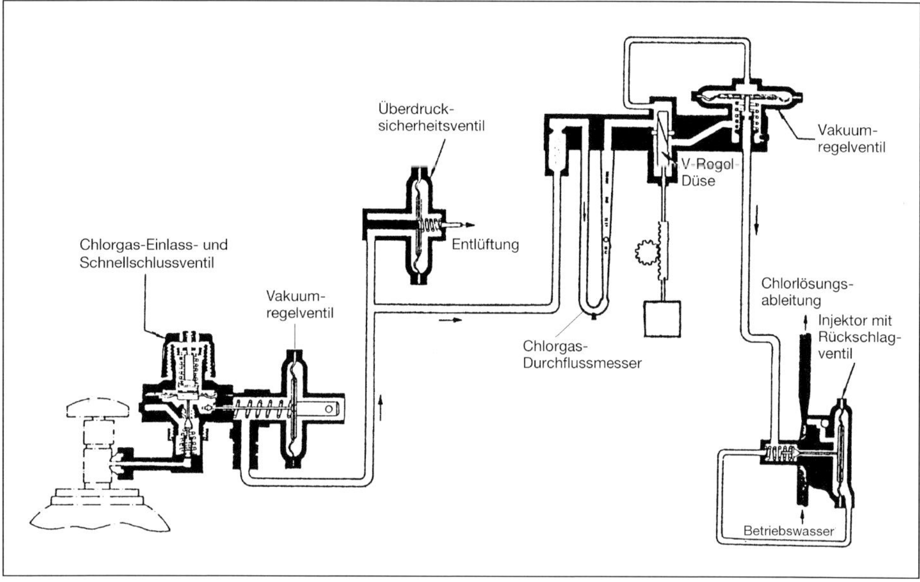

Abb. 71: Durchflussschema eines Vakuum-Chlorgas-Dosiergerätes

Im Falle einer Undichtigkeit würde nur Luft in das System eintreten und damit ist ein Risiko durch ausströmendes Chlorgas ausgeschlossen. Ab dem Chlorflaschen-Anschlussteil wird der Chlorgasdruck in der Flasche von etwa 6 bar auf einen Unterdruck von –150 mbar reduziert. Dadurch ist sichergestellt, dass bei Undichtigkeiten oder gar Leitungsbruch kein Chlorgas austritt. Der Aufbau einer Vakuum-Chlorgas-Dosieranlage mit ihren wichtigsten Einzelteilen ist auf Abb. 72 dargestellt.

Auf Abb. 74 ist die Chlorgasversorgung über drei in Reihe geschaltete Chlorflaschen dargestellt. Das Vakuum-Chlorgas-Dosiergerät verfügt über einen elektrischen Stellmotor, der die Regelung des Chlorgas-Massenstromes (Dosiermenge) in Abhängigkeit vom Wasserdurchfluss (m^3/h) vornimmt.

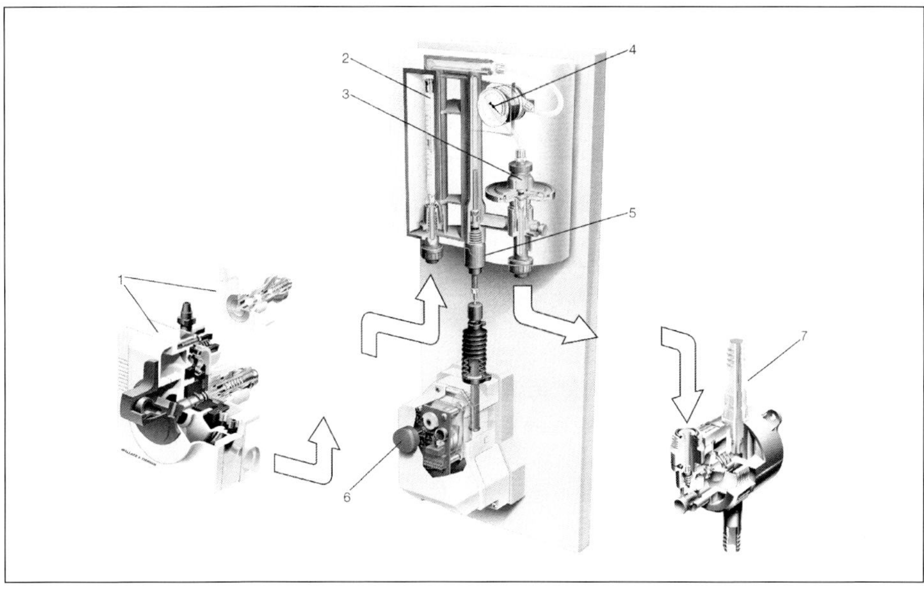

Abb. 72: Aufbau einer Vakuum-Chlorgas-Dosieranlage
1 Vakuumregelventil, 2 Durchflussmesser, 3 Differenz-Druckregelventil, 4 Manometer für Betriebsvakuum, 5 Einstellventil, 6 Stellantrieb für automatische Regelung, 7 Mischinjektor

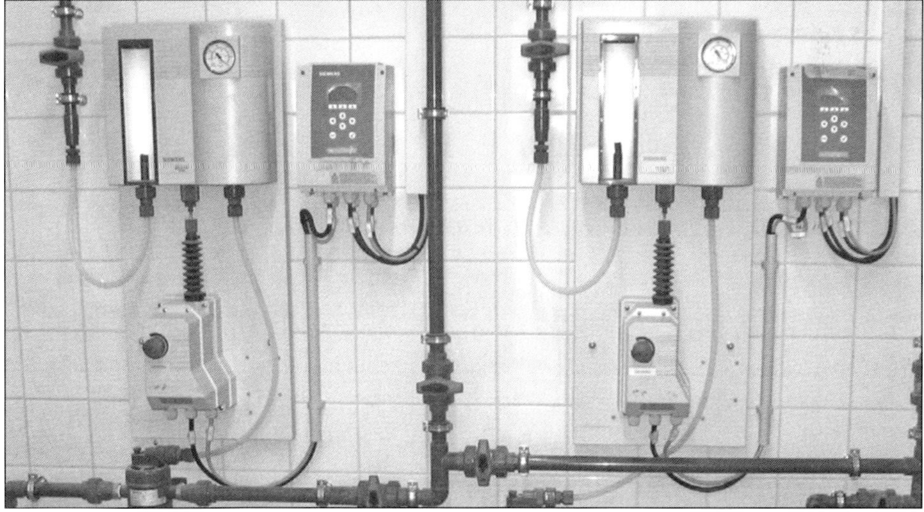

Abb. 73: Chlorgas-Dosiersystem V10k™ in einem Wasserwerk. Die installierten Chlorgas-Dosieranlagen dienen der Vorhaltung für Notfälle, z. B. bei Keimeinbrüchen im Versorgungsnetz

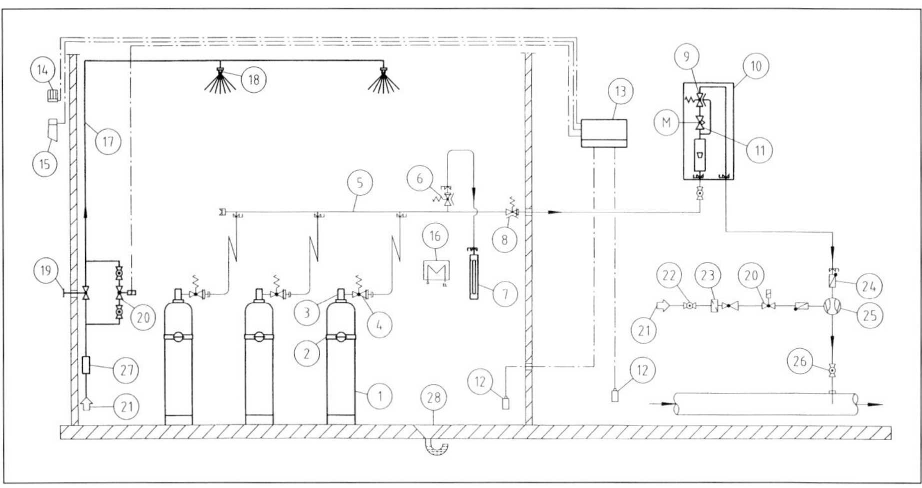

Abb. 74: Schematischer Aufbau einer Vakuum-Chlorgas-Dosieranlage

1 Chlorgasbehälter, 2 Chlorgasbehälter-Halteschelle, 3 Chlorgasbehälter-Absperrventil, 4 Chlorgas-Einlass- und Schnellschlussventil mit Druckmessgerät und Vakuumregelventil, 5 Vakuumleitung, 6 Überdruck-Sicherheitsventil, 7 Adsorptionseinrichtung, 8 Überdruck-Sicherheitsventil, 9 Vakuumregelventil, 10 Vakuum-Chlorgas-Dosiergerät, 11 Ventil zum Steuern und Regeln des Chlorgas-Massenstromes, 12 Sensor für Chlorgas-Warngerät, 13 Chlorgas-Warngerät, 14 Warnblinkleuchte, 15 Signalhupe, 16 Heizung, 17 Wassersprühanlage, 18 Sprühdüse, 19 Betriebswasserventil zum Öffnen von Hand, 20 Magnetventil, 21 Betriebswasser, 22 Absperrventil, 23 Feststoffabscheider (Schmutzfänger) mit Druckmessgerät, 24 Rückschlagventil, 25 Injektor, 26 Einführung mit Absperrventil, 27 Durchflusskontrolle, 28 Ablauf mit Wasservorlage

Eine komplette Chlorgas-Dosieranlage mit automatischem Chlorflaschen-Umschalter und Mess- und Regelgeräten für freies Chlor und Redox-Spannung zeigt Abb. 75.

Hier wird über einen automatisch arbeitenden Behälterumschalter von der leergewordenen Chlorflasche auf die bereitstehende volle Chlorflasche umgeschaltet, sodass eine ununterbrochene Chlorversorgung gewährleistet ist. Chlorgas-Dosieranlagen gibt es für Chlorgas-Zugabemengen von etwa 5 g/h bis 200 kg/h, sodass für jeden Bedarfsfall entsprechende Geräte zur Verfügung stehen (Abb. 76). Um die vom Gesetzgeber vorgeschriebenen Chlorwerte im Trinkwasser einzuhalten, muss die Chlordosierung der Wassermenge und der Chlorzehrung entsprechend angepasst werden.

Eine automatische Chlordosierung kann nach der Wassermenge, nach dem Chlorüberschuss oder nach beiden Kriterien vorgenommen werden. Bei gleichbleibender

Chlorzehrung des Wassers regelt man bei schwankender Wasserförderung nach dem Wasserdurchfluss. Bei konstanter Wasserförderung, aber bei schwankender Chlorzehrung regelt man nach dem Chlorüberschuss. Die genaueste und für die Qualität des Trinkwassers beste Regelung ist die Verwendung beider Messgrößen.
Nach dem DVGW-Arbeitsblatt W 623: „Dosieranlagen für Desinfektions- bzw. Oxidationsmittel-Dosieranlagen für Chlor" soll die Chlorgasdosierung in Abhängigkeit von Durchfluss bzw. vom Volumenstrom erfolgen. Die automatische Dosierung soll durch eine Chlor-Überschussmessung kontrolliert werden. Dennoch werden in vielen Wasserversorgungen beide Kriterien, Wasserdurchfluss und Chlorüberschuss, für die Regelung der Chlordosierung eingesetzt.

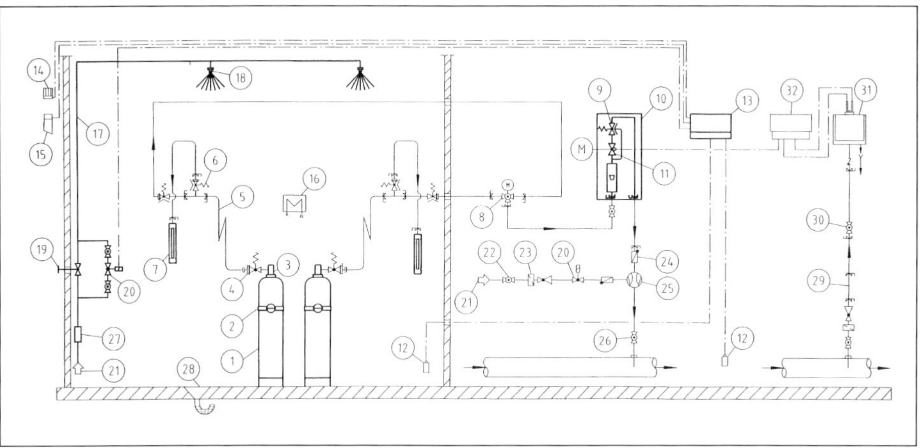

Abb. 75: Chlorgas-Dosieranlage nach dem Vakuumprinzip mit automatischem Chlorflaschenumschalter und Mess- und Regelgeräten für freies Chlor und Redox-Spannung

1 Chlorgasbehälter, 2 Chlorgasbehälter-Halteschelle, 3 Chlorgasbehälter-Absperrventil, 4 Chlorgas-Einlass- und Schnellschlussventil mit Druckmessgerät und Vakuumregelventil, 5 Vakuumleitung, 6 Überdurck-Sicherheitsventil, 7 Adsorptionseinrichtung, 8 automatischer Chlorgasbehälter-Umschalter, 9 Vakuumregelventil, 10 Vakuum-Chlorgas-Dosiergerät, 11 Ventil zum Steuern und Regeln des Chlorgas-Massenstromes, 12 Sensor für Chlorgas-Warngerät, 13 Chlorgas-Warngerät, 14 Warnblinkleuchte, 15 Signalhupe, 16 Heizung, 17 Wassersprühanlage, 18 Sprühdüse, 19 Betriebswasserventil zum Öffnen von Hand, 20 Magnetventil, 21 Betriebswasser, 22 Absperrventil, 23 Feststoffabscheider (Schmutzfänger) mit Druckmessgerät, 24 Rückschlagventil, 25 Injektor, 26 Einführung mit Absperrventil, 27 Durchflusskontrolle, 28 Ablauf mit Wasservorlage, 29 Messwasserleitung, 30 Messwasserüberwachung, 31 Durchflussarmatur mit Elektroden, 32 Messmodule für Chlor und Redox mit Regler

Abb. 76: Chlorgas-Dosieranlagen für große Leistungen bis max. 200 kg/h (Abb. Wasserversorgung Kota Tinggi, Malaysia)

Voraussetzung für die automatische Chlordosierung nach dem Chlorüberschuss ist die genaue Messung des Chlorgehaltes. Nur durch eine zulässige, kontinuierliche und genügend empfindliche Chlormessung kann eine automatische Chlor-Dosieranlage zufriedenstellend arbeiten. Bewährt haben sich im Wasserwerksbetrieb Chlor-Messgeräte, die nach dem Depolarisationsprinzip arbeiten und über eine hydromechanische Elektrodenreinigung verfügen.

Einem Chlorbehälter kann je Stunde kontinuierlich nur etwa 1 % seiner ursprünglichen Füllmasse gasförmig entnommen werden (z. B. 650 g/h aus einer Chlorflasche mit 65 kg Füllung). Bei größerer Entnahme je Stunde kommt es wegen des erhöhten Wärmeentzugs zu einer Abkühlung des Chlors und dadurch zu einer geringeren Entnahmemöglichkeit (äußeres Zeichen: Vereisung des Chlorbehälters). Um dies zu vermeiden, können mehrere oder größere Chlorbehälter angeschlossen werden. Wegen des Wärmebedarfs bei der Chlorentnahme ist eine Raumheizung zu empfehlen, die zulässige Raumtemperatur soll nach der Unfallverhütungsvorschrift „Chlorung von Wasser" mindestens 15 °C und höchstens 50 °C betragen.

Große Chlormengen werden zweckmäßigerweise in flüssiger Form aus Chlorbehältern entnommen und in besonderen Chlor-Verdampfern in den Gaszustand gebracht. Als zusätzliche Sicherheitseinrichtung zur Überwachung des Chlorgas-Lager- und Dosierraumes muss nach der neuen UVV „Chlorung von Wasser“ ein Chlorgas-Warngerät installiert werden (Abb. 77). Das abgebildete Gerät wird für die Überwachung von zwei Räumen eingesetzt. Ein Gassensor überwacht den Chlorraum, ein zweiter Sensor z. B. den Aufstellungsort der Chlordioxid-Bereitungsanlage.

Abb. 77: Chlorgas-Warngerät, überwacht die Raumluft in Chlorlager- und Chlordosierräumen und warnt das Bedienungspersonal. Die Alarmschwellen sind für Chlorgasaustritte und Chlorgasausbrüche einstellbar. Das Gerät meldet außerdem Temperaturunterschreitungen und -überschreitungen (15–50 °C) und kann auch zur Überwachung der Luft auf Chlordioxid oder Ozon eingesetzt werden

7.2.1 Chlor-Verdampferanlagen

Der Einsatz eines Chlor-Verdampfers wird empfohlen, wenn die Dosiermenge 40 kg/h Chlor übersteigt. Notwendig ist ein Verdampfer, wenn das Flüssigchlor aus Großtanks entnommen wird (Abb. 78).

Das Schema eines Chlor-Verdampfers zeigt Abb. 80. Für die Chlorverdampfung liefern elektrische Heizelemente die Wärme für das Wasserbad. Anstelle der elektrischen Heizung kann der Verdampfer auch mit direkter Dampfheizung betrieben werden. Der Druckbehälter besteht aus einem Stahlzylinder mit einem Prüfdruck von 60 bar. Der Gasdruckbehälter und der Tank des Wasserbades werden durch drei Magnesiumanoden elektrochemisch gegen Korrosion geschützt.

Der Wasserbadbehälter ist innen und außen verzinkt. Durch eine spezielle Schutzisolation wird ein Wärmeverlust weitgehend verhindert. Alle Verdampferbauteile sind in einem glasfaserverstärkten Polyestergehäuse untergebracht. Auf einer eingebauten Instrumententafel befinden sich die Anzeigen für Wasserniveau und Temperatur sowie das Amperemeter für die Kathodenschutzeinrichtung. Abb. 79 zeigt drei Chlor-Verdampferanlagen in einem großen Wasserwerk.

Abb. 78:
Chlorfass-Lager in einem Wasserwerk

Abb. 79:
Chlor-Verdampferanlagen in einer großen Trinkwasserversorgung (Kota Tinggi, Malaysia)

In einem separaten Steuerschrank ist die komplette Verdampfersteuerung und Überwachung untergebracht. Alle wichtigen Funktionen werden durch Betriebs- und Störlampen angezeigt.
Die Arbeitsweise eines Chlor-Verdampfers läuft folgendermaßen ab: Das flüssige Chlor gelangt vom Lagerbehälter durch ein Tauchrohr von oben in den Stahldruckbehälter. Während das Tauchrohr für das flüssige Chlor bis fast an den Boden des Druckbehälters reicht, wird das flüssige Chlor über ein kurzes Entnahmerohr entnommen.
Diese Anordnung begrenzt den Druck im Stahldruckbehälter auf den Druck des angeschlossenen Lagerbehälters.

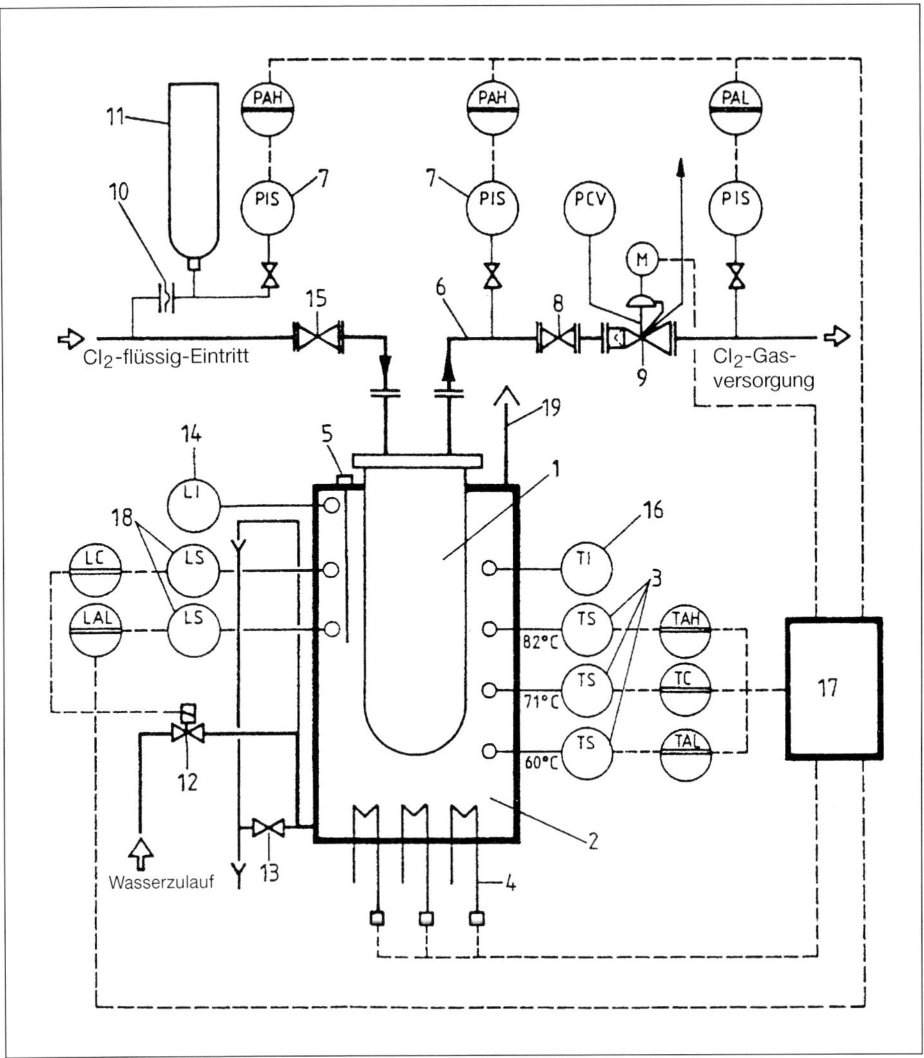

Abb. 80: Verfahrensschema einer Chlor-Verdampferanlage

1 Druckbehälter mit Cl_2-flüssig-gasförmig, 2 Wasserbad, ca. 70 °C, 3 Thermostat, 4 Tauchsieder, 5 Anode für Korrosionsschutz, 6 Cl_2-Gasversorgung, 7 Gasdruck-Kontaktmanometer, 8 Absperrarmatur, 9 Gasdruck-Reduzier- und Absperrventil mit Min.-Kontaktmanometer, 10 Berstscheibe, 11 Expansionsgefäß, 12 Wasserbad-Zulaufarmatur, 13 Wasserbad-Entleerungsarmatur mit Überlauf, 14 Wasserbad-Niveauanzeige, 15 Absperrarmatur, 16 Temperaturanzeige, 17 Steuergerät, 18 Niveauschalter, 19 Entlüftung

Das flüssige Chlor wird durch ein Wasserbad indirekt erwärmt und in die Gasphase übergeführt. Ein Druckreduzierventil am Ausgang des Verdampfers verhindert die Rückverflüssigung des Chlorgases nach diesem Ventil.
Das Flüssigkeitsniveau im Stahldruckbehälter passt sich automatisch der Chlorgasentnahme an. Ist die Entnahmerate konstant, bleibt auch das Flüssigkeitsniveau konstant. Wird die Entnahme erhöht, so vermindert sich der Gasdruck im Behälter und das Flüssigkeitsniveau steigt. Damit erhöht sich die Wärmeaustauschfläche und es wird mehr Flüssigkeit verdampft. Der Gasdruck erhöht sich, bis er dem Zulaufdruck entspricht und mit dem Flüssigkeitsniveau im Gleichgewicht ist. Eine Verminderung der Chlorgasentnahme hat die umgekehrte Wirkung.
Die Temperatur des Wasserbades wird auf 71 °C geregelt. Alarmschalter sprechen bei Temperaturüberschreitung oder -unterschreitung an und überwachen so die Temperaturregelung.
Vom Verdampferausgang gelangt das Chlorgas über ein elektrisch oder pneumatisch betätigtes Druckreduzier- und Absperrventil, welches den gewünschten Betriebsdruck konstant hält, zum Chlorgas-Dosiergerät.

7.2.2 Sicherheitseinrichtungen

In der Unfallverhütungsvorschrift „Chlorung von Wasser" werden Aussagen zum Betrieb von Chlorungseinrichtungen, zu Aufstellungs- und Lagerräumen und zur persönlichen Schutzausrüstung gemacht. Der Geltungsbereich der UVV schließt alle Chlorungschemikalien und Chlorungsverfahren ein mit dem besonderen Schwerpunkt auf Chlorungseinrichtungen unter Verwendung von Chlorgas. Zum Betrieb von Chlorungseinrichtungen sagt die UVV in § 3 aus:

- Das Wasserversorgungsunternehmen darf Chlorungsanlagen nur betreiben, wenn bei unzureichendem Durchfluss oder bei Stillstand des zu chlorenden Wassers oder Messwassers die Zufuhr der Chlorungschemikalie selbsttätig unterbrochen wird.
- Elektrolyse-Chlorungseinrichtungen dürfen nur betrieben werden, wenn durch den entstehenden Wasserstoff keine Gefährdungen hervorgerufen werden.

In der nachfolgenden Tabelle 20 sind die wichtigsten Daten über Chlor in Luft und ihre physiologischen Wirkungen zusammengestellt. Die Geruchsschwelle für Chlor liegt für empfindliche Personen bei 0,02 ml/m^3; 1 ml/m^3 wird von allen gesunden Menschen wahrgenommen. Der Arbeitsplatzgrenzwert (AGW) beträgt in Deutschland für Chlor 0,5 ml pro m^3 Raumluft = 1,5 mg/m^3.

Tabelle 20: Physiologische Wirkungen von Chlorgas

ml/m³ Cl_2	**Physiologische Wirkung**
0,02–1	Geruchsschwelle
0,5	Arbeitsplatzgrenzwert (AGW)
1	ungestörte Arbeit möglich
3	längere Arbeit nicht mehr möglich
4	Erträglichkeitsgrenze für 1 Stunde
15	Rachenreiz
30	Hustenreiz
> 30	lebensgefährlich bei kurzer Einwirkungszeit
> 800	sofort tödlich

Die UVV „Chlorung von Wasser" enthält weiterhin Angaben über Maßnahmen zur Verhütung von Gefahren für Leben und Gesundheit bei der Arbeit mit Chlorungsanlagen.
Hier soll anhand von Abb. 74 auf die wichtigsten Sicherheitseinrichtungen in einem Chlorgas-Lagerraum eingegangen werden: Dies sind die Wassersprühanlage, der Ablauf mit Wasservorlage und das Chlorgas-Warngerät.
Auf Abb. 79 ist eine Einrichtung dargestellt, durch die ausgetretenes Chlorgas sehr effektiv niedergeschlagen und chemisch gebunden werden kann.
In diesem Fall wird dem Sprühwasser Natriumthiosulfat-Lösung (Antichlor) zugesetzt, um die Chlorgasbindung zu erhöhen.
Die Anlage besteht aus einem Ansetzbehälter mit Handstampfmischer oder elektrischem Rührwerk, in dem die Natriumthiosulfat-Lösung als 2%ige Lösung bereitet wird.
Der Ansetzbehälter sollte im Chlorgasraum, kann aber auch außerhalb des Chlorgasraumes aufgestellt werden. Er muss in jedem Fall frostsicher untergebracht bzw. aufgestellt sein.
In der Zulaufleitung der Wassersprühanlage ist ein Injektor mit Ansaugleitung eingebaut. In der Ansaugleitung befindet sich eine Blende, die für das Volumen der angesaugten Natriumthiosulfat-Lösung ausschlaggebend ist.
Bei Betätigung der Wassersprühanlage wird über den Injektor die Natriumthiosulfat-Lösung angesaugt und dem Sprühwasser beigemischt.

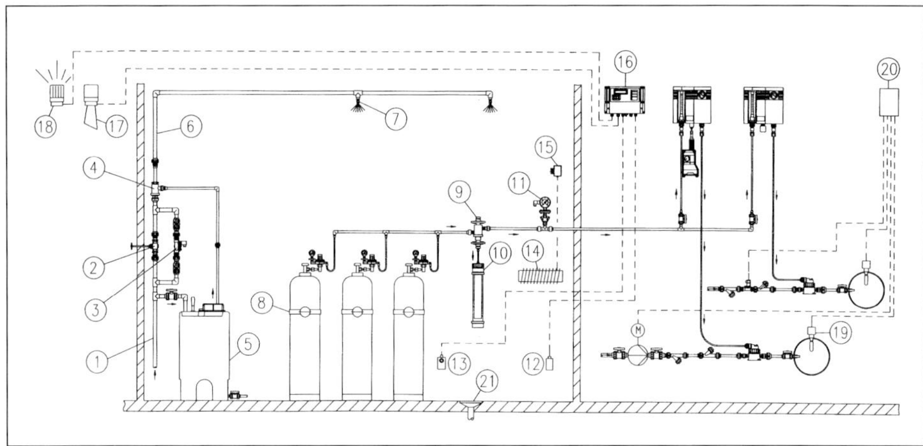

Abb. 81: Sicherheitseinrichtungen in einem Chlorgas-Lagerraum. Die Wassersprühanlage wird hier mit Natriumthiosulfat (Antichlor) beaufschlagt

1 Betriebswasser, 2 Betriebswasserventil zum Öffnen von Hand, 3 Magnetventil, 4 Injektor, 5 Lösebehälter für Natriumthiosulfat, 6 Wassersprühanlage, 7 Sprühdüse, 8 Chlorgasbehälter-Halteschelle, 9 Überdruck-Sicherheitsventil, 10 Adsorptionseinrichtung, 11 Vakuumkontaktmanometer, 12 Sensor für Chlorgas-Warngerät, 13 Sensor für Temperatur, 14 Heizung, 15 Thermostat, 16 Chlorgas-Warngerät, 17 Signalhupe, 18 Warnblinkleuchte, 19 Strömungsschalter, 20 Sicherheitsschaltung, 21 Ablauf mit Wasservorlage

7.2.3 Chlorgaswäscher

In Chlorfasslagern, die in der Regel mit bis zu zehn 500- oder 1000-kg-Fässern bestückt sind (siehe auch Abb. 78), werden Chorgas-Absorptionsanlagen (Chlorvernichtungsanlagen) eingesetzt. Diese können mit einer Lösung aus Natronlauge und Natriumthiosulfat betrieben werden, die sehr wirkungsvoll das Chlorgas chemisch bindet. Zum Absaugen und Vernichten des ausgetretenen Chlorgases werden Strahlwäscher oder Ventilatoren, die an Rieseltürmen mit Füllkörperkolonne angeschlossen sind, eingesetzt.

Die Abb. 82 zeigt schematisch eine bestehende Chlorvernichtungsanlage, die für ein Chlorlager mit 2-x-500-kg-Chlorfässern ausgelegt wurde.

Zur chemischen Bindung des Chlorgases werden hier Lösungsgemische aus Natronlauge (NaOH) und Natriumthiosulfat ($Na_2S_2O_3$) verwendet. Diese Waschflüssigkeit wird über einen Rieselturm (Bauhöhe 2,70 m, Durchmesser 1,20 m) mit Füllkörperkolonne von 1,50 m geschickt. Der Vorratsbehälter für die Waschflüssigkeit hat ein Nutzvolumen von 3,6 m^3.

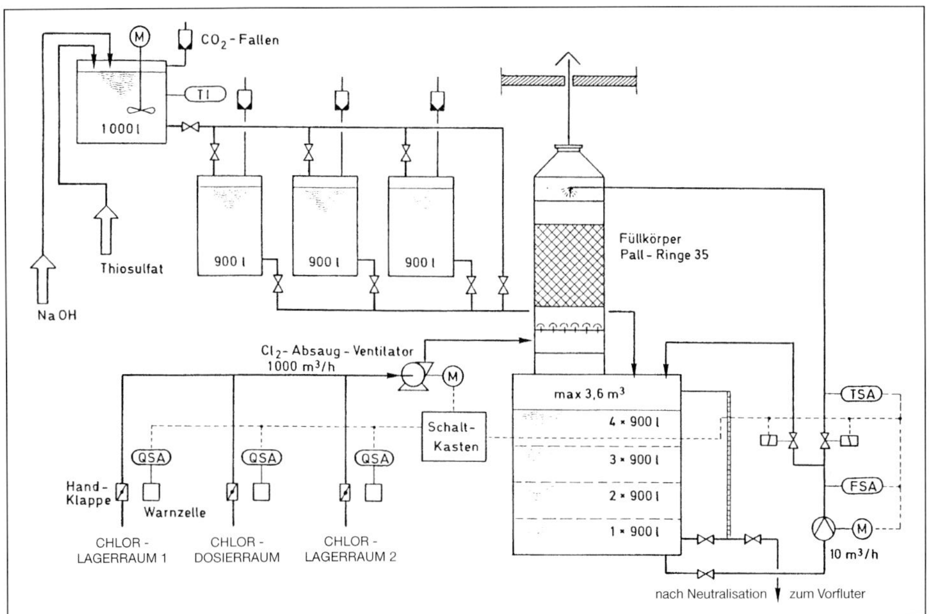

Abb. 82: Chlorvernichtungsanlage mit Chlorgas-Absaugventilator und Rieselturm mit Füllkörperkolonne, als Waschflüssigkeit wird eine Mischung aus Natronlauge und Natriumthiosulfat eingesetzt

Die Bindung des Chlorgases erfolgt nach folgender Reaktionsgleichung:

$4\,Cl_2$	+	$Na_2S_2O_3$	+	$10\,NaOH$	$\longrightarrow$	$2\,Na_2SO_4$	+	$8\,NaCl$	+	$5\,H_2O$
Chlor		Natrium-thiosulfat		Natrium-hydroxid		Natrium-sulfat		Natrium-chlorid		Wasser

(15)

Das Chlorgas reagiert mit dem Natriumthiosulfat das gelöst in der Waschflüssigkeit vorliegt. Die entstandenen Säuren (HCl, H_2SO_4) werden durch die ebenfalls in der Waschflüssigkeit vorhandenen Natronlauge gleichzeitig neutralisiert.
Voraussetzung für den Ablauf der Reaktionen ist die stöchiometrische Einstellung (Mengenverhältnis) der beiden Stoffe Natriumthiosulfat und Natriumhydroxid zueinander in der Waschflüssigkeit.
Das Reaktionsprodukt ist eine neutrale Salzlösung und kann bei entsprechender Verdünnung in die Kanalisation eingeleitet werden.

7.3 Natriumhypochlorit-Dosieranlagen

Die Natriumhypochlorit-Lösung wird aus Vorratsbehältern in der Regel mit Membranpumpen dosiert. Die saugseitige Leitung ist möglichst kurz und mindestens in einer Nennweite größer als die Druckleitung auszuführen. Eine geringe Zulaufhöhe der Flüssigkeit zur Dosierpumpe ist vorteilhaft. Die Dosierleitungen hinter der Pumpe sind ansteigend zu verlegen, wodurch Störungen durch Gasblasen vermieden werden.
In vielen Anwendungsfällen muss die handelsübliche Natriumhypochlorit-Lösung, sie enthält 150 bis 170 g/l wirksames Chlor, verdünnt werden. Der Grund dafür sind meist die zu großen Leistungsbereiche der Dosierpumpen.
Die Verdünnung der Natriumhypochlorit-Lösung darf nur mit enthärtetem Wasser erfolgen, weil bei nicht enthärtetem Wasser die Carbonathärte als weiße Trübung ausfällt und durch Ablagerung im Dosiersystem zu Störungen führen würde.

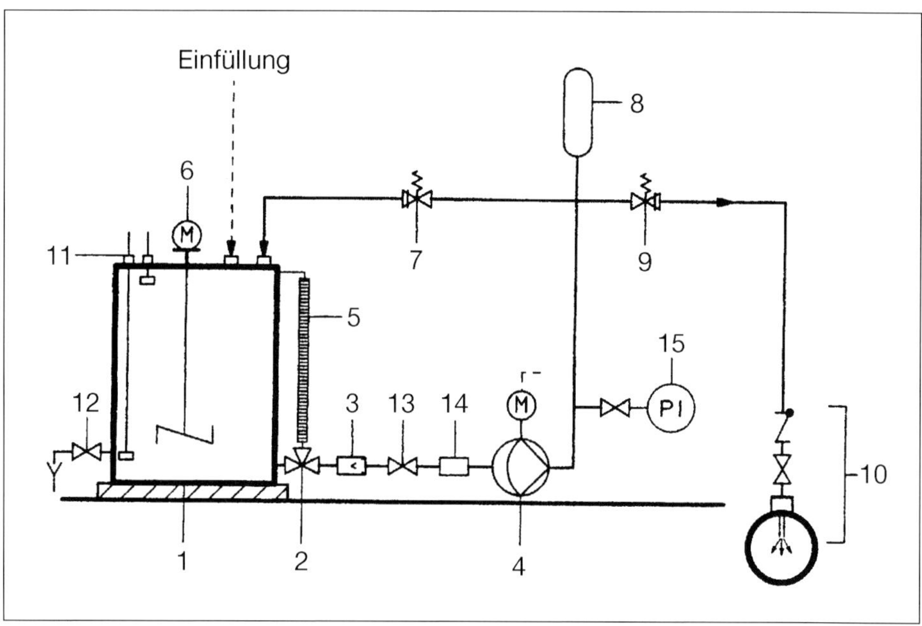

Abb. 83: Dosieranlage für Natriumhypochlorit-Lösung

1 Behälter, 2 Umschaltarmatur zum Auslitern, 3 Filter, 4 Dosierpumpe, 5 Kontrollmessrohr, 6 Mischer, 7 Überdruck-Sicherheitsarmatur, 8 Pulsationsdämpfer, 9 Druckhaltearmatur, 10 Einführung mit Rückflussverhinderer und Impfstück, 11 Niveausteuerung, 12 Behälterentleerung, 13 Absperrarmatur, 14 Rohrerweiterung zur Entgasung, 15 Druckmessgerät

Steht kein enthärtetes Wasser zur Verfügung, kann zur „Härtestabilisierung" dem Verdünnungswasser pro Härtegrad und Liter 0,15 g Natriumtripolyphosphat zugesetzt werden. Die Menge an Tripolyphosphat, die durch die verdünnte Natriumhypochlorit-Lösung bei der Chlorung ins Trinkwasser gelangt, ist so gering, dass ein Anstieg der Phosphatkonzentration nicht nachweisbar ist.
Um die Dosierleitungen vor Druckstößen zu schützen, ist ein geeigneter Pulsationsdämpfer (siehe Abb. 83) einzusetzen. Das in diesem Pulsationsdämpfer enthaltene Gasvolumen wird komprimiert und fängt dadurch Druckstöße ab. Mithilfe des nachfolgenden Druckhalteventils wird ein nahezu gleichmäßiger Volumenstrom der Dosierpumpe erreicht.
Verstopfungen am Impfstück durch Ausfällungen von Härtebildern lassen sich durch die besondere Ausführung des Impfstückes vermeiden (Abb. 84).

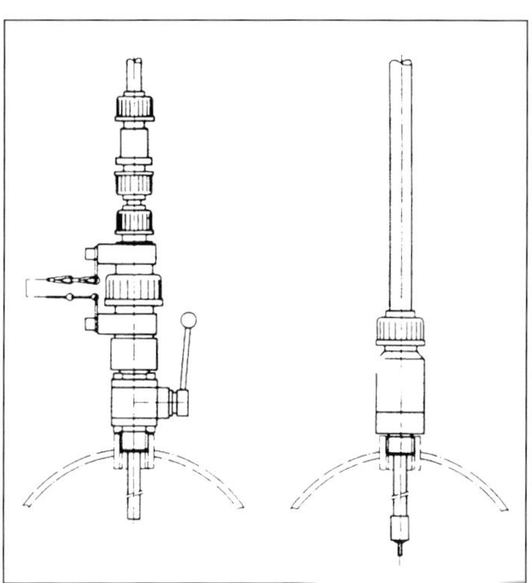

Abb. 84:
Einführungsstücke in Trinkwasserleitungen für die Dosierung von Natrium- oder Calciumhypochlorit-Lösungen.
Rechts Impfrohr mit eingebautem Rückschlag- und „Lippenventil". Das „Lippenventil" verhindert Kalkablagerungen und Verstopfungen des Impfrohres.
Links ein Einführungsstück mit herausziehbarem Impfrohr, bei dem Kalkablagerungen mit Säure entfernt werden können

7.4 Chlor-Elektrolyseanlagen

Chlor-Elektrolyseanlagen sind Einrichtungen, mit denen Chlorgas oder Natriumhypochlorit durch Elektrolyse einer Chlorid-Lösung (z. B. Siedesalz-Sole) von Salzsäure oder im chloridhaltigen Trinkwasser erzeugt wird.
Chlor-Elektrolyseanlagen werden überall dort eingesetzt, wo aus Sicherheitsgründen der Transport, die Lagerung und die Dosierung von Chlorgas untersagt sind.
Will man die Nachteile der begrenzten Lagerung von handelsüblicher Natriumhypochlorit-Lösung ausschließen, so kann man vor Ort mithilfe einer Chlor-Elektrolyseanlage eine Natriumhypochlorit-Lösung herstellen, die ohne lange Zwischenlagerung und damit ohne Chlorverlust eingesetzt werden kann.

Vergleicht man die Betriebskosten der einzelnen Chlorungsmittel (siehe auch Tabelle 25, S. 206) miteinander, so ist die Eigenproduktion von Natriumhypochlorit-Lösung mit Elektrolyseanlagen besonders günstig. Durch die eigene Auswahl des zur Elektrolyse eingesetzten Salzes kann man weiterhin den Bromatgehalt in der selbst hergestellten Natriumhypochlorit-Lösung minimieren.
Hier gilt: Je niedriger der Bromidgehalt eines Elektrolysesalzes ist, desto weniger Bromat wird in der bereiteten Natriumhypochlorit-Lösung erzeugt.
Die bisher untersuchten handelsüblichen Natriumhypochlorit-Lösungen enthielten bis zu 1000 mg/l Bromat. Ein viel zu hoher Wert den es bei der Dosierung zu beachten gilt, zumal der Grenzwert von Bromat im Trinkwasser bei 0,01 mg/l liegt.
Die Erzeugung von Natriumhypochlorit-Lösung durch NaCl-Elektrolyse erfolgt bei Einhaltung bestimmter Bedingungen aus einer wässrigen Natriumchlorid-Lösung durch Anlegen von Gleichspannung. Die Reaktionen, die bei der Elektrolyse einer Natriumchlorid-Lösung ablaufen, sind in den folgenden Reaktionsgleichungen aufgezeigt:

$$\underset{\text{Natriumchlorid}}{2\,NaCl} + \underset{\text{Wasser}}{2\,H_2O} \xrightarrow[\text{Elektrolyse}]{\text{Gleichstrom}} \underset{\text{Chlor}}{Cl_2} + \underset{\text{Natriumhydroxid}}{2\,NaOH} + \underset{\text{Wasserstoff}}{H_2} \quad (16)$$

$$\underset{\text{Natriumhydroxid}}{2\,NaOH} + \underset{\text{Chlor}}{Cl_2} \longrightarrow \underset{\text{Natriumhypochlorit}}{NaOCl} + \underset{\text{Natriumchlorid}}{NaCl} + \underset{\text{Wasser}}{H_2O} \quad (17)$$

Für die Herstellung von Natriumhypochlorit-Lösung am Ort der Verwendung bieten sich zwei unterschiedliche Verfahren an: Elektrolyseanlagen ohne (Abb. 85) und (Abb. 86) mit Membranen. Während bei den membranlosen Anlagen Anoden und Kathoden in einem Rohr angeordnet sind (Rohrzellen-Elektrolyseanlagen), ist bei Membran-Elektrolyseanlagen die Anode von der Kathode durch eine Membran getrennt. Rohrzellen-Elektrolyseanlagen erzeugen aus 3,5 kg Salz 1,0 kg Aktivchlor. In Membram-Elektrolyseanlagen wird das eingesetzte Salz vollständig in Aktivchlor umgesetzt.
Bei einem weiteren Verfahren, Chlorgas durch Elektrolyse herzustellen, wird Salzsäure als Ausgangsstoff eingesetzt. Die Leistung dieser Membran-Elektrolyseanlagen betragen je Zelle 25 g/h Chlorgas (siehe dazu Abb. 94, Seite 155).

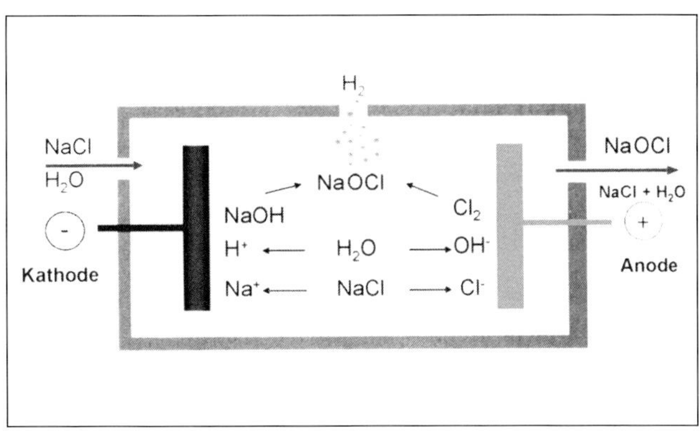

Abb. 85: Chlor-Elektrolysezelle, bei der Kathode und Anode in einem Rohr angeordnet sind und in dem aus Cl_2 und NaOH direkt NaOCl (Natriumhypochlorit) entsteht

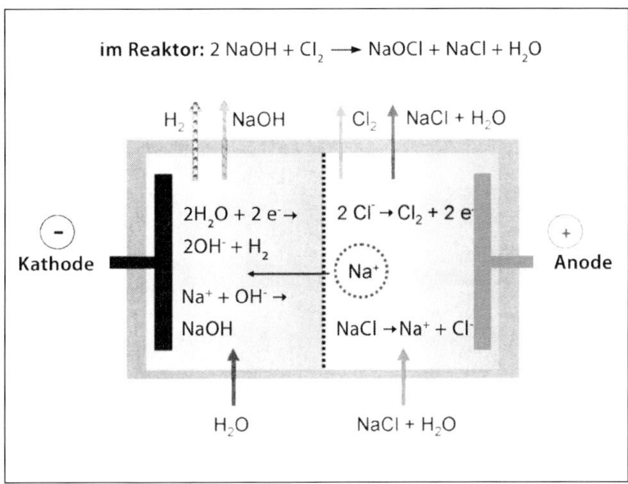

Abb. 86: Physikalisch-chemische Vorgänge, die in einer Membran-Elektrolysezelle ablaufen. Bei diesem System kann das entstandene Chlorgas (Cl_2) separat mit einem Injektor abgesaugt und in Wasser gelöst oder in einem Reaktor mit der Natronlauge (NaOH) zu Natriumhypochlorit umgesetzt werden

Setzt man Salzsäure für die Erzeugung von Chlorgas durch Elektrolyse ein, so läuft folgende Reaktion ab:

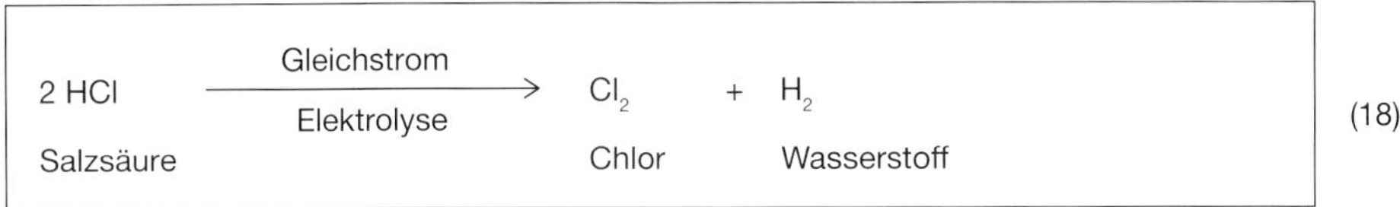

$$\underset{\text{Salzsäure}}{2\,HCl} \xrightarrow[\text{Elektrolyse}]{\text{Gleichstrom}} \underset{\text{Chlor}}{Cl_2} + \underset{\text{Wasserstoff}}{H_2} \qquad (18)$$

Aus Salzsäure wird Chlorgas und Wasserstoff erzeugt. Auch hier ist der Anodenraum vom Kathodenraum durch eine Membran getrennt.

7.4.1 Rohrzellen-Elektrolyseanlagen

Eine Rohrzellen-Elektrolyseanlage besteht im Wesentlichen aus dem Salzlösebehälter mit Dosierpumpe, der Elektrolysezelle, dem Gleichrichter, in dem Wechselstrom in Gleichstrom umgewandelt wird, sowie dem Vorratsbehälter für die bereitete Natriumhypochlorit-Lösung.
Die Abb. 87 zeigt das Verfahrensschema einer Rohrzellen-Elektrolyseanlage, die Abb. 88 eine komplette Rohrzelle, den sogenannten Elektrolyer, in dem die Anoden und Kathoden als „Pakete“ zwischen Stauscheiben angeordnet sind.

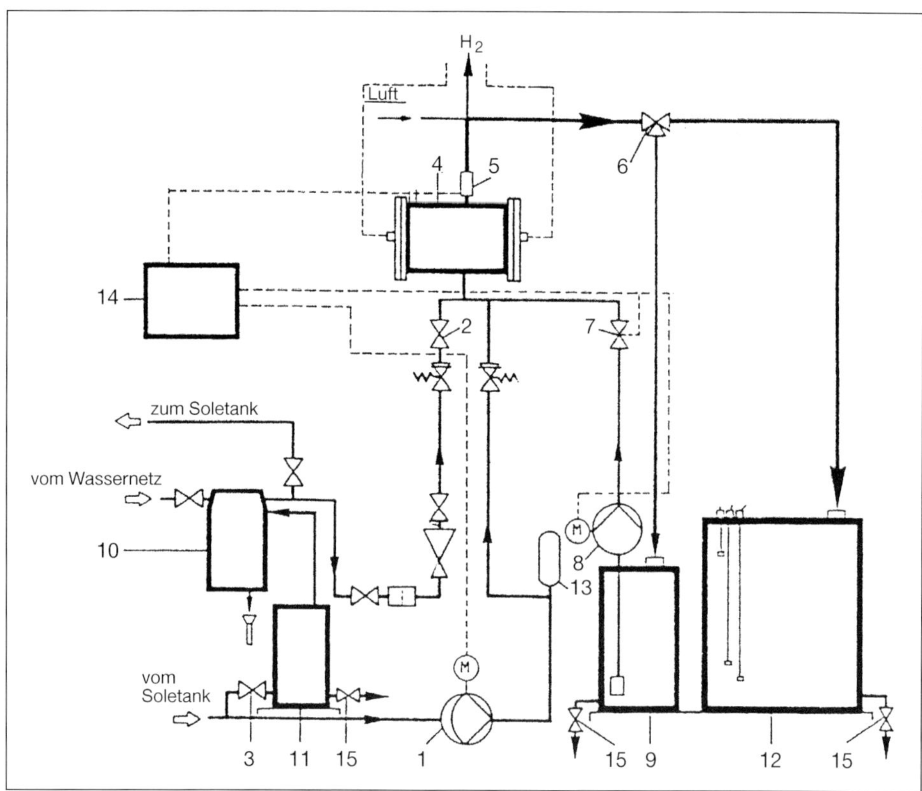

Abb. 87: Verfahrensschema einer Rohrzellen-Elektrolyseanlage

1 Dosierpumpe, 2 Einstellarmatur, 3 Absperrarmatur, 4 Elektrolysezelle, 5 Niveauüberwachung, 6 Dreiwegearmatur, 7 Absperrarmatur, 8 Umwälzpumpe, 9 HCl-Vorratsbehälter, 10 Enthärtungsanlage, 11 Sole-Vorlagebehälter, 12 NaOCl-Vorratsbehälter, 13 Pulsationsdämpfer, 14 Steuerschrank, 15 Behälterentleerung

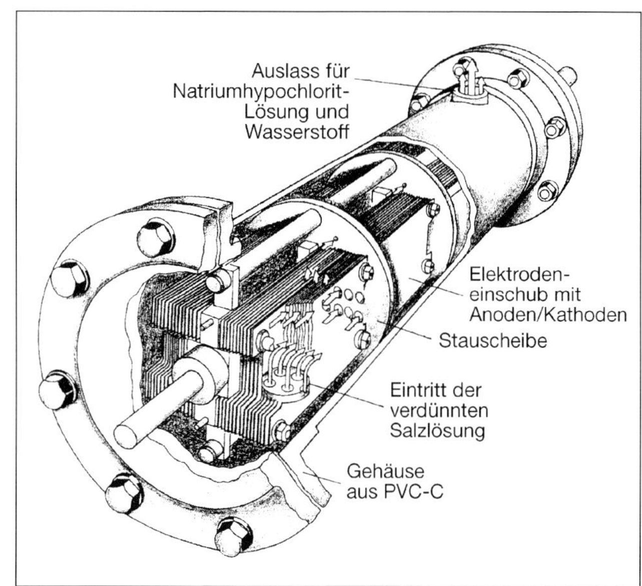

Abb. 88:
Rohrzelle einer Chlor-Elektrolyseanlage zur Erzeugung von Natriumhypochlorit-Lösung aus verdünnter Salzlösung

Abb. 89:
Rohrzellen-Elektrolyseanlage zur Erzeugung von Natriumhypochlorit-Lösung aus Salzsole mit Wasserenthärter und automatischer Elektrodenreinigung mit Salzsäure

Die Natriumchlorid-Lösung (Salzsole) wird aus Salztabletten (Natriumchlorid nach DIN EN 14805) und enthärtetem Wasser bereitet. Anschließend wird die Salzsole mit enthärtetem Wasser verdünnt, bevor sie in die Elektrolysezelle gelangt.
Die Elektroden bestehen aus Titan mit einer Beschichtung aus Edelmetalloxiden. An den Elektrodenoberflächen treten durch den Elektrolysevorgang erhöhte Temperaturen auf, die Ablagerungen von Kalk und Magnesiumhydroxid zur Folge haben. Daher ist eine regelmäßige Reinigung der Elektroden mit Salzsäure notwendig. Der Reinigungsvorgang läuft automatisch ab, wobei die Elektrolysezelle vorher entleert und mit Wasser gespült wird. Die bereitete Natriumhypochlorit-Lösung hat einen Gehalt an wirksamem Chlor von 8 g/l. Der bei der Elektrolyse entstehende Wasserstoff wird mit einem Ventilator mit Luft verdünnt und ins Freie geleitet. Die Abb. 90 zeigt eine komplett vormontierte Rohrzellen-Elektrolyseanlage. Rohrzellen-Elektrolyseanlagen gibt es für Leistungsbereiche von 100 g/h bis 5 kg/h Chlor.

Abb. 90: Rohrzellen-Elektrolyseanlagen Typ OSEC®-B in einem Wasserwerk, das Seewasser aufbereitet

7.4.2 Membran-Elektrolyseanlagen

In Membran-Elektrolyseanlagen ist der Anodenraum vom Kathodenraum durch eine Membran getrennt (siehe dazu Abb. 86).
Dem Anodenraum wird gesättigte Salzsole aus dem Salzlösebehälter zugeführt. Der Kathodenraum wird mit enthärtetem Wasser gespeist. Im Kathodenraum wird das Wasser (H_2O) zu OH^--Ionen und Wasserstoffgas (H_2) reduziert.

Im Anodenraum werden die Chlorid-Ionen (Cl^-) zu Chlorgas (Cl_2) oxidiert. Die Natriumionen (Na^+) wandern aus dem Anodenraum durch die Membran in den Kathodenraum und bilden dort mit den OH^--Ionen Natronlauge (NaOH).
Nur die positiven Natriumionen können die ionenselektive Membran durchdringen. Nach dem Austritt aus dem Anodenraum wird das entstandene Chlorgas im Chlorseparator von der Magersole – kurz Anolyt genannt – getrennt. Diese Sole, wird wieder in den Anodenraum geführt.
Es besteht ein geschlossener Kreislauf zwischen dem Anodenraum und dem Chlorseparator. Ein Niveauschalter im Chlorseparator steuert die Zugabe von gesättigter Sole, die durch eine Dosierpumpe erfolgt. Abb. 91 zeigt das Verfahrensschema einer Membran-Elektrolyseanlage.

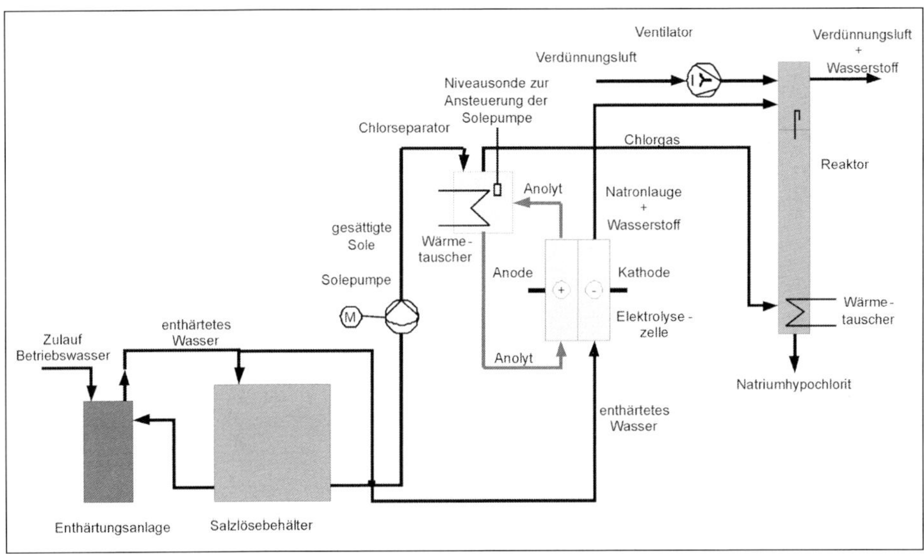

Abb. 91: Verfahrensschema einer Membran-Elektrolyseanlage

Das Chlorgas wird in den Reaktor weitergeleitet, wo es mit der vom Wasserstoffgas befreiten Natronlauge aus dem Kathodenraum zu Natriumhypochlorit reagiert. Der abgetrennte Wasserstoff wird über einen Ventilator mit Luft verdünnt und gefahrlos ins Freie abgeleitet. Durch zwei Wärmeaustauscher wird ein großer Teil der zur Elektrolyse eingesetzten elektrischen Energie zurückgewonnen. Die produzierte Natriumhypochlorit-Lösung gelangt in den Produktlagertank, von wo sie mittels Dosierpumpen entnommen und dem zu behandelnden Wasser zugeführt wird.
Auf Abb. 92 ist eine Membran-Elektrolyseanlage abgebildet, deren drei Elektrolysemodule 2 kg Chlor pro Stunde in Form einer Natriumhypochlorit-Lösung mit 25 g/l wirksamem Chlor erzeugen.

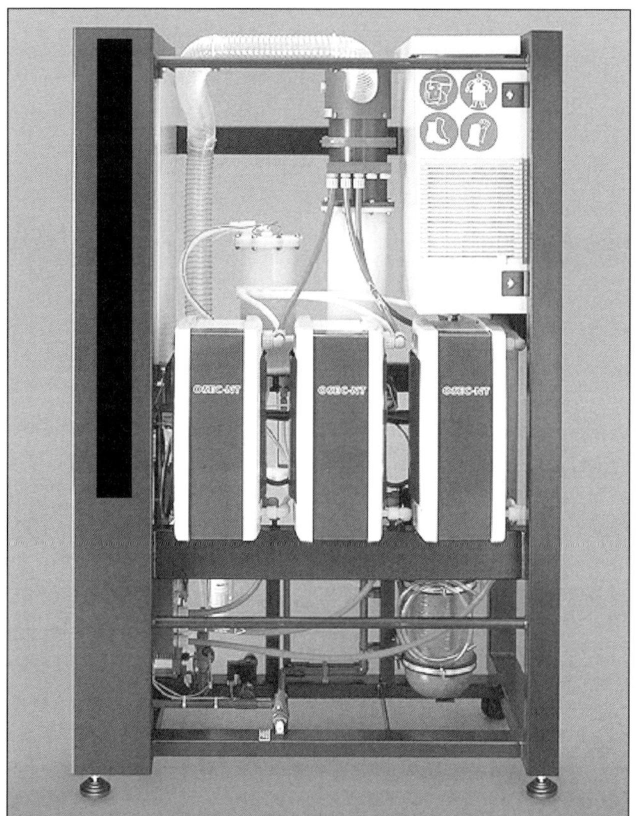

Abb. 92: Membran-Elektrolyseanlage mit drei Elektrolysezellen, die 2 kg Chlor pro Stunde in Form einer Natriumhypochlorit-Lösung mit 25 g/l wirksamem Chlor erzeugen

Abb. 93: Moderne Membran-Elektrolyseanlage mit fünf Modulen und einer Gesamtleistung von 3,2 kg Chlor pro Stunde. Rechts in der Abbildung der 3-m^3-Vorratsbehälter für die Natriumhypochlorit-Lösung

Die Abb. 93 zeigt eine installierte Membran-Elektrolyseanlage. Durch die Kreislaufführung der Sole wird bei Membran-Elektrolyseanlagen das gesamte Chlorid des eingesetzten Salzes (NaCl) in wirksames Chlor umgesetzt. Das heißt, aus 1,7 kg Salz werden 1 kg Chlor produziert. Damit ist das Membran-Elektrolyseverfahren das Verfahren, mit dem am kostengünstigsten Chlor für die Desinfektion hergestellt wird.

7.4.3 Salzsäure-Elektrolyseanlagen

Als Ausgangsstoff wird verdünnte Salzsäure (HCl) eingesetzt. Diese muss den Reinheitskriterien nach DIN EN 939 entsprechen und möglichst wenig Eisen als Verunreinigung enthalten. Die verdünnte Salzsäure, die meist aus konzentrierter Salzsäure mit 25 bis 38 % (Massenanteil) hergestellt wird, sollte eine Konzentration aufweisen, bei der ein Ausgasen in Form von HCl-Gas aus der Lösung nicht mehr vorliegt. Dies ist z. B. bei Konzentrationen von 9%- oder 18%igen Lösungen der Fall. Diese Lösungen sind nicht „rauchend" und verursachen dadurch keine Korrosion an metallischen Bauteilen in den Aufstellungsräumen der Elektrolyseanlagen. Bei der Elektrolyse von verdünnten Salzsäurelösungen entstehen die beiden Gase Chlor und Wasserstoff (Reaktionsgleichung 18).

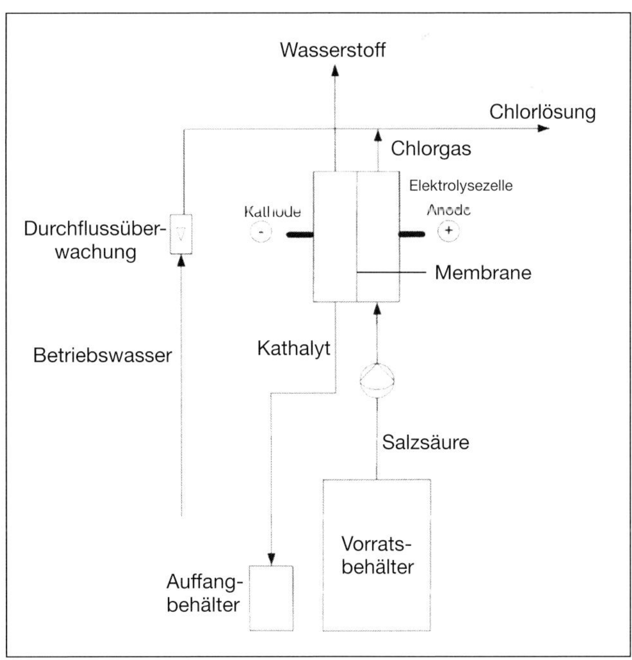

Abb. 94: Verfahrensschema einer Salzsäure-Elektrolyseanlage

Das erzeugte Chlor wird unmittelbar am Ausgang der Elektrolysezelle in Wasser gelöst, wobei hypochlorige Säure (HClO) entsteht. Unerwünschte Stoffe wie Chlorat oder Bromat, die bei der Salz (NaCl)-Elektrolyse entstehen können, sind bei der Salzsäure-Elektrolyse ausgeschlossen. Die Salzsäure-Elektrolyse ist somit das Verfahren, das die reinste Form einer Chlorlösung bereitet.
Die hypochlorige Säure ist auch die stabilste Form aller Desinfektionsmittel auf Chlorbasis. Bei der Salzsäure-Elektrolysenzelle ist die Anode, hier entsteht das Chlorgas, von der Kathode, an der der Wasserstoff gebildet wird, durch eine Membran getrennt (Abb. 94). Der Wasserstoff wird über eine Leitung ins Freie abgeführt, das Chlorgas über einen Injektor in Wasser gelöst.

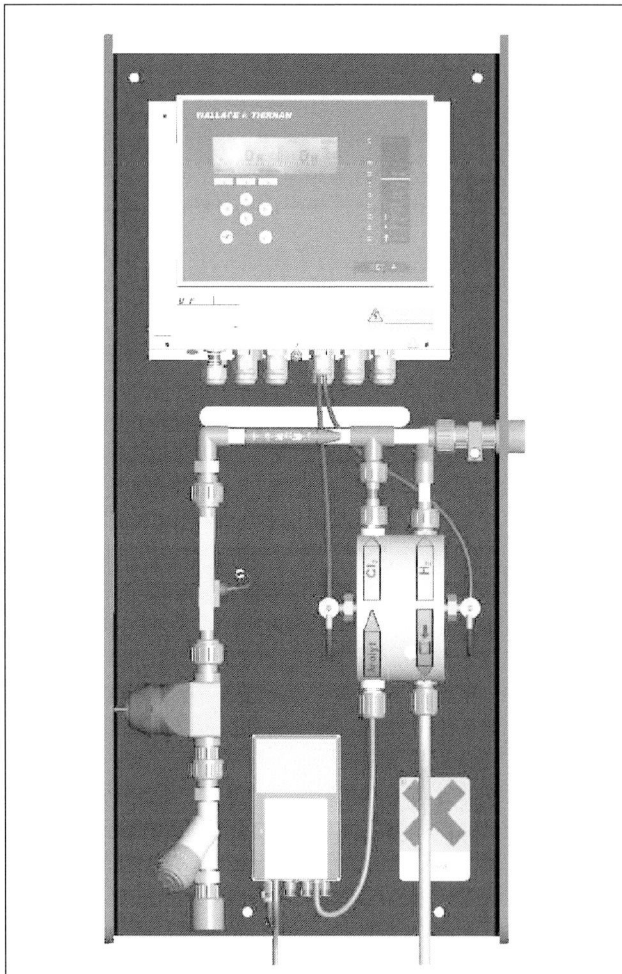

Abb. 95: Salzsäure-Elektrolyseanlage Typ OSEC-A, für eine Leistung von 25 g/h Chlorgas, eine Schlauchpumpe dosiert verdünnte Salzsäure in die Elektrolysezelle, ein Injektor saugt das entstandene Chlorgas ab, das sofort in Wasser gelöst wird

Die Zuführung der verdünnten Salzsäure in die Elektrolysezelle erfolgt über eine Dosierpumpe (Abb. 95). Eine elektronische Steuerung kontrolliert alle wichtigen Funktionen der Elektrolyseanlage, wobei der Überwachung des Betriebswasser besondere Bedeutung zukommt. Sobald der Durchfluss des Betriebswassers unter einen eingestellten Wert abfällt, schaltet automatisch die Salzsäure-Dosierpumpe ab und der Elektrolyseprozess wird gestoppt.

7.4.4 Anodische Oxidation

Die elektrolytische Wasserdesinfektion – im deutschen Sprachraum meist anodische Oxidation genannt – ist noch verhältnismäßig wenig bekannt. Sie arbeitet wie die UV-Desinfektion ohne Zugabe von Chemikalien, liefert aber im Gegensatz zu dieser eine Desinfektionskapazität (Depotwirkung) im Wasser.
Voraussetzung für dieses „Elektrolyse-Verfahren“ ist das Vorhandensein von genügend Chlorid-Ionen im Wasser.

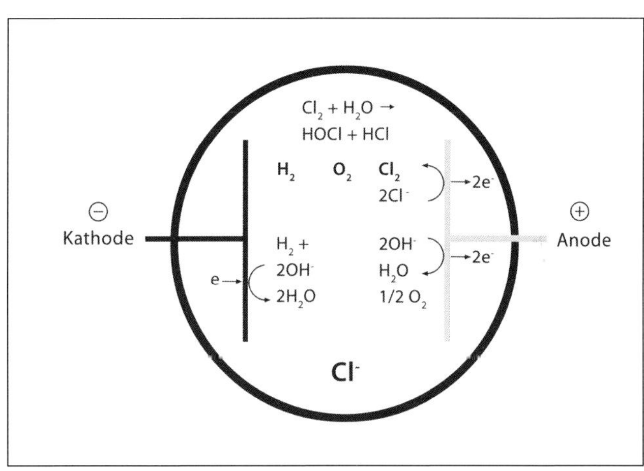

Abb. 96: Prinzip der anodischen Oxidation: Aus den Chlorid-Ionen, die im Trinkwasser enthalten sind oder in Form einer NaCl-Lösung zudosiert werden, wird durch die direkte Elektrolyse des Trinkwassers hypochlorige Säure (HOCl) für die Desinfektion erzeugt

Bei der anodischen Oxidation werden zwei oder mehr Elektroden in das zu desinfizierende Wasser gebracht und mit Gleichspannung beaufschlagt. Eine Trennung der Anode und Kathode durch eine Membran findet hier nicht statt (Abb. 96).
Durch die zwischen den Elektroden anliegende Spannung kommt es zur elektrolytischen Zersetzung des Wassers. An der Anode entsteht Sauerstoff und an der Kathode Wasserstoff. Durch die Anwesenheit von Chlorid-Ionen wird an der Anode außerdem Chlor (Cl_2) erzeugt, das sich durch Hydrolyse in hypochlorige Säure und Salzsäure umsetzt.

Die an der Kathode vorliegenden OH^--Ionen bilden mit den Natriumionen Natronlauge, die zu einer pH-Wert-Erhöhung unmittelbar an der Kathode führt. Weiterhin entsteht an der Kathode Wasserstoff. Für die Anordnung der Elektroden sind in der Literatur und in Firmenunterlagen einige Varianten beschrieben.
In der Praxis wird meist ein Elektrodenpaket aus einer größeren Anzahl von parallelen Platten verwendet, die entweder aus Streckmetall oder aus dünnem Blech bestehen und bipolar oder monopolar geschaltet werden können.
Die Elektrodenpakete ähneln denen einer Rohrzellen-Elektrolyseanlage. Die Elektroden werden jedoch direkt in die Rohrleitung (z. B. Filtratleitung) oder in einen Bypass eingebaut. Als Elektrodenmaterial für die Anwendung in der anodischen Oxidation werden heute ausschließlich beschichtete Titanelektroden verwendet.
In älteren Publikationen wird die desinfizierende Wirkung der anodischen Oxidation hauptsächlich auf eine oxidative Zerstörung der entsprechenden Mikroorganismen an der Anode zurückgeführt. Diese Wirkungsweise ist jedoch mit einem großen Fragezeichen zu versehen.
Heute hat sich die Meinung durchgesetzt, dass die desinfizierende Wirkung zum größten Teil auf oxidierend wirkenden Stoffen beruht, die an der Anode gebildet werden. Die Stoffe entstehen aus Chlorid-Ionen, die sich im Wasser befinden und sind Substanzen wie hypochlorige Säure und Hypochlorit-Ionen. Die wichtigsten Einflussparameter auf das Gesamtsystem sind:

- der Chloridgehalt des zu behandelnden Wassers
- die Spannung bzw. Stromstärke an den Spezialelektroden der Elektrolysezelle
- die im System herrschende Wassertemperatur
- die Verweildauer des Wassers im Elektrodenraum, d. h. der Durchfluss durch das System

Mittels geeigneter Sensoren, z. B. für Redox-Spannung und Leitfähigkeit, sowie einer Messwerterfassung und -verarbeitung ist es möglich, die Anlage in ihrem Betrieb so zu steuern, dass sie unter allen relevanten Betriebszuständen eine optimale Desinfektionsleistung erbringt.

7.5 Calciumhypochlorit-Dosieranlagen

Calciumhypochlorit ist ein festes Chlorpräparat, das als Granulat und in Form von Tabletten im Handel erhältlich ist. Zur Herstellung einer Dosierlösung wird nur Granulat eingesetzt, das je nach Produkt 65 bis 75 % wirksames Chlor enthält.
Auf Abb. 97 ist eine Dosieranlage schematisch dargestellt. Für die Bereitung der Dosierlösung sind Löse- und Dosierbehälter mit Schrägböden einzusetzen, weil

Calciumhypochlorit ca. 10 % unlösliche Anteile enthält. Diese setzen sich am Schrägboden des Lösebehälters ab und man erhält nach ca. 30 Minuten Absetzzeit eine klare Calciumhypochlorit-Lösung, die in den Dosierbehälter umgefüllt werden kann. Für die Dosierung werden vorzugsweise Membrandosierpumpen eingesetzt, die auch über eine automatisch arbeitende Chlorüberschuss-Mess- und Regelanlage gesteuert werden können.

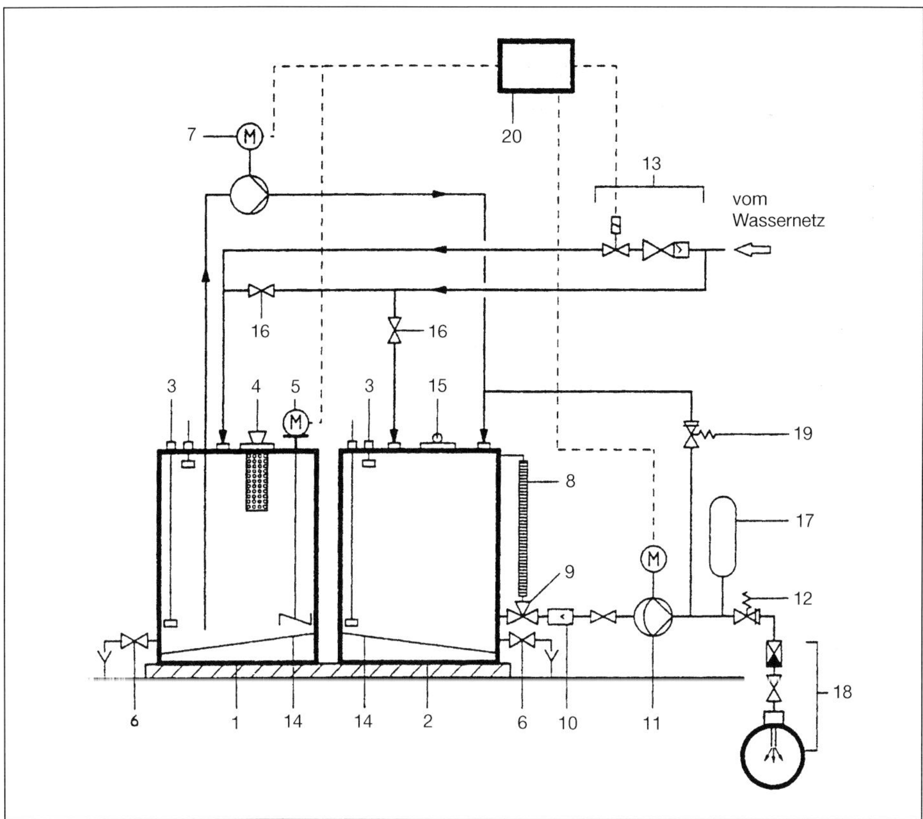

Abb. 97: Löse- und Dosieranlage für Calciumhypochlorit

1 Löse- und Ansetzbehälter, 2 Vorratsbehälter, 3 Niveauelektrode, 4 Einfüllöffnung für Calciumhypochlorit, 5 Motorrührer, 6 Behälterentleerung, 7 Umfüllpumpe, 8 Kontrollmessrohr, 9 Dreiwegearmatur, 10 Filter, 11 Dosierpumpe, 12 Druckhaltearmatur, 13 Betriebswasserarmatur, 14 Schrägböden, 15 Öffnung zur Reinigung und Sichtkontrolle, 16 Absperrarmatur für Verdünnungs- und Spülwasser, 17 Pulsationsdämpfer, 18 Einführung mit Rückflussverhinderer und Impfstück, 19 Überdruck-Sicherheitsarmatur, 20 Steuerschrank

7.6 Chlordioxid-Bereitungs- und Dosieranlagen

In der Wasseraufbereitung wird Chlordioxid aufgrund seiner physikalisch-chemischen Eigenschaften am Anwendungsort hergestellt. Für die Herstellung kommen zwei Verfahren in Frage:

- das Chlorit-/Chlor-Verfahren
- das Chlorit-/Salzsäure-Verfahren

Beim Chlorit-/Salzsäure-Verfahren kann man von verdünnten Ausgangslösungen (Natriumchlorit-Lösung 7,5 %, Salzsäure 9 %) ausgehen oder mit konzentrierten Lösungen arbeiten, die unmittelbar vor der Reaktion verdünnt werden.
Seit Kurzem gibt es ein alternatives Verfahren zur Herstellung von Chlordioxid ohne apparativen Aufwand. Bei diesen Verfahren wird Natriumchlorit und Natriumperoxodisulfat in Form wässriger Lösungen zur Reaktion gebracht (Chlorit-/Peroxodisulfat-Verfahren).
Dieses Verfahren ist allerdings für den normalen Wasserwerksbetrieb aus Kostengründen nicht geeignet und wird nur bei sehr geringem Bedarf an Chlordioxid eingesetzt, z. B. für die Anlagendesinfektion. Grundsätzlich gelten für alle Verfahren neben der technischen Sicherheit der Anlagen, dass

- das eingesetzte Natriumchlorit möglichst vollständig zu Chlordioxid umgesetzt wird
- die Bildung von unerwünschten Nebenprodukten wie z. B. Chlorat bei der chemischen Umsetzung unterbunden wird
- eine stabile Chlordioxid-Lösung auch über längere Zeiträume vorliegt
- die Konzentration der hergestellten Chlordioxid-Lösung aus Sicherheitsgründen nicht über 4 g/l ClO_2 liegt

Die Unfallverhütungsvorschrift „Chlorung von Wasser“ fordert in § 3 für den Betrieb von Chlordioxidanlagen: „Chlordioxideinrichtungen dürfen nur betrieben werden, wenn die alleinige Zufuhr von Natriumchlorit bzw. Chlorgas oder Säure in das zu chlorende Wasser nicht möglich ist.“ Der Arbeitsplatzgrenzwert (AGW) beträgt für Chlordioxid: 1 ml/m^3 ≙ 0,3 mg/m^3.

7.6.1 Chlorit-/Chlor-Verfahren

Für die Herstellung von Chlordioxid nach dem Chlorit-/Chlor-Verfahren wird Chlorgas und handelsübliche 24,5%ige Natriumchlorit-Lösung verwendet.

Die Abb. 98 zeigt eine Chlordioxid-Bereitungsanlage, die nach dem Chlorit-/Chlor-Verfahren arbeitet.

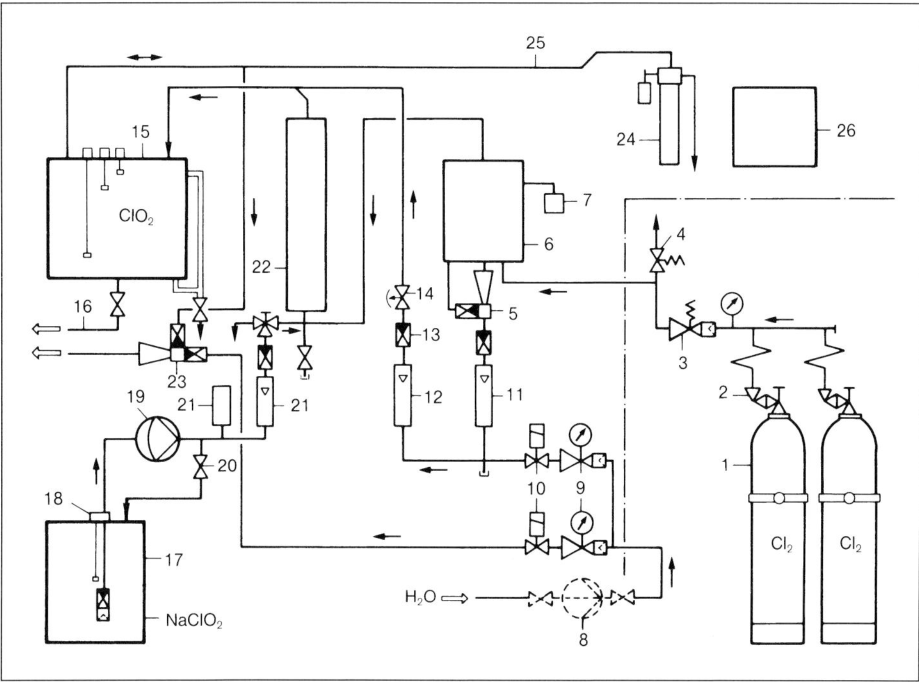

Abb. 98: Verfahrensschema einer Chlordioxid-Bereitungsanlage, bei der aus Chlorgas und Natriumchlorit-Lösung eine Chlordioxid-Lösung erzeugt wird

1 Chlorflasche, 2 Chlorflaschen Hilfsventil, 3 Flaschenanschlussteil, 4 Entlüftungsventil, 5 Injektor, 6 Vakuum-Chlorgas-Dosiergerät, 7 Vakuumschalter, 8 Druckerhöhungspumpe, 9 Druckminderer, 10 Elektromagnetventil, 11 Durchflussmesser für Injektortreibwasser, 12 Durchflussmesser für Verdünnungswasser, 13 Druckhalte-/Rückschlagventil, 14 Dosierkugelhahn, 15 ClO_2-Vorratsbehälter mit Niveausonden, 16 ClO_2-Lösungsentnahmeleitung, 17 $NaClO_2$-Behälter, 18 Entnahme mit Niveauschaltung, 19 $NaClO_2$-Dosierpumpe, 20 Entlüftungsventil, 21 $NaClO_2$-Durchflussmesser und Pulsationsdämpfer, 22 Reaktionsbehälter, 23 Absauginjektor für Gasphase, 24 Absorptionseinrichtung, 25 Be- und Entlüftungsleitungen, 26 Schaltschrank

Aus Chlorgas, dessen Menge (g/h) am Vakuum-Chlorgas-Dosiergerät eingestellt werden kann, und Wasser wird im Injektor eine Chlorlösung hergestellt und in den Reaktionsbehälter geleitet. Die Konzentration der Chlorlösung muss mindestens 3 g/l Cl_2 betragen.

Gleichzeitig wird die Natriumchlorit-Lösung (300 g/l ≙ 24,5 %) aus dem Vorratsbehälter mittels einer Dosierpumpe angesaugt und ebenfalls dem Reaktionsbehälter zugeführt. Die Menge der Natriumchlorit-Lösung wird an einem Durchflussmesser angezeigt.
Der Reaktionsbehälter ist für eine Mindestreaktionszeit von 4–5 Minuten bemessen. Das Gewichtsverhältnis von Chlor zu Natriumchlorit beträgt bei der Reaktion 1:1,9 (obwohl das stöchiometrische Umsetzungsverhältnis 1:2,55 beträgt) und man erreicht eine Umsetzung des Natriumchlorits zu Chlordioxid von 98 %.
Nach abgeschlossener Reaktion und vor Eintritt der Chlordioxid-Lösung in den Vorratsbehälter wird Verdünnungswasser zugegeben. Die Verdünnungswassermenge richtet sich nach der gewünschten Anwendungskonzentration des Chlordioxids. Diese sollte aus Sicherheitsgründen unter 4 g/l ClO_2 liegen.
Die bereitete Chlordioxid-Stammlösung ist bei der vorgegebenen Einstellung von Chlor zu Natriumchlorit von 1:1,9 quasi chlorfrei.
Während des Füllvorgangs saugt ein Injektor das aus der Chlordioxid-Lösung im Vorratsbehälter austretende Chlordioxidgas ab und löst es in Wasser. Bei Stillstand der Anlage schützt eine Wasservorlage vor Ausgasung.

Abb. 99: Chlordioxid-Bereitungsanlage, die nach dem Chlorit-/Chlor-Verfahren eine Chlordioxid-Lösung bereitet mit 4 g/l ClO_2. Leistung der Anlage 250 g/h, der Reaktionsbehälter befindet sich auf der Rückseite der Montageplatte, rechts auf der Abbildung die Installation der Chlorgasversorgung. Die Chlorflaschen befinden sich im Nebenraum

Die Sicherheits-Überwachungseinrichtungen der Anlage sind über die Steuerung so verriegelt, dass das Mischungsverhältnis von Chlor und Natriumchlorit sowie die gewählte Konzentration der Stammlösung stets garantiert werden. Die alleinige Zufuhr von Natriumchlorit bzw. Chlorgas wird durch die elektrische Verriegelung der einzelnen Dosieraggregate verhindert. Die Dosierung der Chlordioxid-Lösung kann mittels Injektoren oder Dosierpumpen erfolgen. Bei schwankendem Trinkwasser-Volumenstrom muss die Dosiermenge automatisch angepasst werden. Beim Ausbleiben des Trinkwasser-Volumenstroms wird die Dosierung unterbrochen.
Das Chlorit-/Chlor-Verfahren hat den Vorteil, dass mit den Bereitungsanlagen die Möglichkeit gegeben ist, Stammlösungen in allen Verhältnissen von Chlordioxid zu Chlor einstellen zu können. Je nach Einstellungsverhältnis von Natriumchlorit zu Chlor kann eine Chlordioxid-Stammlösung erzeugt werden, die entweder chlorfrei ist oder einen mehr oder weniger großen Chloranteil enthält.
Dies ist der besondere Vorteil des Chlorit-/Chlor-Verfahrens, wenn Oberflächenwasser desinfiziert werden muss, das hohe TOC-Werte aufweist. Mit der entsprechenden Stammlösung kann einer starken Rückbildung von Chlorit sowie gleichzeitig der Bildung von Trihalogenmethanen begegnet werden. Durch den Einsatz einer entsprechenden Chlordioxid-Chlor-Mischung ist es möglich, die Grenzwerte sowohl von Trihalogenmethanen und Chlorit im behandelten Trinkwasser einzuhalten.

7.6.2 Chlorit-/Salzsäure-Verfahren

Die Verwendung von ausschließlich flüssigen Ausgangsstoffen lässt mehrere Anlagenvarianten zu. Man unterscheidet nach:

- der Konzentration der eingesetzten Chemikalien Natriumchlorit und Salzsäure
- der Betriebsweise der Anlagen mit kontinuierlichem oder diskontinuierlichem Betrieb

In allen Fällen wird Natriumchlorit-Lösung mit Salzsäure in einem Reaktor zu Chlordioxid umgesetzt. Schwefelsäure (H_2SO_4) wird wegen der geringen Ausbeute an Chlordioxid und der benötigten längeren Reaktionszeit nicht eingesetzt.
Beim diskontinuierlichen Ansatz (Chargenbetrieb) werden die beiden Ausgangsstoffe und das Verdünnungswasser über Injektoren oder Dosierpumpen in den Reaktor gefördert. Unmittelbar anschließend erfolgt die aus Sicherheitsgründen notwendige Nachverdünnung der Lösung auf Konzentrationen von ca. 2 g/l, bevor sie dem Vorratsbehälter zugeführt wird. Dieser wird drucklos betrieben, wobei für emissionssichere Be- und Entlüftung (Wasservorlage, Absauginjektor) Sorge zu tragen ist. Die eingebauten Niveauschalter starten und beenden die Befüllung und damit die

chargenweise Chlordioxid-Bereitung. Ausbeute und Geschwindigkeit der Reaktion werden durch Erhöhung der Konzentration der Reaktionspartner, des Säureüberschusses (niedriger pH-Wert) und der Temperatur gesteigert. Da Chlorid-Ionen die Umsetzung katalysieren, werden mit Schwefelsäure, wie bereits erwähnt, deutlich schlechtere Ergebnisse erzielt.

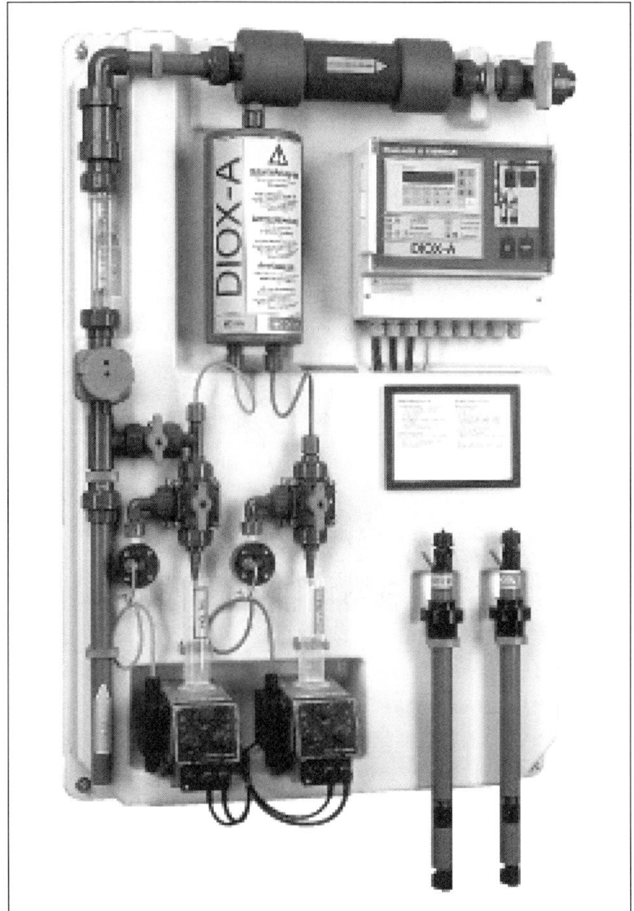

Abb. 100: Bereitungs- und Dosieranlage für Chlordioxid nach dem Chlorit-/Salzsäure-Verfahren mit verdünnten Lösungen. Diese Anlage ist für Leistungen bis 250 g/h Chlordioxid ausgelegt

Die Praxis hat bei diesem Verfahren gezeigt, dass bei ClO_2-Konzentrationen von 15 g/l bis 20 g/l im Reaktor Ausbeuten von 95 % bis 98 % sowie eine schnelle Gleichgewichtseinstellung (erforderliche Reaktionszeit 7–10 Minuten bei ≥ 15 °C und 10–15 Minuten bei < 15 °C) bei einer Säure-Einsatzmenge von über 350 % zu erreichen sind. Die Abb. 100 zeigt eine Chlordioxid-Bereitungsanlage, die mit verdünnter Natriumchlorit-Lösung (7,5 %) und verdünnter Salzsäure (9 %) arbeitet und bei der Dosierung der Chlordioxid-Lösung in einer Teilstrom-Nachverdünnung zum Trinkwasser erfolgt. Die abgebildete Anlage hat einen Leistungsbereich von 250 g Chlordioxid pro Stunde. Die auf Abb. 101 gezeigte Anlage ist für kleinste Leistungen von 3 g oder 10 g Chlordioxid pro Stunde ausgelegt.

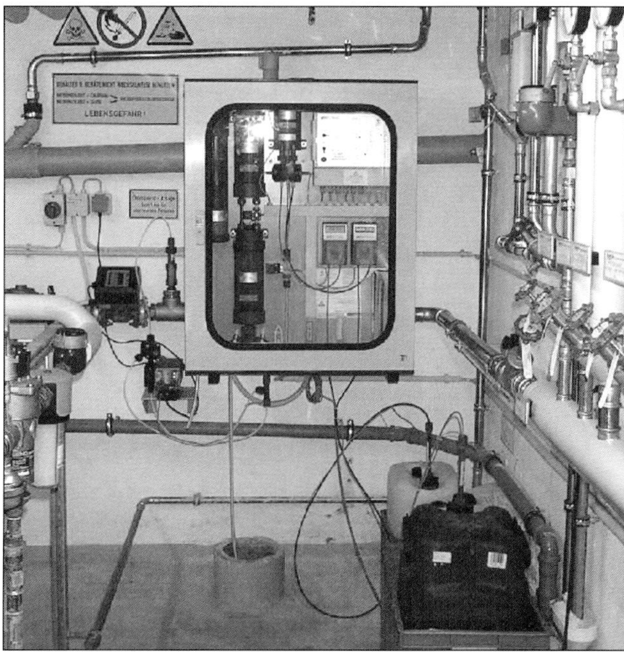

Abb. 101: Chlordioxid-Bereitungsanlage nach den Chlorit-/Salzsäureverfahren. Leistung der Bereitungsanlage: 3 g/h ClO_2. Die Anlage ist für die Legionellenbekämpfung im Warmwassersystem eines Altenheimes eingesetzt

Da beim Chlorit-/Säure-Verfahren die Ausgangsstoffe im Volumenverhältnis 1:1 reagieren, wird man für deren Bevorratung gleich große Lagerbehälter vorsehen. Die Dimensionierung dieser Behälter richtet sich nach dem zu erwartenden Verbrauch.
Da Vorratsbehälter für drucklosen Betrieb ausgelegt sind, muss beim Füllen und Entleeren eine ordnungsgemäße Be- und Entlüftung sichergestellt sein.
Es ist ebenfalls sicherzustellen, dass bei Störungen und Leckagen auslaufende Chemikalien sich nicht mischen, sicher aufgefangen und ordnungsgemäß entsorgt werden können.
Salzsäure und Natriumchlorit sind als reizende und ätzende Stoffe eingestuft. Beim Umgang mit reizenden und ätzenden Stoffen müssen die Beschäftigten auf mögliche Gefährdungen aufmerksam gemacht und über die zu treffenden Schutzmaßnahmen eingehend unterrichtet werden. Die Sicherheits- und Schutzmaßnahmen sind nach den geltenden Vorschriften für den Arbeitsschutz und zur Unfallverhütung sowie nach dem Stand der Technik, der Arbeitsmedizin und der Hygiene sowie den sonstigen gesicherten arbeitswissenschaftlichen Erkenntnissen zu treffen.

7.7 Desinfektion von Trinkwasserbehältern

Um eine Versorgung mit hygienisch unbedenklichem Trinkwasser zu gewährleisten, muss nicht nur das Wasser selbst frei von pathogenen Bakterien, Viren und Parasiten sein, sondern auch die Anlagen der Wasserversorgung wie Rohrleitungen, Behälter, Armaturen und Pumpen.
Insbesondere bei der Inbetriebnahme neu erstellter Anlagen, nach Reparaturen oder nach längeren Stillstandszeiten besteht immer die Gefahr der Verkeimung des Systems. In diesen Fällen ist immer eine Desinfektion erforderlich, um eine Gefährdung des Trinkwassers durch pathogene Mikroorganismen von vornherein auszuschließen. Die notwendigen Desinfektionsmaßnahmen beziehen sich dabei einmal auf das Trinkwasser selbst, zum anderen aber auch auf Anlagen der Wasserversorgung: Brunnen ,Pumpen, Filter, Rohrleitungen, Armaturen, Wasserbehälter.
Nach dem deutschen Lebensmittelgesetz handelt es sich bei Behältern, Rohrleitungen usw. um „Bedarfsgegenstände“, die beim Inverkehrbringen von Trinkwasser verwendet werden und dabei mit diesem in Berührung kommen. Auch nach diesem Gesetz darf z. B. eine neu verlegte Rohrleitung nicht mikrobiell verunreinigt sein und es dürfen keine Keime an das durchfließende Trinkwasser abgegeben werden.
Für die Desinfektion von Wasserverteilungsanlagen haben sich mobile Anlagen bewährt.
Diese Anlagen können unter Umständen auch bei mikrobiologischen Beeinträchtigungen von Rohrnetzabschnitten eingesetzt werden. Große Wasserversorgungsunternehmen sollten mobile Anlagen vorhalten, auch für den eventuellen Katastrophenfall (Überschwemmungen, Erdbeben u. a.). Kleinere Wasserwerke, die weder über das entsprechend ausgebildete Personal noch die erforderlichen Geräte verfügen, sollten mit benachbarten Wasserversorgungsunternehmen oder Spezialunternehmen vorsorglich Vereinbarungen über den Einsatz solcher Anlagen treffen.
Die mobilen Chlorungsanlagen müssen dem Gerätesicherheitsgesetz (GSG) bzw. den einschlägigen Unfallverhütungsvorschriften der Berufsgenossenschaft der Gas-, Fernwärme- und Wasserwirtschaft entsprechen und für die Verwendung von Desinfektionsmitteln besonders geeignet sein. Maschinen und Sicherheitsbauteile müssen eine CE-Kennzeichnung aufweisen.
Die zugelassenen Desinfektionsmittel und ihre Höchstmengen sind in der Trinkwasserverordnung festgelegt worden. Für die Desinfektion von Wasserversorgungsanlagen werden die dort aufgeführten Desinfektionsmittel mit Ausnahme des Ozons und der UV-Bestrahlung eingesetzt; die dort angegebenen Grenzkonzentrationen reichen jedoch in fast allen Fällen nicht aus, um eine einwandfreie Desinfektion von Wasserversorgungsanlagen zu gewährleisten. In Tabelle 21 sind die Anwendungskonzentrationen für die Desinfektion von Behältern und Anlagenteilen sowie für Rohrleitungen angegeben.

Tabelle 21: Chemikalien zur Anlagendesinfektion

Bezeichnung	Handelsform	Anwendungskonzentration[1]		Sicherheitshinweise	Lagerung	Wasser-Gefährdungs-Klasse[3]
		Behälter und Anlagenteile[2]	Rohrleitung			
Natriumhypochlorit-Lösung NaOCl	wässrige Lösung 150–170 g/l Aktivchlor	5 g/l Chor	50 mg/l Chlor	Lösung reagiert alkalisch, ätzend, giftig, Schutzausrüstung erforderlich	nur begrenzt haltbar, lichtgeschützt und kühl lagern in Auffangwanne	WGK 2
Calciumhypochlorit $Ca(OCl)_2$	Granulat oder Tabletten mit ca. 65 % Aktivchlor	5 g/l Chlor	50 mg/l Chlor	Lösung reagiert alkalisch, ätzend, giftig, Schutzausrüstung erforderlich	kühl, trocken, verschlossen über Jahre stabil	WGK 2
Chlordioxid-Lösung ClO_2	aus zwei Komponenten: Natriumchlorit 7,5 % Salzsäure 9 % Natriumchlorit Natriumperoxodisulfat	0,2 g/l ClO_2	5 mg/l ClO_2	Lösung wirkt oxidierend, giftig, Chlordioxidgas nicht einatmen, Schutzausrüstung erforderlich	lichtgeschützt und kühl lagern, gute Stabilität	Natriumchlorit WGK 2 Salzsäure WGK 2 Natriumperoxodisulfat WGK 1
Chlorgas Cl_2	verflüssigt in Stahlflaschen mit 50 kg oder 65 kg Inhalt	0,2 g/l Chlor	50 mg/l Chlor	Lösung reagiert sauer, oxidierend, giftig, Chlorgas nicht einatmen, Schutzausrüstung erforderlich	separater Lagerraum nach „UVV Chlorung von Wasser“	WGK 1
Wasserstoffperoxid H_2O_2	wässerige Lösungen 5 %, 15 %, 30 %, 35 %	max. 15 g/l H_2O_2	150 mg/l H_2O_2	bei Lösungen > 5 % Schutzausrüstung erforderlich	lichtgeschützt, kühl, Verschmutzungen unbedingt vermeiden (Zersetzungsgefahr)	WGK 1
Kaliumpermanganat $KMnO_4$	dunkelviolette bis grau, nadelförmige Kristalle	kein Einsatz	15 mg/l $KMnO_4$	wirkt oxidierend, konzentrierte Lösungen erfordern Hautschutz	in gut verschlossenen Metallbehältern fast unbegrenzt haltbar	WGK 2

[1] vorgeschlagener Wert
[2] Konzentration der Sprühlösung
[3] WGK 1 = schwach wassergefährdend
WGK 2 = wassergefährdend

Nach jeder Desinfektion von Wasserbehältern, Rohrleitungen etc. ist durch eine ausreichende Spülung das Desinfektionsmittel zu beseitigen bzw. die Höchstmenge auf die zulässige Grenzkonzentration entsprechend der Trinkwasserverordnung zu bringen.
Schon bei der Planung und beim Bau von Wasserversorgungsanlagen ist darauf zu achten, dass keine Einschleppung von Mikroorganismen durch Verunreinigungen, Luft, Personal und Arbeitsgeräte stattfindet. Weiterhin sind Bau- und Rohrleitungswerkstoffe, Dichtungsmaterialien und Anstriche im Hinblick auf die Verhinderung einer Verkeimung sorgfältig auszuwählen.
Die eingesetzten Materialien sollen ein Keimwachstum nicht fördern, müssen desinfizierbar und gegen Desinfektionsmaßnahmen beständig sein. Während der Bauarbeiten ist darauf zu achten, dass keine Verunreinigungen in die später wasserführenden Anlagenteile gelangen.
Als Desinfektionsmittel werden in der Regel Chlorgas, unter Druck verflüssigt in Stahlflaschen, Natriumhypochlorit-Lösung oder Calciumhypochlorit in Form von Granulat oder Tabletten und Chlordioxid, eingesetzt.
Für die Oberflächendesinfektion von Armaturen, Schiebern, aber auch für Rohrleitungen und Behälter werden auch Wasserstoffperoxid (H_2O_2) und Kaliumpermanganat-Lösungen verwendet.
Die Auswahl des Mittels richtet sich nach der Desinfektionsaufgabe, den örtlichen Verhältnissen und den vorhandenen mobilen Dosieranlagen. Alle Desinfektionsmittel werden in Form von wässrigen Lösungen angewendet, wobei das Calciumhypochlorit auch in Tablettenform direkt eingesetzt werden kann.
Die Desinfektionswirkung von Chlor und seiner anorganischen Verbindungen hängt weniger von der Art des Mittels als von seiner Konzentration, der Chlorzehrung sowie der Härte und dem pH-Wert des Wasser ab.
Weiterhin spielen die zur Verfügung stehende Einwirkungszeit und die Vermischung des Desinfektionsmittels mit dem Wasser eine entscheidende Rolle.

7.7.1 Durchführung der Desinfektion

Die Aufgabenstellung und die örtlichen Verhältnisse bestimmen das Vorgehen bei der Desinfektion von Anlagen der Trinkwasserversorgung.
Hier soll auf die Desinfektion von Wasserbehältern, Pumpen, Armaturen und Rohrleitungen eingegangen werden, nicht jedoch auf die Desinfektion von Brunnen und Filtern.

7.7.2 Vorreinigung und Spülung

Vor der Desinfektion von Trinkwasserbehältern ist eine Reinigung durchzuführen. Mit der Reinigung sollte möglichst schnell nach der Entleerung begonnen werden, da ein Antrocknen der Rückstände deren Beseitigung erschwert. Mit einer mechanischen Reinigung können weniger fest haftende Verunreinigungen, wie z. B. Eisenschlamm, aus dem Behälter entfernt werden. Dies erreicht man durch Ausspritzen oder mechanisches Schrubben. Eine wesentlich stärkere Wirkung kann durch eine Hochdruckreinigung erzielt werden, bei der der Behälter mit einem Wasserstrahl mit sehr hohem Druck ausgespritzt wird.

Zur Verkürzung der Reinigungszeit und zur Arbeitserleichterung gibt es heute Reinigungschemikalien, die selbst bei festsitzenden Ablagerungen gut wirksam sind. Diese Mittel werden entweder auf die Fläche aufgesprüht oder bei einer Hochdruckreinigung dem Wasser zugesetzt. Ein Teil der im Handel befindlichen Reinigungsmittel enthält desinfizierende Komponenten, deren Wirkung jedoch bei starken Verunreinigungen eingeschränkt wird. Auch in diesen Fällen ist meist eine anschließende Desinfektion notwendig.

Bei neu verlegten Rohrleitungen, nach Reparaturen am Rohrnetz und bei Inbetriebnahme einer stillgelegten Leitung muss vor der Desinfektion eine Spülung mit Wasser vorgenommen werden.

Sie hat zum Ziel, mechanische Verunreinigungen, die bei Rohrverlegung oder -reparatur in die Leitung gelangt sind, wieder zu entfernen.

Bei Leitungen mit geringer Nennweite kann das Spülen unter Umständen eine zusätzliche Desinfektion überflüssig machen. Hier spielen die Fließgeschwindigkeit (mindestens 0,6 m/sec) und die Spülwassermenge (3- bis 5-facher Rohrinhalt) eine wichtige Rolle.

Wenn sich keine ausreichende Fließgeschwindigkeit erreichen lässt und wenn nach der Rohrleitungsspülung die bakteriologische Untersuchung der Wasserprobe zu Beanstandungen geführt hat, ist immer eine anschließende Desinfektion erforderlich.

Bei Reparaturarbeiten sind alle zum Einbau kommenden Rohre, Formstücke und Armaturen mit verdünnten Chlorlösungen (Natriumhypochlorit-, Calciumhypochlorit-Lösung) oder mit verdünnter Wasserstoffperoxid- bzw. Kaliumpermanganat-Lösung auszuwaschen.

Eine besondere Desinfekion von Pumpen wird selten erforderlich sein, da ein Probebetrieb mit reinem Wasser durch die hohe Fließgeschwindigkeit im Pumpengehäuse schon eine gute Reinigungswirkung ausübt. Ist eine Desinfektion dennoch notwendig, kann diese zusammen mit der Rohrleitungsdesinfektion erfolgen.

7.7.3 Desinfektion von Behältern

Die Wahl des jeweiligen Verfahrens richtet sich nach der Größe des Behälters und nach den örtlichen Verhältnissen. So kann z. B. für die Desinfektion Natriumhypochlorit-Lösung in den leeren und gereinigten Behälter gegeben werden (Standverfahren). Der Chlorüberschuss im Wasser sollte bis zu 10 mg/l betragen.
Nach einer Einwirkzeit von mindestens 24 Stunden wird der Behälter entleert und kann dann mit Trinkwasser gefüllt. Ein Nachteil dieser Methode ist, dass die Decke und der obere Teil der Behälterwände nicht mit erfasst werden. Bei großen Behältern werden erhebliche Mengen an Desinfektionsmitteln benötigt, die anschließend wieder schadlos zu beseitigen sind.
Günstiger ist es, alle Flächen des Behälters nach der Vorreinigung mit Chlorlösung abzusprühen. Für kleinere Behälter eignen sich mobile Chlorungsanlagen.
Die zum Absprühen verwendete Chlorlösung soll 50 bis 200 mg/l Chlor enthalten. Bei diesen Arbeiten müssen Schutzkleidung und Atemschutzgerät getragen werden.

7.7.4 Desinfektion von Rohrleitungen

In der Praxis haben sich für die Desinfektion von Rohrleitungen mehrere Verfahren bewährt. Für die Wahl des Verfahrens sind ausschlaggebend: zum einen der Zeitaufwand (Einwirkungszeit), zum anderen die Beseitigungsmöglichkeit des gechlorten Wassers, sowohl hinsichtlich der Konzentration als auch der Menge. Folgende Verfahren werden angewendet:
Beim **statischen Verfahren** erfolgt die Desinfektion durch längeres Stehen der Desinfektionslösung (Chlorlösung) in der Leitung. Hierzu wird die neu verlegte Rohrleitung über einen Stutzen, ein Entlüftungsventil oder einen Hydranten mit Wasser gefüllt. Gleichzeitig wird in einem konstanten Verhältnis Chlorlösung mit einer Dosierpumpe, einem Zumischgerät oder einem transportablen Chlorgasgerät zugegeben. Die Chlorkonzentration in der Rohrleitung soll 10 bis 100 mg/l betragen und richtet sich nach der Chlorzehrung des Wassers, den verwendeten Werkstoffen und, wie bereits erwähnt, nach der Möglichkeit der Beseitigung des hochgechlorten Wassers.
Häufig hat sich eine Konzentration von 50 mg/l Cl_2 bewährt. Bei vorgereinigten Rohrleitungen ist eine einwandfreie Desinfektion schon mit Chlorkonzentrationen zwischen 5 und 10 mg/l Cl_2 erreichbar. Während der Chlorung muss ein Eindringen der Desinfektionslösung in das in Betrieb befindliche Rohrnetz verhindert werden. Absperrorgane, die den zu chlorenden Leitungsabschnitt von anderen, für die Trinkwasserversorgung weiter genutzten Versorgungssträngen abtrennen, müssen vorher auf Dichtheit geprüft werden.

Der Chlorzusatz darf erst beendet werden, wenn die gesamte Leitung mit gechlortem Wasser gefüllt ist. Während der Standzeit von mindestens 12 Stunden soll in dem Wasser noch freies Chlor nachweisbar sein.

Das **dynamische Verfahren** kann besonders bei langen Leitungen mit großer Nennweite günstig sein. Hierbei bewegt sich ein Pfropfen Desinfektionsmittellösung durch den vollständig gefüllten Leitungsabschnitt. Der Pfropfen kann sich auch zwischen zwei Molchen oder Gummibällen durch die Leitung bewegen.

Konzentration sowie Menge und Fließgeschwindigkeit und damit die Kontaktzeit der Desinfektionsmittellösung sind auf den Einzelfall abzustimmen.

Die in Tabelle 21 aufgeführten Anwendungswerte sollten am Ende der zu desinfizierenden Strecke noch nachweisbar sein.

Bei hartnäckigen Verkeimungen von Rohrleitungen sind Mehrfachchlorungen, das **diskontinuierliche Verfahren,** zweckmäßig. Hierbei wird die Leitung zunächst mit gechlortem Wasser (z. B. mit einer Chlorkonzentration von ca. 50 mg/l Cl_2) gefüllt. Nach einer Standzeit von mindestens einigen Stunden wird die Leitung gespült. Die Füllung der Leitung mit gechlortem Wasser und die Spülung werden wiederholt, bis einwandfreie bakteriologische Befunde der Proben des ungechlorten Wassers vorliegen. Eine Kombination der Desinfektion von Rohrleitungen mit der Druckprüfung hat sich gut bewährt. Bei diesem Verfahren wird schon bei der ersten Füllung der Rohrleitung chlorhaltiges Wasser eingeleitet. Durch den bei der Druckprüfung auftretenden höheren Druck wird die Chlorlösung in die Poren des Rohrmaterials bzw. in Flanschen, Kupplungen usw. gepresst, was die Desinfektionswirkung begünstigt.

Nach einer Reparatur muss die Wasserleitung im Allgemeinen so schnell wie möglich wieder in Betrieb genommen werden. Für eine Desinfektion bleibt daher in der Regel keine Zeit.

Die Reparaturarbeiten sind darum mit äußerster Sorgfalt und Sauberkeit auszuführen. Es ist unter allen Umständen zu verhindern, dass Wasser aus der Baugrube in die Leitung gelangt. Dazu sind ausreichend starke Pumpen vorzuhalten. Außerdem ist für eine ausreichende Tiefe der Baugrube und, falls möglich, für eine nicht vollständige Absperrung des beschädigten Leitungsabschnittes zu sorgen, damit an der Schadenstelle immer ein geringer Wasseraustritt erfolgt. Einzubauende Teile sind mit sauberem Wasser oder Desinfektionslösung vor Ort zu reinigen.

Falls nach einem Rohrschaden der Leitungsabschnitt desinfiziert werden soll, ist eine Einwirkzeit von mindestens einer Stunde anzustreben. Eine höhere Konzentration an Desinfektionsmittel als in Tabelle 21 genannt verbessert nicht zwangsläufig das Desinfektionsergebnis. Vielmehr ist sicherzustellen, dass das Desinfektionsmittel an alle zu desinfizierenden Anlagenteile gelangt. Das Eindringen von Desinfektionslösung in die Rohrleitungsporen ist mit einer nachfolgenden Spülung aus der Leitung hinauszuspülen. Nach der Reparatur muss eine gründliche Spülung solange durchgeführt werden, bis in dem von der Reparatur betroffenen Netzabschnitt zumindest optisch keine Trübung des Trinkwassers mehr festgestellt werden kann. Für die Beseitigung des bei der Desinfektion von Behältern und Rohrleitungen anfallenden chlorhaltigen Wassers gibt es verschiedene Möglichkeiten. Dies kann z. B. dadurch geschehen, dass die Chlorkonzentration durch Verdünnung so weit gesenkt wird, dass eine Schädigung des öffentlichen Kanalnetzes oder des Vorfluters nicht mehr eintreten kann. Weiterhin kann das Chlor durch Natriumthiosulfat-Lösung (Antichlor) chemisch gebunden oder an Korn-Aktivkohle katalytisch zersetzt werden. Es gibt auch mobile „Entchlorungsanlagen", die neben der Entchlorung auch gleichzeitig die Neutralisation des eventuell sauren Wassers übernimmt.

7.7.5 Mobile Chlorungsanlagen – fahrbare und tragbare Geräte

Der Anlagentyp wird durch die Art und den Umfang der Desinfektionsmaßnahme bestimmt. Für kleinere Wasserversorgungsunternehmen eignen sich tragbare Chlordosieranlagen, die z. B. in einem Stahlrohrrahmen montiert sind und die jederzeit durch das Bedienungspersonal auf Transportfahrzeuge verladen werden können. Die Auswahl des Chlordosiergerätes – Chlorgas-Dosieranlage oder Dosierpumpe – sollten das Einsatzgebiet und die benötigte Chlormenge pro Einsatz bestimmen.
Wasserwerke, die sonst ihr Trinkwasser nicht chloren müssen, können tragbare Chlorungsanlagen auch für Katastrophenfälle vorhalten. Für große Versorgungsunternehmen sind fahrbare Chlorungsanlagen sinnvoll. Hier kann man, je nach den zu erwartenden Einsätzen und den zurückzulegenden Entfernungen, zwischen verschiedenen Anlagentypen wählen: Eine nur gelegentlich genutzte Anlage kann auf einem einachsigen Anhänger montiert werden, der den Vorteil hat, auch in ungünstigem Gelände leicht beweglich zu sein.
Bei längerem Einsatz am gleichen Ort haben sich zweiachsige Anhänger, z. B. Bauwagen, bewährt, da bei diesen Anlagen getrennte Räume für die Chlorlagerung, Chlordosierung und das Bedienungspersonal vorhanden sind. Auch in Containern können komplette Chlor-Dosieranlagen eingebaut werden. Müssen größere Strecken, z. B. in Großstädten, überwunden werden und stehen häufige Einsätze an, so eignen sich hierfür in Motorfahrzeuge (z. B. Klein-LKW) eingebaute Chlorungsanlagen.
Diese Fahrzeuge sollten über ein Notstromaggregat verfügen und müssen den Vorschriften der Straßenzulassungsverordnung entsprechen. Besondere Aufmerksamkeit ist bei mobilen Chlorungsanlagen dem Schallschutz zu widmen, da sie auch während der Nachtstunden einsetzbar sein müssen.
Für die Zugabe von flüssigen Desinfektionsmitteln wie Natriumhypochlorit-, Calciumhypochlorit- oder Chlordioxid-Lösung werden fahrbare Dosierpumpenanlagen eingesetzt. Die Dosierpumpen sind gemeinsam mit dem Vorratsbehälter für die Desinfektionsmittellösung auf einem Fahrgestell montiert (siehe Abb. 103).

Abb. 102: Dosierkoffer, sofort einsetzbar, komplett mit Kontaktwasserzähler, Dosierpumpe, Sauglanze und Impfrohr. Die Dosiereinheit ist geeignet für Chlor-, Chlordioxid- und Wasserstoffperoxid-Lösungen

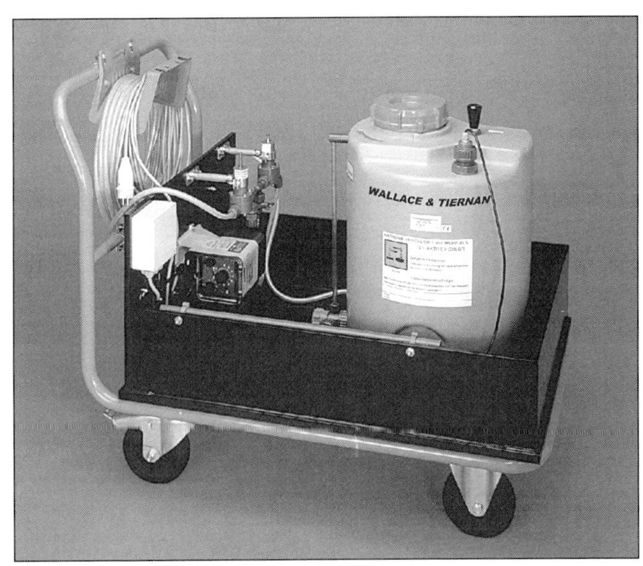

Abb. 103: Fahrbare Dosieranlage für Chlor-, Chlordioxid- oder Wasserstoffperoxid-Lösungen. Die Dosierleistung kann manuell oder automatisch eingestellt und über ein Durchflusssignal gesteuert werden

Membran-Dosierpumpen, die von einem Elektromotor angetrieben werden, haben sich in der Praxis gut bewährt. Der Elektromotor sollte gegen Spritzwasser geschützt und für den Anschluss an Wechselstrom (230 V, 50 Hz) geeignet sein. Alle mit dem Desinfektionsmittel in Berührung kommenden Pumpenteile müssen gegen dieses beständig sein.

Bei der Wahl der Dosierpumpe ist der höchstmögliche Gegendruck an der Zusatzstelle zu berücksichtigen. Membran-Dosierpumpen gibt es für Dosierleistungen ab 1 l/h. In der Mehrzahl der Einsatzfälle beträgt die Dosierleistung 10 bis 1000 l/h.

Die Bevorratung der Natriumhypochlorit-, Calciumhypochlorit- oder Chlordioxid-Lösung muss in einem lichtundurchlässigen Behälter erfolgen. Die Größe des Vorratsbehälters richtet sich nach der benötigten Menge an Chlor oder Chlordioxid pro Einsatz. Ein Standrohr zum Auslitern der Dosiermenge ist vorteilhaft, da die Leistung der Dosierpumpe jeweils vom Gegendruck an der Zusatzstelle abhängig ist. Für eine eventuelle Verdünnung der Desinfektionsmittel-Lösung sollte der Vorratsbehälter über einen Mischer verfügen.
Die in Abb. 104 dargestellte fahrbare Dosierpumpenanlage wird von einem Wasserdurchflussmesser mit Kontaktgabe angesteuert. In Abhängigkeit von der Wassermenge bekommt die Dosierpumpe entsprechende Impulse, die ihre Förderleistung steuert. Dadurch erhält das Wasser, z. B. für eine Rohrleitungschlorung, einen einstellbaren gleichmäßigen Chlorgehalt. Tragbare Chlorgas-Dosieranlagen bestehen im Wesentlichen aus dem Chlorgas-Dosiergerät, einer Betriebswasserpumpe und einer oder zwei Chlorgasflaschen. Alle Teile sind in einem tragbaren und fahrbaren Stahlrohrgestell betriebsfertig montiert.
Die Betriebswasserpumpe kann durch einen Elektromotor (230/400 V, 50 Hz) oder durch einen Benzinmotor angetrieben werden. Der am Chlorgas-Dosiergerät eingebaute Injektor erzeugt durch das Betriebswasser ein Vakuum, das über ein Druckreduzierventil die Zuleitung der angeschlossenen Chlorflaschen öffnet. Im Injektor wird das Chlorgas intensiv mit dem Betriebswasser vermischt und die so bereitete Chlorlösung fließt mit Druck über die Ableitung zur Zusatzstelle.
Je nach Zulaufdruck zur Betriebswasserpumpe und der Chlorgas-Dosiermenge kann an der Zusatzstelle gegen einen Druck von ca. 12 bar zudosiert werden.

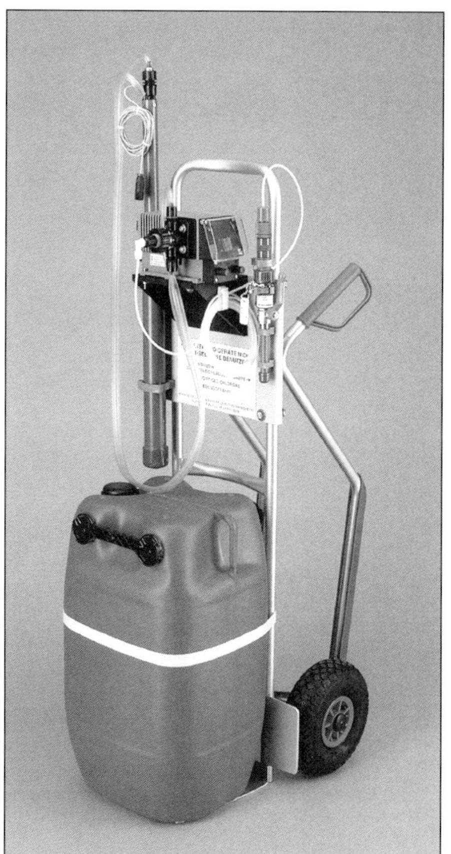

Abb. 104:
Mobile Dosieranlage für Natriumhypochlorit- oder Calciumhypochlorit-Lösung. Die Dosierung erfolgt über eine Magnet-Dosierpumpe

Die tragbare Chlorgas-Dosieranlage ist, wie die Praxis gezeigt hat, einfach in der Bedienung und sehr flexibel einzusetzen, da sie durch austauschbare Dosiermengenmesser über einen großen Dosierbereich verfügt.
Abb. 105 zeigt eine tragbare Chlorgas-Dosieranlage mit einer Betriebswasserpumpe, die von einem Elektromotor angetrieben wird.

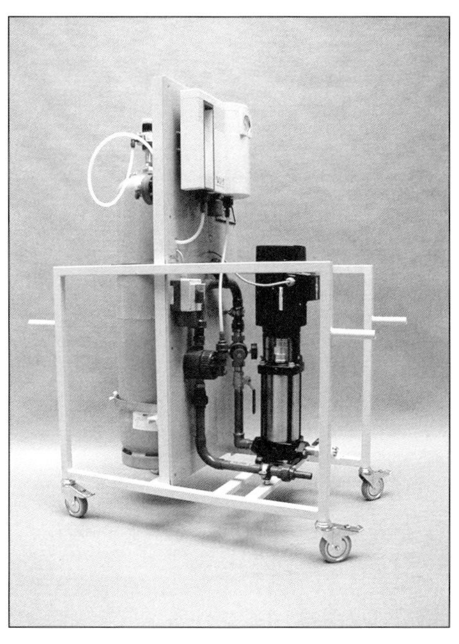

Abb. 105:
Mobile Chlorgas-Dosieranlage (trag- und fahrbar) mit Druckerhöhungspumpe, Vakuum-Chlorgas-Dosiergerät, Injektor und einer Chlorflasche (Rückseite der Anlage)

Unter fahrbaren Chlordosieranlagen sind Chlorgas-Dosieranlagen mit dem erforderlichen Zubehör zu verstehen, die in einem Bauwagen oder in einem Klein-LKW eingebaut sind. Diese Chlorungsanlagen sind sowohl innerhalb von Wohngebieten der Städte als auch im Gelände zur Chlorung von Transportleitungen einsetzbar.
Der Einbau der Chlorgas-Dosiergeräte, der Betriebswasserpumpen, der Chlorflaschen und aller anderen Aggregate wie Schlauchtrommeln, Heizung usw. ist den Raumverhältnissen und den zulässigen Achsbelastungen anzupassen. Die Auswahl der Chlorgas-Dosiergeräte ist nach den zu erwartenden Einsatzbedingungen zu bemessen.
Der Innenraum ist mit einer Be- und Entlüftung, einer Entwässerung, einer elektrischen Raumheizung (Plattenheizkörper) sowie mit einer von außen zu betätigenden Berieselungsanlage zu versehen. Die Energieversorgung sollte für Netzanschluss und wahlweise für den Anschluss an ein Notstromaggregat ausgelegt sein.
Abb. 106 zeigt einen LKW, in dem Chlorungsanlagen für die Rohrnetzchlorung eingebaut sind. Eine mobile Bereitungs- und Dosieranlage für Chlordioxid zeigt Abb. 107. Dieser Anlagentyp wird hauptsächlich für die Legionellenbekämpfung in großen Gebäuden wie etwa Krankenhäusern, Alten- und Pflegeheimen und Hotels eingesetzt. Aber auch für die Rohrnetzpflege ist diese Anlage geeignet.
Aus Natriumchlorit-Lösung und verdünnter Salzsäure wird mit dieser Anlage vor Ort eine Chlordioxid-Lösung bereitet, die der Abtötung der Legionellen und dem Abbau des Biofilms im Leitungssystems dient.

Abb. 106: Mobile Desinfektionsanlage in einem LKW für die Rohrnetzchlorung

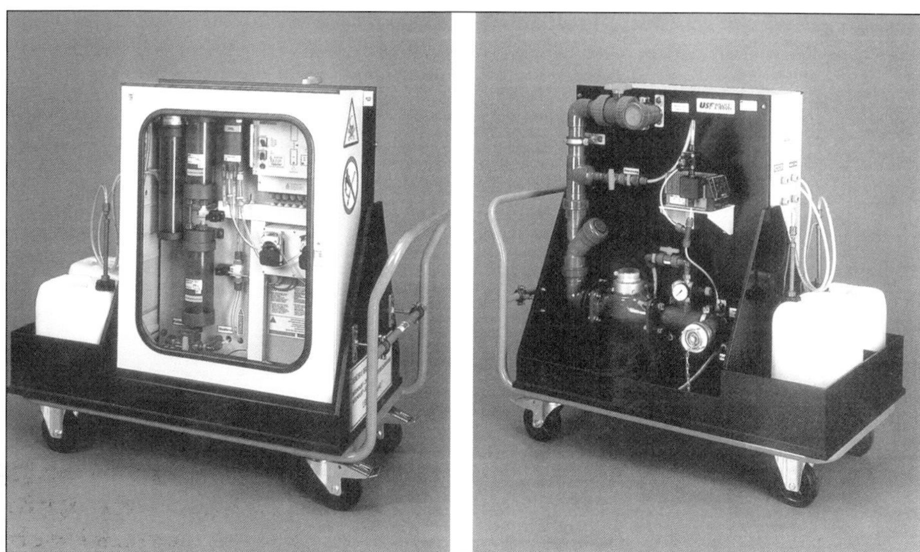

Abb. 107: Mobile Chlordioxid-Bereitungs- und Dosieranlage; Leistung 10 g/h Chlordioxid, links der Bereitungsteil, rechts die Dosieranlage (Rückseite) mit Magnet-Dosierpumpe. Dieser Anlagentyp kann für die Legionellenbekämpfung in Krankenhäusern, Alten- und Pflegeheimen, Hotels etc. eingesetzt werden

8 Verfahrenstechnik der Ozonung

8.1 Begriffe der Ozonung

Ozonung
Unter Ozonung wird die Behandlung eines Wassers mit Ozon verstanden, das heißt das Zusammenbringen von gasförmigem Ozon oder eines an Ozon hochkonzentrierten Teilstromes mit Wasser.

Ozonierung
Ozonierung ist die direkte und indirekte Einwirkung von Ozon auf im Wasser vorhandene Inhaltsstoffe mit unterschiedlichen Reaktionsabläufen.

Ozondosierung
Unter Ozondosierung versteht man den Vorgang der Ozonzugabe. Sie wird in g/m^3 oder mg/l angegeben.

Ozondosis
Die Ozondosis ist die pro Volumeneinheit Wasser zugegebene Ozonmenge, angegeben in mg/l Ozon.

Ozonkonzentration
Die Ozonkonzentration ist die Ozonmenge pro Volumeneinheit. Bei Gas wird sie in g/m^3 unter Normalbedingungen und in Wasser in g/m^3 oder mg/l angegeben.

Ozonverbrauch (Ozonzehrung)
Der Ozonverbrauch ist die Differenz zwischen eingetragener Ozonmenge und Restozonmenge in der Wasserphase.

Spezifischer Ozonverbrauch
Der spezifische Ozonverbrauch ist der Bedarf an Ozon bezogen auf einen Wasserparameter, z. B. DOC oder SAK.

Ozoneintrag
Bei der Begasung von Wasser mit ozonhaltigem Gas wird nur ein Teil des Ozons absorbiert: Der absorbierte Teil wird Ozoneintrag genannt und ist die rechnerische Differenz zwischen zudosierter und ausgetragener Ozonmasse pro Volumeneinheit Wasser.

Reaktionszeit (Einwirkungszeit)
Unter Einwirkungszeit wird die Zeit verstanden zwischen Ozondosierung und dem Zeitpunkt, an dem kein Ozon im Wasser mehr nachgewiesen werden kann.

Restozon
Restozon in der Gasphase ist das in der Abluft auftretende Ozon. Restozon in der wässrigen Phase ist das im Wasser verbleibende Ozon, das nach einer vorgegebenen Reaktionszeit noch analytisch erfasst werden kann.

Entozonung (Restozonentfernung)
Die Beseitigung von Restozon im Wasser und in der Gasphase wird als Entozonung bezeichnet. Die Entfernung des Restozons im Wasser durch Filtration über Korn-Aktivkohle. In der Gasphase über thermische- oder katalythische Restozonvernichter.

8.2 Trinkwasseraufbereitung mit Ozon

Ozon ist das stärkste Oxidations- und Desinfektionsmittel, das heute für die Aufbereitung von Trinkwasser angewendet wird. Durch Ozon wird besonders der oxidative Abbau der organischen Belastungsstoffe gesteigert. Daneben hat Ozon sehr gute bakterizide, viruzide und sporozide Eigenschaften und kann kolloidale Stoffe im Wasser zum Teil ausflocken. Durch Ozon, das im Wasser zu Sauerstoff zerfällt, lässt sich das Wasser in Bezug auf den Geruch und den Geschmack sowie in seinen optischen Eigenschaften verbessern.
Die Zugabemenge an Ozon ist vom Aufbereitungsziel und von der Wasserbeschaffenheit abhängig und liegt im Bereich von 0,7 bis 5 mg/l. Die Nachteile des Ozons liegen darin, dass es im Wasser sehr schwer löslich ist und relativ schnell wieder zerfällt und wegen seiner erheblichen Toxidität im Trinkwasser nicht verbleiben darf. Nach der Trinkwasserverordnung darf die maximale Zugabe 10 mg/l O_3 betragen, es soll die Höchstkonzentration nach Abschluss der Aufbereitung von 0,05 mg/l O_3 nicht überschritten werden.
Vor allem in Europa hat die Ozonung die Chlorung als erste Verfahrensstufe bei der Aufbereitung von Oberflächenwasser verdrängt.
Die „Vorchlorung" ist durch die „Voroxidation" mit Ozon ersetzt worden. Dieser Trend setzt sich überall auf der Welt fort, weil Ozon gegenüber Chlor Vorteile bietet, ohne dessen Nachteile aufzuweisen.
Ozon hat viele verschiedene Auswirkungen auf das Wasser; die meisten hängen davon ab, an welcher Stelle des Aufbereitungsprozesses und in welcher Dosis das Ozon zugegeben wird.

Für die Vorozonung (Voroxidation) wird normalerweise eine geringe Ozondosierung erfolgen und das bei einer kurzen Reaktionszeit im Bereich von 1 bis 2 Minuten. Nach der Vorozonung können gewöhnlich keine oder nur sehr geringe Ozonrestgehalte festgestellt werden. Die vorrangigsten Ziele der Vorozonung sind:

- das Entfernen von Geschmack, Farbe und Geruch aus dem Rohwasser
- das Abtöten und Inaktivieren von einem Teil der Bakterien, Sporen, Viren, Parasiten; hier reicht für eine vollständige Desinfektion die Reaktionszeit und die Ozondosierung nicht aus
- das Entfernen bzw. die Oxidation von THM-Vorläufersubstanzen (Erniedrigung des Trihalogenbildungspotentials)
- die Verbesserung der Mikroflockung

Setzt man die Ozonung nach der Filtration, also im weiteren Verlauf des Aufbereitungsprozesses, ein, so müssen längere Reaktionszeiten und höhere Restozongehalte gewählt werden. Die typische Reaktionszeit liegt in der Größenordnung von 4 Minuten, da die Reaktionen mit den Wasserinhaltsstoffen langsam ablaufen.
Um eine sichere Desinfektion zu gewährleisten, kann hier der sogenannte CT-Wert angewandt werden. Hierbei ist C der Ozonrestgehalt im Wasser in mg/l und T die berechnete Verweildauer des Wassers im Ozonreaktionsbehälter.
Als Beispiel für eine sichere Desinfektion sei hier der CT-Wert von 1,6 aufgeführt, der sich aus der Reaktionszeit von 4 Minuten und einem Ozonrestgehalt von 0,4 mg/l errechnet hat.
Nach der Reaktionszeit erfolgt die Entfernung des Restozons aus dem Wasser durch granulierte Aktivkohle (Korn-Aktivkohle). Bei der Filtration über Aktivkohle werden nicht nur das Ozon, sondern gleichzeitig auch Nebenreaktionsprodukte der Ozonung, wie z. B. Trihalogenmethane, Aldehyde und Ketone, entfernt.
Durch die Korn-Aktivkohlefilter werden außerdem alle adsorbierbaren Substanzen aus dem Wasser entfernt, die trotz des Aufbereitungsprozesses (Oxidation, Flockung, Sandfiltration) noch im Wasser vorhanden sind. Mit der zweiten Ozonzugabe innerhalb des Aufbereitungsprozesses wird erreicht:

- eine vollständige Desinfektion (Bakterien, Viren)
- die Oxidation organischer Verbindungen wie z. B. Phenole, Tenside, Pestizide
- die Umwandlung von biologisch nicht abbaubaren organischen Stoffen zu biologisch abbaubaren Stoffen
- die Verringerung des Bedarfs an Desinfektionsmittel wie Chlor oder Chlordioxid für die Rohrnetz-Desinfektion

Als Nebenprodukte bei der Ozonung entstehen neben Aldehyden und Ketonen auch Bromat. Bromat wird als Ergebnis der Reaktion von Ozon und OH-Radikalen mit Bromid gebildet. Das Ausmaß der Bromatbildung wird durch die Bromidkonzentration im Rohwasser, die Ozondosis, den pH-Wert, die Temperatur und die Gegenwart von Radikalfängern beeinflusst. Nach der Trinkwasserverordnung ist für Bromat ab 01.01.2008 ein Grenzwert von 0,01 mg/l festgelegt.

8.3 Anlagen zur Erzeugung von Ozon

Ozon entsteht bei der Einwirkung einer „stillen elektrischen Entladung" auf Sauerstoff oder sauerstoffhaltige Gase. Die elektrische Entladung erfolgt in einem Gasraum zwischen zwei Elektroden, die durch ein Dielektrikum voneinander getrennt sind. An einer Elektrode liegt Hochspannung an, während die Gegenelektrode am geerdeten Rückleiter zur Hochspannungsquelle oder an Erdpotenzial liegt.
Bereits im Jahre 1857 baute Werner von Siemens die erste technische Apparatur zur Erzeugung von Ozon. Auch heute noch basieren alle Ozonerzeugungsanlagen auf dem von Siemens angewandten Prinzip der „stillen elektrischen Entladung". Dabei entsteht aus dem Sauerstoff der Luft oder aus reinem Sauerstoff das Ozon.

Die Abb. 108 zeigt eine schematische Darstellung einer Ozonröhre. Die Entladungsvorrichtungen wurde im Laufe der Entwicklung vereinfacht und in ihrer Leistung verbessert, sodass heute zwischen röhren- und plattenförmigen Entladungselementen unterschieden wird (Abb. 109).
Gemeinsam ist allen Konstruktionen der prinzipielle Aufbau solcher Elemente, wobei zwei Metallelektroden (korrosionsfestes Metall) durch ein Dielektrikum (spezielles Glas) und einen Luftspalt voneinander getrennt werden. Den Elektro-

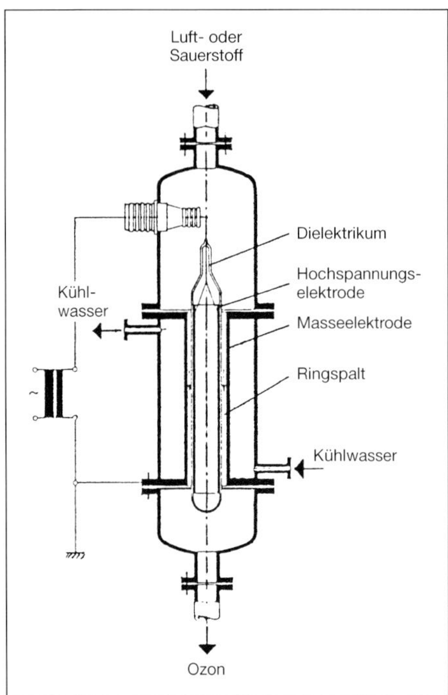

Abb. 108:
Schematische Darstellung eines Röhren-Ozonerzeugers, den Werner von Siemens bereits 1857 für die Anwendung zur Wasserdesinfektion einsetzte

den wird hochgespannter Wechselstrom beliebiger Frequenz zugeführt, wobei das Dielektrikum den Zweck eines Vorschalt-Widerstandes erfüllt und den direkten, zum Kurzschluss führenden Stromübergang von Elektrode zu Elektrode verhindert. Innerhalb des Luftspaltes kommt es beim Durchleiten eines sauerstoffhaltigen Gases zu einer stillen elektrischen Entladung, welche die Ozonbildung bewirkt. Die Ozonbildung ist eine Gleichgewichtsreaktion. Bildung und Zerfall von Ozonmolekülen finden gleichzeitig statt.

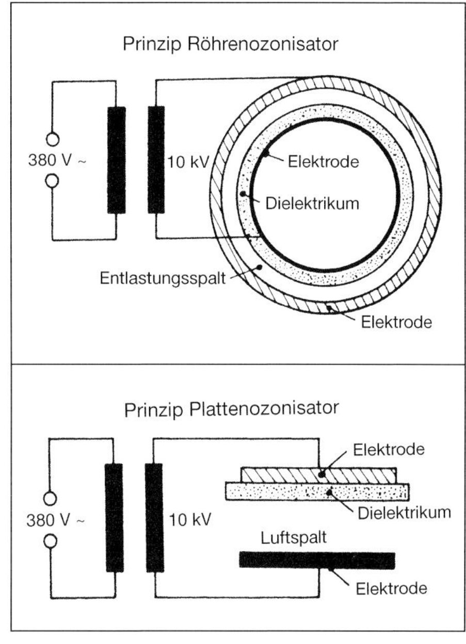

Abb. 109:
Ozonbildung im elektrischen Wechselfeld

Es handelt sich um einen endothermen Vorgang, der die Zufuhr einer relativ großen Energiemenge bedingt. Es wird jedoch nur ein geringer Teil der zugeführten Energie für die Ozonbildung genutzt; die überschüssige Energie wird in Form von Wärme frei.

Da der Ozonzerfall bei niedrigen Temperaturen kleiner als bei hohen Temperaturen ist, werden die Ozonerzeuger (Röhren und Platten) mit Wasser gekühlt. Ozon entsteht nach folgender Gleichung:

$$1\tfrac{1}{2}\,O_2 \text{ (Sauerstoff)} + 142\text{ kJ (Energie pro mol)} \rightleftharpoons O_3 \text{ (Ozon)} \quad (19)$$

Je nach Ausführung des Ozonerzeugers, der Betriebsbedingungen und des Einsatzgases (Luft oder Sauerstoff) werden etwa 10 % der eingespeisten Energie zur Erzeugung des Ozons umgesetzt. Rund 90 % werden in Wärme umgewandelt, die abgeführt werden muss, um den Zerfall des gebildeten Ozons zu minimieren. Die intensive Kühlung des Entladungsraumes ist daher eine wichtige Voraussetzung für die Ozonerzeugung.

Der Wirkungsgrad und die erzielbare Ozonkonzentration hangen vor allem vom Sauerstoffgehalt des Einsatzgases ab. Aus technischem Sauerstoff kann mit gleichem Energieaufwand etwa doppelt soviel Ozon bei wesentlich höherer Ozonkonzentration wie beim Einsatz von Luft erzeugt werden. Dies bedeutet eine Verkleinerung

des Ozonerzeugers und der gasführenden Einrichtungen wie Rohre und Armaturen. Allerdings müssen die Kosten für den Sauerstoff berücksichtigt werden.
Das zur Ozonerzeugung eingesetzte Gas muss mechanisch gereinigt und auf einen Taupunkt unter 228 K getrocknet sein. Bei diesem Taupunkt ist ein wirtschaftlicher und störungsfreier Betrieb gegeben. Ozonanlagen bestehen aus der Luftaufbereitung (Luftfilter zum Abtrennen der Staubteilchen), der Lufttrocknung, dem Ozonerzeuger sowie Hochspannungs- und Regeltransformatoren.
Die Leistung, der Wirkungsgrad und die Betriebssicherheit der Ozonerzeuger hängen wesentlich von der Reinheit, Trockenheit und Temperatur der Luft oder des Sauerstoffgases ab, aus der das Ozon erzeugt wird. Je nach Konstruktion des Ozonerzeugers wird der Anlagenteil für die Bereitstellung und Vorbereitung des Einsatzgases mit Unter- und Überdruck betrieben.
Für die Lufttrocknung benutzt man bei drucklos arbeitenden Adsorbern Kieselgel, Aluminiumoxidgel oder Molekularsiebe, an denen die Luftfeuchtigkeit adsorbiert wird. Bei Drucktrocknungsanlagen wird als Adsorptionsmittel in den meisten Fällen aktivierte Tonerde eingesetzt. Die Abb. 110 zeigt die Erzeugung von Ozon mit Luft und alternativ mit Sauerstoff. Technisch sind die Ozonerzeuger für die Einsatzgase Luft und Sauerstoff gleich aufgebaut. Für Ozonerzeugungsanlagen gelten die Anforderungen der Norm DIN 19627, in der auch Hinweise über den Aufbau, die Werkstoffe, den Aufstellungsort, die Kühlung, technische Daten, Betriebshinweise und die Bestimmung der Ozonkonzentration enthalten sind.

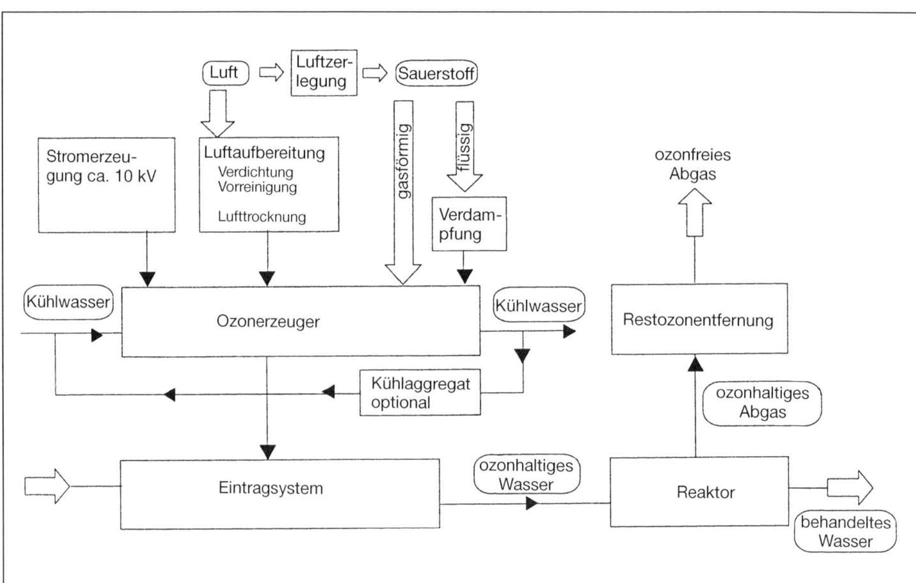

Abb. 110: Ozonerzeugung mit Luft oder Sauerstoff

Ozonerzeuger werden mit Ozonerzeugungselementen in Röhrenform oder in Plattenform in unterschiedlichen Konstruktionen gefertigt. In einem Ozonerzeuger sind mehrere, oft einige Hundert Ozonerzeugungselemente eingebaut (Abb. 111).
Für Ozonleistungen über 1 kg/h haben sich Anlagen durchgesetzt, die zur Ozonerzeugung eine Spannung von ca. 10 kV und eine in Wechselrichtern erzeugte Frequenz von ca. 600 Hz benutzen. Durch die Spannungsbegrenzung auf ca. 10 kV wird eine hohe Standzeit der Ozonerzeugungselemente erreicht.

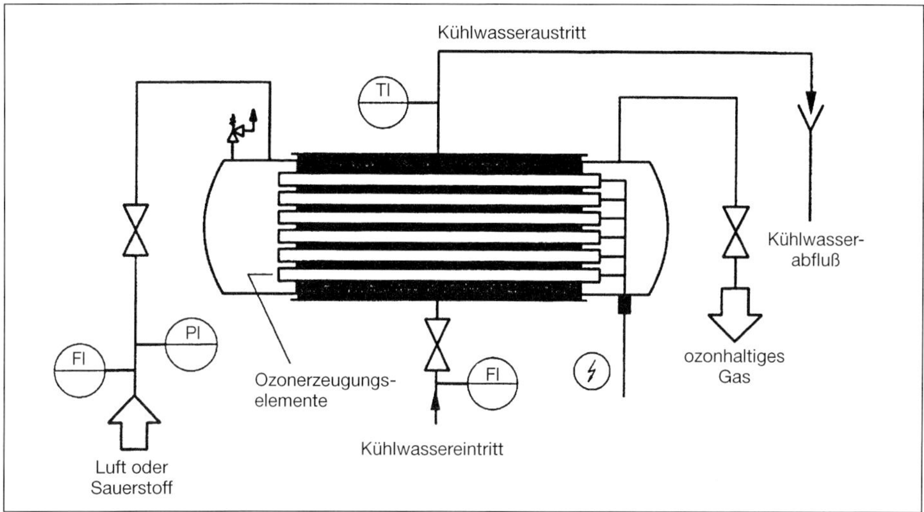

Abb. 111: Fließschema eines Ozonerzeugers

Abb. 112: Ozonerzeugungsanlage, die aus Sauerstoff als Prozessgas eine Ozonkonzentration bis 35 g/Nm^3 O_3 im Gasgemisch erzeugen kann

Bei heute durchaus erreichbaren Ozonkonzentrationen von 10 % bis 13 % im Gasgemisch benötigt man für die Erzeugung von 1 kg Ozon etwa 10 kg Sauerstoff. Für Ozonleistungen unter 1 kg/h O_3 werden Anlagen eingesetzt, die mit Netzfrequenz, Mittel- und Hochfrequenz arbeiten und als Einsatzgas Luft verwenden. Der Energieaufwand liegt bei Verwendung von Luft um rund 60 % höher als bei Verwendung von Sauerstoff.

Zur Ermittlung des spezifischen Ozonbedarfs in g/m^3 im Wasser sind meist Versuche erforderlich. Dabei sollte der Ozonbedarf für alle vorkommenden Wasserqualitäten ermittelt werden.

Besonders zu beachten ist die Art der Einmischung und der Vermischung sowie die Reaktionsgeschwindigkeit und damit die erforderliche Kontaktzeit (Verweilzeit).

Komplette Ozonungsanlagen, bestehend aus Ozonerzeugungsanlage, Vermischungseinrichtung, Reaktionsbehälter und Restozonvernichter, sind in geschlossenen, verschließbaren Räumen unterzubringen.

Abb. 113: Ozon-Erzeugungsanlagen in einem Wasserwerk. Die einzelne Anlage hat folgende technische Daten:

Baujahr: 2012	Kühlwasserbedarf: 39 m^3/h
Einsatzgas: O_2	Luftbedarf: 0,22 Nm^3/h
Erzeugung: 14.500 g/h O_3	Betriebsspannung: 5,5 kV
Gasvolumenstrom: 81,5 Nm^3/h	Betriebsfrequenz: 0–1000 Hz
Gasbetriebsdruck: 1,2 bar (Ü)	Nennleistung el.: 150 kW

Diese müssen je nach Verfahren und eingesetzter Technik in der Regel durch Gaswarngeräte überwacht und mit einer saugenden Entlüftung ausgerüstet sein. Die Lüftungsanlage muss mindestens einen dreifachen Luftwechsel je Stunde sicherstellen. Abb. 113 zeigt eine Ozonerzeugungsanlage in einem großen Wasserwerk.
Die Anlagen zur Förderung, Kühlung und Trocknung der Luft bzw. die Sauerstoffanlagen sind in diesem Sinne nicht Teil der Ozonungsanlage.
In der DIN 19627 sind die Anforderungen an den Aufstellungsort im Hinblick auf elektrische, klimatische und betriebliche Belange näher beschrieben.

Abb. 114: Kontrollgerät für die Ozonkonzentration im erzeugten Ozongasgemisch

Nach den Unfallverhütungsvorschriften müssen Räume, in denen Ozonerzeuger mit ozonführenden Rohrleitungen oder Behältern installiert sind, mit Ozon-Warngeräten ausgerüstet sein. Die Messgeber der Ozon-Warngeräte (Abb. 121) müssen in unmittelbarer Nähe solcher Stellen angeordnet sein, wo im Störfall mit der höchsten Ozonkonzentration gerechnet werden muss. In diesem Fall ist es üblich, die Alarmschwelle des Gaswarngerätes auf eine Ozonkonzentration in der Luft von 1 mg/m^3 einzustellen. Die Geräte müssen mit optischer Anzeige und akustischer Alarmgabe ausgerüstet sein. Bei Alarm muss die Ozonerzeugung automatisch unterbrochen und die vorgeschriebenen Raumentlüftungen automatisch eingeschalten werden. Im Aufstellraum der Ozonanlage sollte nach DIN 19627 die Temperatur 30 °C und die relative Feuchte 60 % nicht überschreiten. Für Staubfreiheit und absolute Abwesenheit aggresiver Dämpfe ist Sorge zu tragen.

8.4 Eintragsysteme für Ozon

Da die Löslichkeit von Ozon im Wasser sehr gering ist, bedarf es eines erheblichen Aufwands, das Ozon in das zu behandelnde Wasser zu bringen. Derzeit werden zahlreiche Verfahren angewandt, die sich durch die Art der Ozoneinbringung, die Größe der Kontaktfläche zwischen Gas- und Wasserphase, den Systemdruck und die Reaktionszeit unterscheiden. Um einen hohen Ozoneinbringungsgrad zu erzielen, ist eine möglichst feinblasige Gasverteilung, verbunden mit hoher Turbulenz, erforderlich. Hauptsächlich werden folgende Verfahren angewendet:

- Teilstrom- oder Vollstrombegasung mit Injektor und statischem Mischer
- Kerzenbegasung
- Kolonnenbegasung
- Begasung durch rotierende Mischer

Bei der Teilstrombegasung wird ein Teilstrom des aufzubereitenden Wasser über eine Druckerhöhungspumpe gefördert und durch einen Injektor geschickt, der das Ozongasgemisch ansaugt und in den Teilstrom einmischt. Ein nachgeschalteter statischer Mischer erhöht den Einbringungsgrad.
Der Eintrag des Ozongas-Wasser-Gemisches in den Hauptstrom erfolgt in die Rohrleitung vor einem weiteren statischen Mischer (Abb. 115). Die im Teilstrom erreichbaren hohen Ozonkonzentrationen ermöglichen ein System, welches vergleichsweise klein dimensioniert werden kann.

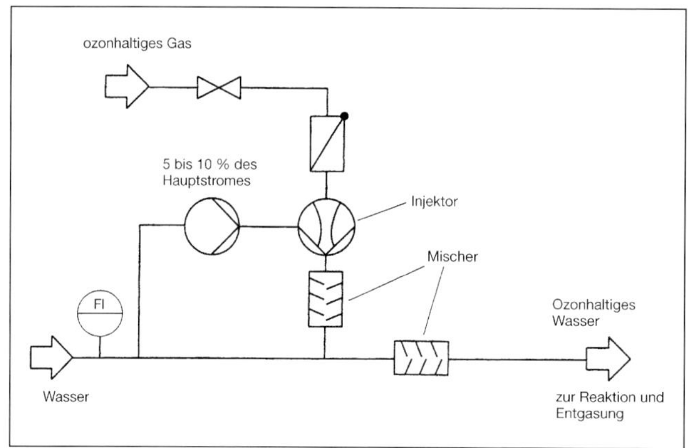

Abb. 115: Ozoneintrag mit Injektor und Mischer im Teilstrom oder Vollstrom

Danach muss eine ausreichende Reaktionszeit für das Ozon gewährleistet sein (lange Rohrleitung, Reaktionsbehälter). Statische Mischer müssen zur Gewährleistung einer optimalen Wirksamkeit mit ausreichender Durchflussgeschwindigkeit betrieben werden. Nicht gelöstes Gas muss gefahrlos beseitigt werden. Weiterhin kann eine Vollstrombegasung mit Venturi-Injektorsystem erfolgen. Dazu wird das aufzubereitende Wasser im Vollstrom mittels einer Pumpe über eine Venturi-Injektor-Kombination geleitet. Infolge großer Geschwindigkeitsdifferenzen zwischen dem Wasserstrom und dem Ozongas-Luft-Gemisch kommt zu einer hochwirksamen feinblasigen Einmischung.

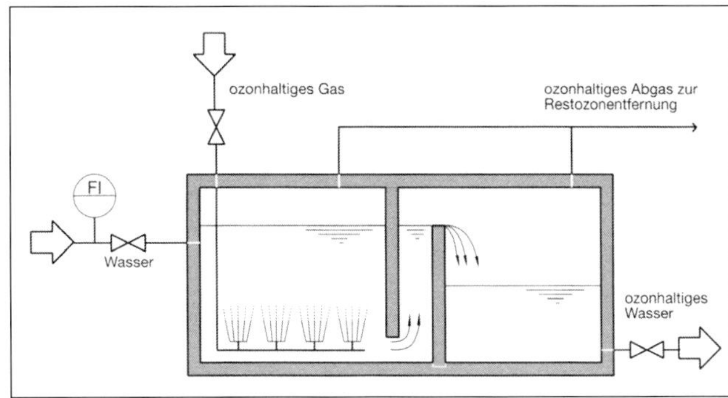

Abb. 116:
Ozoneintrag durch Kerzenbegasung

Bei der Kerzenbegasung erfolgt eine feinblasige Gaseinbringung über poröse Sintermetallplatten oder keramische Platten bzw. Kerzen am Boden von etwa 5 bis 6 m tiefen Becken (Abb. 116).

Das Verfahren eignet sich für große Gasmengen, wie sie z. B. bei Ozonanlagen mit Luftbetrieb vorkommen. Bei erreichbaren Ozonkonzentrationen in Luft von 20 bis 25 g/m³ müssen je kg/h Ozon 40 bis 50 m³/h Gas eingebracht werden. Statt Kerzenbelüfter können auch Membranscheibenbelüfter eingesetzt werden. Diese haben im Vergleich zu den klassischen porösen Kerzen einen wesentlich geringeren Druckverlust. Die bei der Kerzenbegasung durchgesetzten Volumenströme können nur gering variiert werden. Bei Unterschreiten einer Mindestgasmenge pro Begasereinheit ist der Eintrag nicht mehr feinblasig genug, um einen guten Einbringungsgrad zu erreichen.

Bei großer Gasmengenschwankung können in den Reaktionsbecken mehrere Begasungsstrecken installiert werden, die man bei Gasmengenänderungen zu- oder abschaltet.

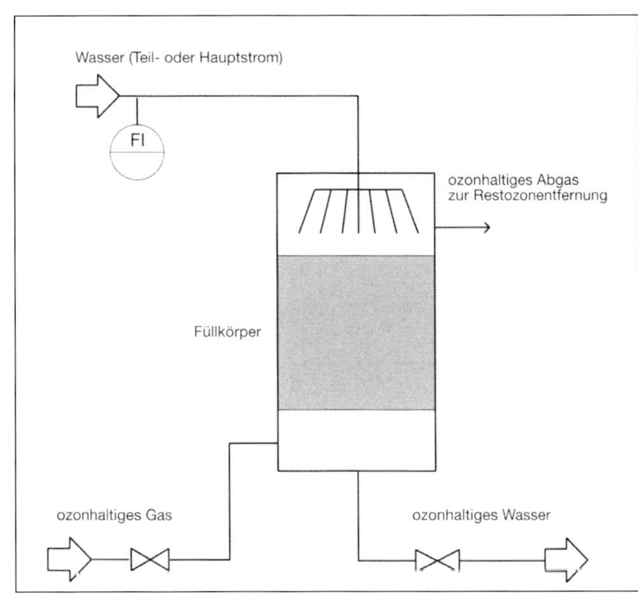

Abb. 117:
Ozoneintrag durch Kolonnenbegasung

Anlagen mit Kerzenbegasung benötigen relativ große Bauvolumina. Die Gefahr der Belagbildung auf der Kerzenoberfläche durch Härtebildner, Eisen- und Manganoxide ist zu beachten.
Bei der Kolonnenbegasung erfolgt der Gaseintrag zweckmäßigerweise im Gegenstrom (Abb. 117). Die Volumenströme können in gewissen Grenzen variiert werden. Es kann ein hoher Einbringungsgrad erreicht werden. Bei der Begasung durch rotierende Mischer wird das Ozon-Gas-Gemisch feinblasig mit dem Wasser vermischt und dabei umgewälzt (Abb. 118). Rotierende Mischer werden dort eingesetzt, wo gleichbleibende Belastung und kleine Regelbereiche vorliegen oder wenn im Wasser Eisen- bzw. Manganverbindungen vorhanden sind, die zur Verstopfung von keramischen Kerzen führen können.

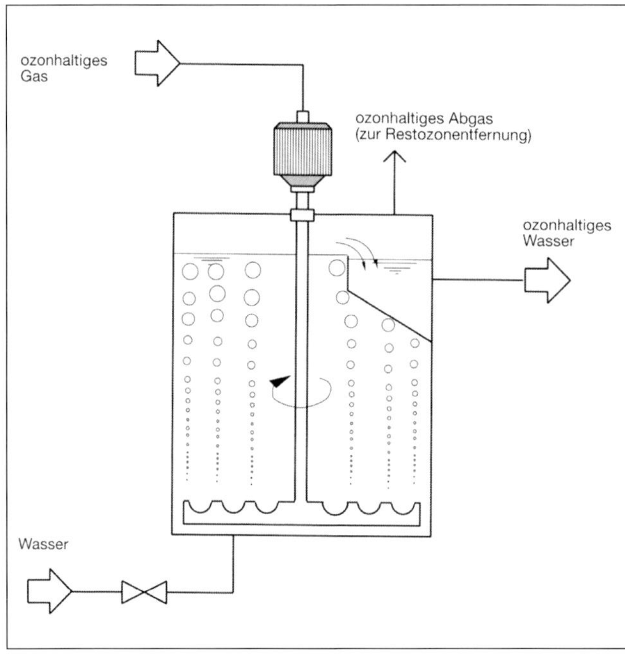

Abb. 118: Ozoneintrag mit rotierendem Mischer

8.5 Restozonentfernung

Bei allen beschriebenen Eintragungssystemen für Ozon ist eine vollständige Lösung des zugeführten Ozons in dem aufzubereitenden Wasser nicht möglich. Obwohl bei richtig ausgelegten Anlagen und je nach System, Betriebsdruck und Ozonkonzentration Eintragungsgrade von deutlich über 95 % erreicht werden können, sind Betriebszustände möglich, bei denen bis zu 25 % des eingetragenen Ozons in das

Abgas gelangen. Das Abgas muss über eine wirksame Restozon-Entfernungsanlage ins Freie geleitet werden. Dabei gilt die Abgasbehandlung als wirksam, wenn eine Ozonkonzentration von 0,02 mg/m^3 im Abgas nicht überschritten wird. Die gebräuchlichen Verfahren sind:

- thermische Restozonvernichtung
- katalytische Restozonvernichtung
- Ozonvernichtung mit Korn-Aktivkohle

Bei Temperaturen über 310 °C zerfällt Ozon vollständig. Um einen ausreichend sicheren Abstand von der Mindesttemperatur zu erhalten, empfiehlt es sich, das Abgas auf 350 °C zu erhitzen. Dabei ist sicherzustellen, dass die Mindestverweilzeit des Abgases bei dieser Temperatur 2 Sekunden beträgt. Das erhitzte Abgas wird zur Energieoptimierung im Gegenstrom über einen Gas/Gas-Wärmeaustauscher geleitet, der den ozonhaltigen Abgasstrom vor dem Erhitzer auf ungefähr 300 °C vorheizt, sodass zum Erreichen der Zersetzungstemperatur im Dauerbetrieb lediglich noch die Energie eingetragen werden muss, die notwendig ist, um die Temperatur von 300 °C auf 350 °C zu erhöhen (Abb. 119).

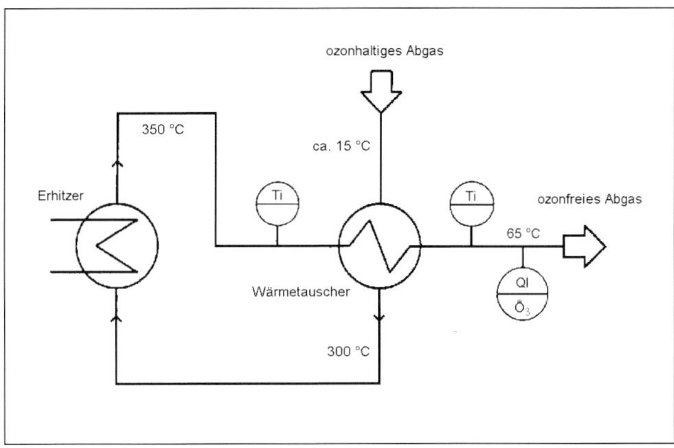

Abb. 119: Thermischer Restozonvernichter

Falls erforderlich, fördert ein nachgeschalteter Ventilator das Abgas in saugendem Betrieb durch die Anlage. Kunststoffventilatoren sind ungeeignet. Für Wärmetauscher und Reaktor sind geeignete legierte Stähle zu verwenden.

Für die katalytische Restozonvernichtung sind Palladium und Metalloxid auf der Basis CuO/-MnO als Katalysatoren geeignet. Für eine sichere Funktion der Katalysatoren muss die Temperatur des wasserdampfgesättigten Abgases so erhöht werden, dass eine Kondensation von Wasser in den Katalysatorporen und damit eine Zerstörung des Trägermaterials verhindert wird.

Eine Anlage zur katalytischen Restozonentfernung besteht im Wesentlichen aus dem elektrischen Heizregister, dem Reaktionsbehälter mit Katalysatorschüttung und eventuell einem Abgasventilator in saugendem Betrieb. Zur Vermeidung von Kondensation liegt die Betriebstemperatur des Katalysatorbettes meist zwischen 60 °C und 80 °C (Abb. 120).
Für Erhitzer und Reaktionsbehälter sind geeignete legierte Stähle einzusetzen. Auch bei diesem Verfahren kann die Abgaswärme in einem Wärmetauscher zum Vorheizen genutzt werden. Für die Auslegung der Anlage müssen der maximale Abgasstrom und die maximale Ozonkonzentration bekannt sein. Das zu reinigende Abgas darf keine Substanzen enthalten, die den Katalysator inaktivieren (sogenannte Katalysatorgifte, z. B. Chlor, Brom, Stickoxide).

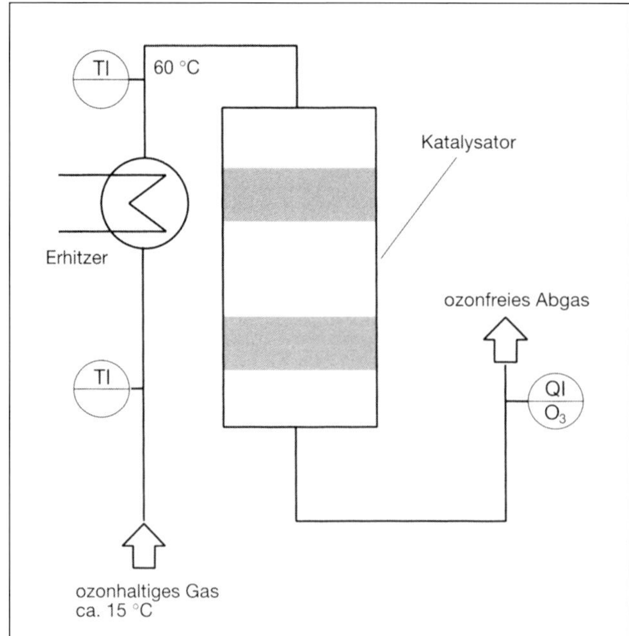

Abb. 120: Katalytischer Restozonvernichter

Die Ozonentfernung über Korn-Aktivkohle wird heute nur noch bei der Raumluftbehandlung eingesetzt. Für die Restozonentfernung in der Prozessluft ist dieses Verfahren wegen des hohen Gefahrenpotenzials (Brandgefahr) nicht geeignet.
Bei der Ozonumwandlung über Korn-Aktivkohle findet eine chemische Reaktion zwischen der Kohle und dem Ozon im Abgas statt (2,7 g Ozon reagieren stöchiometrisch mit 1 g Aktivkohle). Dabei wird die Struktur der Kornkohle zerstört. Die Kohle pulverisiert mit der Zeit und muss in Abhängigkeit von der spezifischen Ozonbelastung erneuert werden.
Sprunghafte Ozonkonzentrationserhöhungen und Volumenstromänderungen sind zu vermeiden. Sie können zu örtlichen Überhitzungen, Bränden und Verpuffungen führen.

8.6 Unfallverhütung

Der Arbeitsplatzgrenzwert (AGW) beträgt für Ozon 0,1 ml/m^3 entsprechend 0,2 mg Ozon pro m^3 Raumluft. In Tabelle 22 sind die physiologischen Wirkungen von Ozon zusammengestellt.

Tabelle 22: Physiologische Wirkungen von Ozon

Ozon ml/m^3	Physiologische Wirkung
0,02	Geruchsschwelle
0,02–0,5	Betäubung der Geruchsnerven nach ca. 5 Minuten Einwirkungsdauer. Trockenheit in Nase und Rachen, Husten- und Niesreiz, Tränenbildung, Kopfschmerzen
0,1	Arbeitsplatzgrenzwert (AGW)
0,5–2	Reizung auf Augen und Atmungsorgane, bei mehrstündiger Einwirkungsdauer starke Reizungen der Atemwege und Bronchien, Geschmacksstörungen, Erbrechen
> 10	Bewusstlosigkeit, Lungenbluten, bei längerer Einwirkungsdauer Tod durch Lungenödem
> 5000	Tödlich innerhalb weniger Minuten

> größer als

Ozon wird durch seinen intensiven Geruch schon in geringsten Konzentrationen wahrgenommen („Höhensonnengeruch"). So beträgt die Geruchsschwelle ca. 0,02 ml/m^3. In etwas höheren Konzentrationen wird der Geruch unangenehm stechend. Es tritt eine Reizwirkung der Atmungsorgane und der Augen auf.
Bei Ozonkonzentrationen von 0,02 bis etwa 0,5 ml/m^3 tritt eine Betäubung der Geruchsnerven ein. Nach etwa 5 Minuten Einwirkungsdauer bei dieser Konzentration in Luft wird das Ozon nicht mehr wahrgenommen. Hierin liegt die Gefahr, weil der natürliche Selbstschutz über die Geruchswahrnehmung ausgeschaltet ist. Ozonkonzentrationen über 0,5 ml/m^3 wirken bereits so stark reizend auf die Augen und Atmungsorgane, dass sie stets wahrgenommen werden. Trockenheit in Nase und Rachen, Hustenreiz und Niesreiz, Tränenbildung und Kopfschmerzen treten auf.
Ozonkonzentrationen bis zu 2 ml/m^3 führen nach einer Einwirkungsdauer weniger Stunden zu starken Reizungen der Atemwege, Geschmacksstörungen, Erbrechen und Reizungen der Bronchien, die tagelang nachwirken. Personen, die häufig oder lange Zeit der Einwirkung niedriger Ozonkonzentrationen ausgesetzt sind, können an chronischen Bronchialleiden erkranken. Ozonkonzentrationen über 10 ml/m^3

führen bei längerer Einwirkungsdauer zu Bewusstlosigkeit, Lungenblutungen und Tod infolge eines Lungenödems. Die Einatmung von Ozon in Konzentrationen über 5000 ml/m^3 führt innerhalb weniger Minuten zum Tode. Es soll hier nicht unerwähnt bleiben, dass eine Konzentration von 5000 ml/m^3 entsprechend 0,5 Vol.-% Ozon leicht in der Atemluft zu erreichen ist, da eine moderne Ozonanlage Konzentrationen von 2 bis 4 Vol.-% Ozon produziert. Die Anlagen sind heute jedoch aus Sicherheitsgründen so konzipiert, das diese Konzentrationen nicht auftreten können. Räume, in denen Ozon erzeugt und dosiert wird, sind mit Ozon-Warngeräten auszurüsten (Abb. 121). Die Ozonerzeugung muss im Gefahrfall durch einen Schalter (Not-Aus-Schalter) abgeschaltet werden können. Der Gefahrenschalter ist an leicht zugänglicher, ungefährdeter Stelle außerhalb des Aufstellungsraumes der Ozonungsanlage anzubringen und deutlich zu kennzeichnen.

Für jede an der Ozonungsanlage beschäftigte Person ist ein namentlich gekennzeichnetes ozonbeständiges Atemschutzgerät als Vollmaske mit wirksamem Gasfilter zur Verfügung zu stellen. Atemschutzgeräte dürfen nicht in Räumen aufbewahrt werden, in denen Einrichtungen der Ozonungsanlage vorhanden sind. Sie müssen einsatzbereit, leicht erreichbar, staub- und feuchtigkeitsgeschützt aufbewahrt werden.

Müssen Räume betreten werden, in denen eine Ozonansammlung zu vermuten ist, darf dies nur mit Atemschutzgeräten geschehen.

Sind Konzentrationen über 1000 ml/m^3 zu erwarten, dürfen zum Betreten nur von der Umgebung unabhängig wirkende ozonbeständige Atemschutzgeräte (Pressluftatmer) in Verbindung mit ozonbeständigen Gasschutzanzügen verwendet werden.

Alle Räume, in die Ozon gelangen kann, sind deutlich erkennbar und dauerhaft zu kennzeichnen. Diese Kennzeichnung umfasst: Hinweiszeichen „Ozongeruch sofort melden, für Entlüftung sorgen“, Warnzeichen „Vergiftungsgefahr“ und Verbotszeichen „Feuer, offenes Licht, Rauchen“.

Ozonerzeuger sind deutlich erkennbar und dauerhaft zu kennzeichnen (DIN 19627).

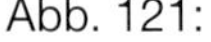

Abb. 121:
Ozon-Warngerät, überwacht die Raumluft am Aufstellungsort der Ozoanlage und warnt das Bedienungspersonal über ein optisches und akustisches Signal

9 UV-Desinfektion

9.1 Begriffe der UV-Desinfektion

Desinfektionspotenzial (einer UV-Anlage)
Ist die Desinfektion, die eine UV-Anlage unter definierten Bedingungen erzielt. Das Desinfektionspotenzial wird mit dem Biodosimeter ermittelt und in Reduktionsraten für einen spezifizierten Mikroorganismus angegeben.

Spektraler Absorptionskoeffizient (SAK-λ)
Ist das Verhältnis des spektralen dekadischen Absorptionsmaßes A(λ) zur Weglänge l des von der Strahlung der Wellenlänge λ zurückgelegten Weges. Die Angabe der Messwerte erfolgt in m^{-1}. Für die Funktion einer UV-Anlage ist der spektrale Absorptionskoeffizient des Wassers bei 254 nm (SAK-254, DIN 38404, Teil 3) von Bedeutung.

Spektraler Schwächungskoeffizient (SSK-λ)
Durchläuft UV-Licht ein optisches Medium, z. B. Wasser, so wird es durch Absorption der im Wasser gelösten natürlichen und anthropogenen organischen Stoffen und durch Streuung an den im Wasser suspendierten Stoffen (Trübung) geschwächt. Aus beiden Effekten ergibt sich der spektrale (dekadische) Schwächungskoeffizient SKK-λ. Die Bestimmung des SKK-254 erfolgt durch die Messung des unfiltrierten Wassers in Quarzküvetten von mindestens 40 mm Schichtdicke bei 254 nm in einem Spektralfotometer (analog DIN 38404, Teil 3).

Transmission
Der Quotient aus durchgelassener und einfallender Strahlung. Die Transmission eines Wassers wird für die Berechnung zur Auslegung einer UV-Bestrahlungsanlage benötigt. Die Transmission kann aus dem Wert des spektralen Absorptionskoeffizienten berechnet werden.

UV-Durchlässigkeit
In der Praxis eingeführtes, in Prozent angegebenes Maß für die Transmission bezogen auf die Wellenlänge von 254 nm bei bestimmten Schichtdicken. Die Schichtdicke hat einen exponentiellen Einfluss auf den Wert der UV-Durchlässigkeit.

Trübung
Verringerung der Durchsichtigkeit von Wasser, verursacht durch die Gegenwart von feindispergierten suspendierten Stoffen.
Die Bestimmung erfolgt gemäß DIN EN ISO 7027 und wird angegeben in NTU-Einheiten (Nephlometric turbidily units). Für die UV-Desinfektion entscheidend sind die bei 254 nm strahlungsmindernden Trübstoffe, deren Einfluss bei der Messung des spektralen Schwächungskoeffizienten (SSK-254) miterfasst wird.

Bestrahlung
Die Bestrahlung H ist das Produkt aus der Bestrahlungsstärke E und der Dauer t des Bestrahlungsvorganges $H = E \cdot t$ (J/m^2). Die zu verwendende Einheit für die Bestrahlung ist $J/m^2 \triangleq Ws/m^2$.

Bestrahlungsstärke
Die Bestrahlungsstärke E ist der Quotient aus der auf eine Fläche F auftretenden Strahlungsleistung.

Bestrahlungsdosis
Die UV-Dosis ist definiert als absorbierte Strahlungsenergie. Ihre Aussagekraft in Bezug auf die desinfektionswirksame Leistung ist beschränkt.

Strahlungsenergie
Die Strahlungsenergie ist die über die eingestrahlten Wellenlängen integrierte Energiemenge.

Strahlungsleistung
Die Strahlungsleistung ist der Quotient aus Strahlungsenergie und Zeit.

UV-Strahler
Für die Erzeugung der UV-Strahlung, die zur Desinfektion von Wasser eingesetzt wird, kommen ausschließlich Quecksilberstrahler in Frage. Man unterscheidet zwischen Quecksilber-Niederdruck- und Quecksilber-Mitteldruckstrahlern. Wichtige Kenngrößen der UV-Strahler sind Strahlerleistung und Strahlernutzungsdauer.

Strahlernutzungsdauer
Vom UV-Anlagenhersteller angegebene Brennstundenzahl eines UV-Strahlers, innerhalb der unter den angegebenen Betriebsbedingungen die für das angegebene Desinfektionspotenzial erforderliche Strahlungsleistung garantiert wird und nach deren Ablauf der Strahler ausgetauscht werden muss.

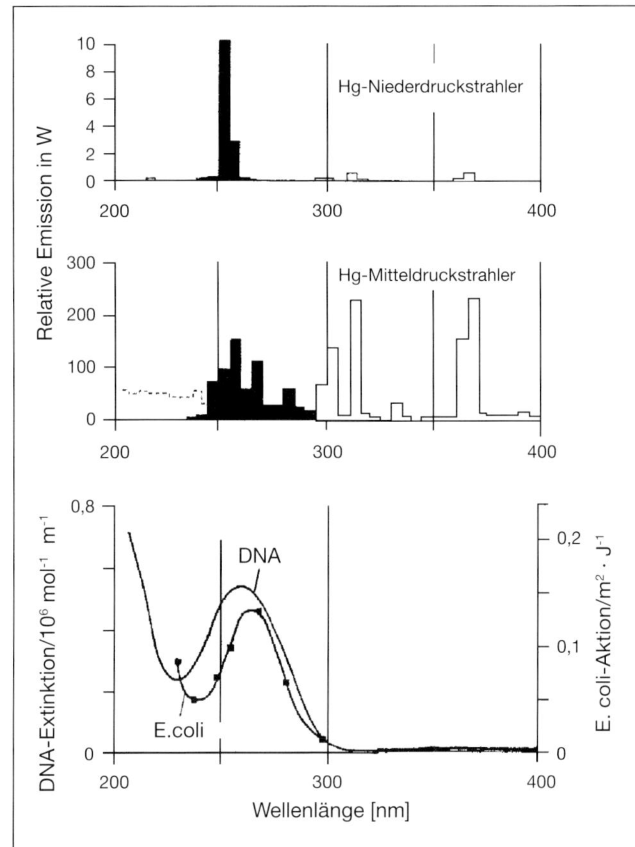

Abb. 122: Spektrale Emission für Quecksilber-Niederdruckstrahler und -Mitteldruckstrahler sowie der desinfektionswirksame Spektralbereich mit dem Absorptionsspektrum von DNA und dem Absorptionsspektrum zur Inaktivierung von E. coli

UV Sensor

Vorrichtung zur physikalischen Messung der Bestrahlungsstärke mit einer selektiven Empfindlichkeit für den desinfektionswirksamen Spektralbereich von 240 bis 290 nm. Man unterscheidet zwischen Anlagensensor und Referenzsensor. Der Anlagensensor wird zur kontinuierlichen Überwachung der UV-Anlage eingesetzt. Der Referenzsensor dient zur Überprüfung der Anlagensensoren. UV-Sensoren müssen kalibrierbar sein.

Aktinometrie

Methode zur Messung fotochemisch wirksamer Strahlung. Ein bekanntes aktinometrisches Messverfahren beruht auf der fotochemischen Reduktion von Eisen-(III)-oxalat zu Eisen-(II)-oxalat, welches nach Umsetzung mit einem Indikator quantitativ bestimmt werden kann.

9.2 UV-Desinfektionsanlagen

Dass UV-Strahlen keimtötende Wirkung haben, ist bereits seit Ende des vorletzten Jahrhunderts bekannt. Erst in unserer Zeit haben Anlagen zur Erzeugung von UV-Strahlen einen Leistungsstand erreicht, der ihren Einsatz zur Desinfektion von Trinkwasser ermöglicht. Mit den heutigen UV-Anlagen sind inzwischen Keimreduzierungen im Trinkwasser möglich, wie sie bei chemischen Desinfektionsverfahren erreicht werden.
Die UV-Strahlen führen zu Veränderungen des Erbgutes (der DNA bzw. RNA) der Mikroorganismen. Dadurch kommt es zum Verlust der Vermehrungsfähigkeit. Abb. 123 zeigt die Wirkung von UV-Strahlen auf ein Bakterium.

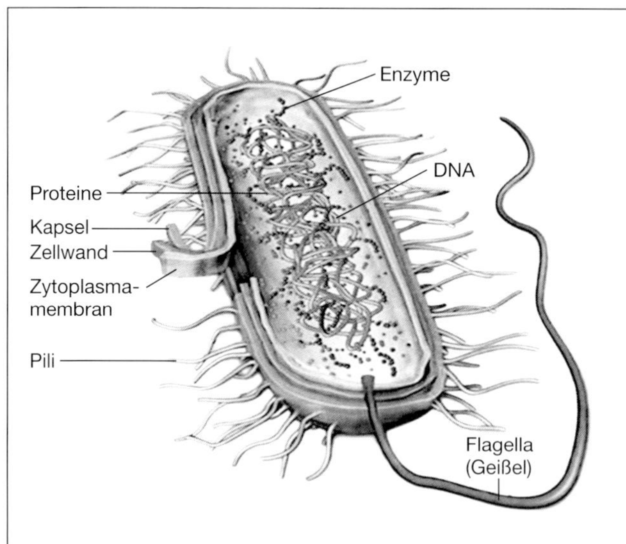

Abb. 123: Wirkung der UV-Bestrahlung auf ein Bakterium: Mitteldruckstrahler (polychromatische Strahler) emitieren ein breites Wellenspektrum, das nicht nur die DNA von Bakterien zerstört, sondern auch die Zellmembran, Proteine, Lipide und Enzyme. Dadurch können die Mikroorganismen ihre Reparaturmechanismen (Foto- und Dunkelreaktivierung) nicht mehr aktivieren

Die zur Inaktivierung notwendige Bestrahlungsdosis hängt von verschiedenen Faktoren ab. Zusammengelagerte oder an Feststoffpartikeln absorbierte Mikroorganismen sind schwieriger abzutöten als einzelne. Vegetative Bakterien, Viren und Pilze sind weitgehend gleich empfindlich gegenüber UV-Strahlen. Eine deutlich höhere Widerstandsfähigkeit besitzen Bakteriensporen und Parasiten. Bakteriensporen werden weder durch die chemische Desinfektion, mit den üblichen und zugelassenen Zugabemengen und Restgehalten an freiem Chlor bzw. Chlordioxid, noch durch die UV-Desinfektion abgetötet. Parasiten besitzen sowohl gegenüber UV-Strahlen als auch chemischen Desinfektionsmitteln eine hohe Widerstandsfähigkeit.
Neuere Veröffentlichungen geben an, dass z. B. die Inaktivierung (nicht mehr vermehrungsfähig) von Cryptosporidien durch UV-Bestrahlung erreicht wird.

Um eine einwandfreie Desinfektion zu erzielen, ist im Wasserwerksbetrieb mindestens eine desinfektionswirksame Bestrahlung von 400 J/m² erforderlich. Die desinfektionswirksame Bestrahlung einer UV-Anlage kann nur mithilfe von mikrobiologischen Untersuchungen festgestellt werden.
In Tabelle 23 sind Krankheitserreger (Bakterien, Viren) aufgeführt und die Bereiche der UV-Bestrahlung, die für eine Inaktivierung der Mikroorganismen notwendig sind.

Tabelle 23: Erforderliche UV-Bestrahlung in J/m² für 99,99 % Inaktivierung von Krankheitserregern im Wasser[1)]

Mikroorganismus	**J/m²**
Escherichia coli[2)]	120–400
Enterokokken	160–240
coliforme Bakterien	200–240
Salmonella typhi	40–160
Salmonella paratyphi	120–240
Salmonellen sonstige	160–320
Cholera-Vibrionen	80–200
Shigellen	80–120
Yersinien	120–320
Pseudomonas aeruginosa[2)]	200–240
Legionella pneumophila	80–200
Hepatitis-A-Virus	160
Polio-Virus 1–3	120–400
Rotaviren	240–360
Bacillus subtilis, vegetative[3)]	240–320
Bacillus subtilis, spore	200–480

[1)] Die aufgeführten Daten wurden aus verschiedenen Literaturstellen erfasst. Der Autor übernimmt dafür keine Verantwortung.
[2)] wild isolate
[3)] nicht pathogener Testkeim für UV-Anlagen

Die UV-Strahlung entfaltet nur unmittelbar am Ort des Einsatzes ihre desinfizierende Wirkung. Daher sind beim Einsatz von UV-Strahlern eher Wiederverkeimungen zu befürchten als in Wässern, die mit chemischen Desinfektionsmitteln behandelt wurden und eine Depotwirkung aufweisen.

Da eine mikrobiologisch einwandfreie Beschaffenheit des Trinkwassers ständig gewährleistet sein muss, muss auch die Desinfektion mittels UV-Strahlung hohen Sicherheitsanforderungen standhalten.
Die UV-Desinfektion von Wasser erfordert Bestrahlungsapparaturen, die für den Anwendungsbereich hinsichtlich der Wasserbeschaffenheit (UV-Absorption) und für die vorgesehene Durchflussmenge ausgelegt sein müssen.
Anforderungen an UV-Anlagen und deren Prüfung sind im DVGW-Arbeitsblatt W 294 geregelt; für den Einsatz von UV-Anlagen ist das DVGW-Arbeitsblatt W 293 zu beachten.
Die einwandfreie Funktion von UV-Anlagen ist nur gewährleistet, wenn die Betriebsbedingungen eingehalten werden, für die die Desinfektionswirksamkeit der Anlage mit der Prüfung nach DVGW-Arbeitsblatt W 294 nachgewiesen wurde. Einzuhalten sind insbesondere der zulässige Volumenstrom (Durchfluss) und die Mindestbestrahlungsstärke an der Überwachungsposition des UV-Sensors.
Die Abb. 124 und 125 zeigen Bestrahlungskammern (UV-Reaktoren) für unterschiedliche Volumenströme.

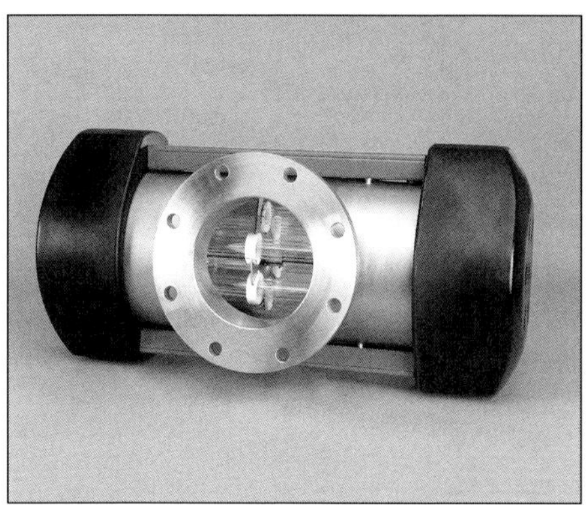

Abb. 124:
UV-Bestrahlungsanlage zum direkten Einbau in die Rohrleitung mit Mitteldruckstrahlern im Quarzschutzrohr und mechanischer Reinigungsvorrichtung (weiße Ringe). Dieser Anlagentyp wird zur Desinfektion von Trinkwasser für Volumenströme von 10–1000 m³/h eingesetzt

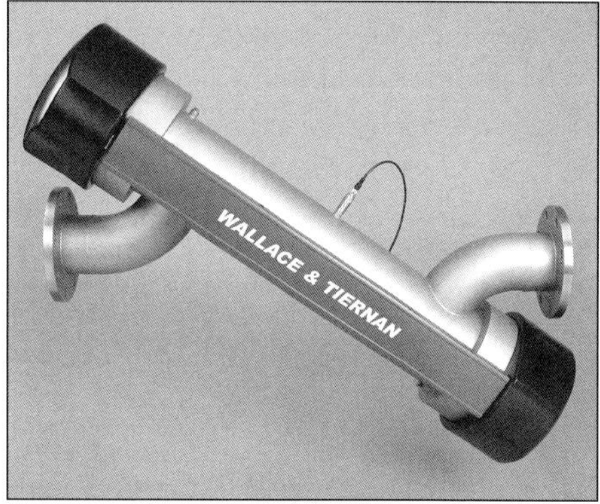

Abb. 125:
UV-Bestrahlungsanlage mit UV-Sensor für Niederdruckstrahler. Dieser Anlagentyp kann in jedes Rohrnetz eingebaut werden, wobei nur geringe Druckverluste im Netz auftreten, je nach Strahleranzahl: 1–4, Durchfluss: 3–215 m³/h

Voraussetzung für eine zuverlässige UV-Desinfektion ist wie bei der chemischen Desinfektion ein weitgehend partikelfreies Wasser. Außerdem wird empfohlen, einen spektralen Schwächungskoeffizienten (SSK-254) von 8 m^{-1} nicht zu überschreiten. Weiterhin sollen zur Vermeidung störender Ablagerungen in der Bestrahlungskammer die Gehalte an gelöstem Eisen unter 0,03 mg/l sowie an Mangan unter 0,02 mg/l liegen.
Bei der UV-Bestrahlung im Wellenlängenbereich 240 bis 290 nm werden unter den für die Desinfektion erforderlichen Bedingungen keine Nebenprodukte in relevanten Konzentrationen gebildet.
Da die UV-Strahlen nur unmittelbar in der UV-Anlage wirken, besteht keine Desinfektionswirkung bei der Wasserverteilung. Auch die neue Trinkwasserverordnung weist darauf hin, dass das UV-Verfahren nicht für die Erzeugung einer Desinfektionskapazität (Depotwirkung) im Verteilernetz geeignet ist.

9.2.1 Anforderungen und Auslegung von UV-Bestrahlungsanlagen

UV-Anlagen zur Trinkwasserdesinfektion müssen ein Desinfektionspotenzial aufweisen, das einer mikrobiozid wirkenden Raumbestrahlung von mindestens 400 J/m^2 entspricht. Die UV-Desinfektionsanlage ist nach der Wasserbeschaffenheit (insbesondere SSK-254, spektraler Schwächungskoeffizient bei 254 nm) und dem Volumenstrom (m^3/h) zu dimensionieren.
UV-Anlagen müssen so beschaffen sein, dass die Betriebsbedingungen, für die das Desinfektionspotenzial geprüft wurde, stets eingehalten werden und überwacht werden können. Dies erfolgt durch Messung von Durchfluss und UV-Bestrahlungsstärke an mindestens einer festgelegten Überwachungsposition.
Die zur Überwachung eingesetzten UV-Sensoren müssen UV-Strahlung im Wellenlängenbereich von 240 bis 290 nm selektiv erfassen und sicherstellen, dass die Mindestbestrahlungsstärke an der Überwachungsposition unter den festgelegten Betriebsbedingungen eingehalten wird. Das Verfahrensfließschema einer UV-Anlage ist in der Abb. 126 dargestellt.
Armaturen in den Zu- und Ableitungen, die zur Begrenzung des Volumenstroms und zur Aufrechterhaltung der gewünschten Strömungsverhältnisse eingebaut sind, dürfen nicht verändert oder verstellt werden und sind entsprechend zu kennzeichnen und zu sichern.
Wird die UV-Anlage zur Desinfektion eingeschaltet, ist zu berücksichtigen, dass die Strahler einige Minuten Brenndauer benötigen, um ihre volle Strahlungsleistung zu erreichen. Die Wasserabgabe ins Netz darf daher erst erfolgen, wenn die UV-Anlage eine Mindestzeit (Herstellerangabe) zugeschaltet war und das Erreichen einer ausreichenden Bestrahlungsstärke durch den UV-Sensor angezeigt wird.

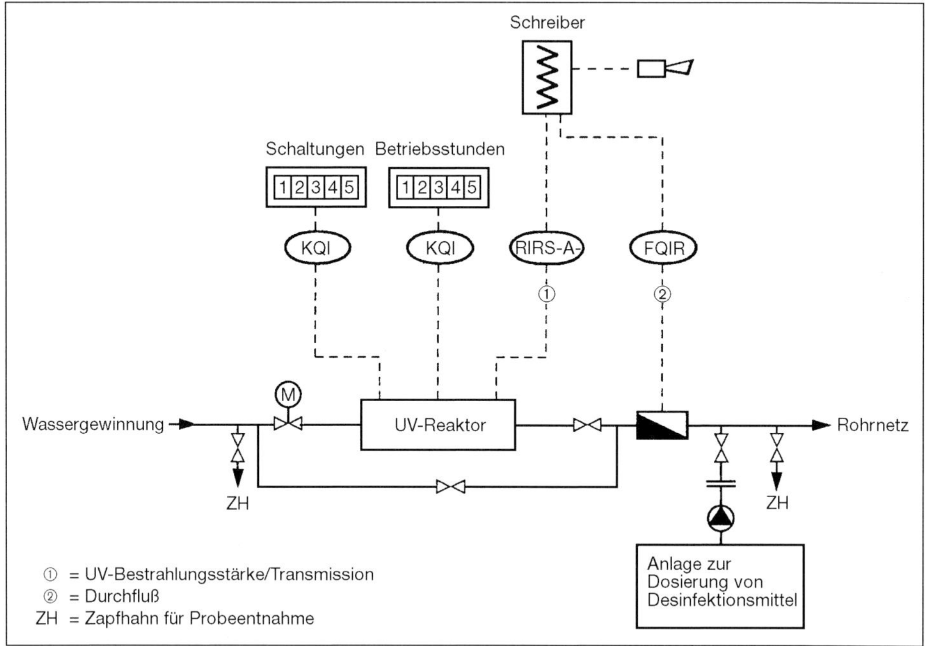

Abb. 126: Verfahrensfließschema einer UV-Desinfektionsanlage

Wenn die UV-Anlage längere Zeit (z. B. mehr als 30 Minuten) nicht durchströmt wird, empfiehlt es sich, sie abzuschalten. Die Anzahl der Einschaltvorgänge ist ebenso wie die Betriebsstunden auf einem Zählwerk zu registrieren, da Schaltungen die Nutzungsdauer der Strahler verkürzen können.

Es ist sicherzustellen, dass die UV-Anlage nicht mit einer höheren Wassermenge beaufschlagt werden kann, als nach ihrer Dimensionierung vorgesehen ist. Um dies zu verhindern, genügt es beispielsweise, die UV-Anlage so groß auszulegen, dass alle gleichzeitig betreibbaren Förderpumpen zugeschaltet werden können.

Jeder einzelne Strahler der UV-Anlage ist elektrisch auf seine Funktion zu überwachen. Der Ausfall eines Strahlers ist vor Ort anzuzeigen, und der Alarm muss dem zuständigen Betriebspersonal unverzüglich gemeldet werden. Sofern die Desinfektionswirkung hierdurch beeinträchtigt werden kann, müssen umgehend Ersatzmaßnahmen zur Desinfektion ergriffen werden.

Zur Kontrolle einer ausreichenden Bestrahlungsstärke muss jede UV-Anlage mit einer kalibrierbaren UV-Messeinrichtung versehen sein.

Der Kontrolle der Bestrahlungsstärke kommt auch deshalb eine hohe Bedeutung zu, da anders als bei chemischen Desinfektionsmitteln die ordnungsgemäße Funktion der Anlage nach der UV-Bestrahlung nicht mehr durch eine kontinuierliche Messung des Desinfektionsmittels zu prüfen ist.

Die Messwerte für Bestrahlungsstärke und Durchflussmenge für jeden UV-Desinfektionsreaktor sollten kontinuierlich registriert oder regelmäßig zusammen mit allen weiteren wichtigen Betriebsdaten dokumentiert werden. Abb. 127 zeigt eine für die Trinkwasserdesinfektion installierte UV-Bestrahlungsanlage.

Abb. 127: Eine installierte UV-Bestrahlungsanlage in einem Wasserwerk mit eingebauten Mitteldruckstrahlern und UV-Sensor. Wasserdurchfluss: 360 m^3/h

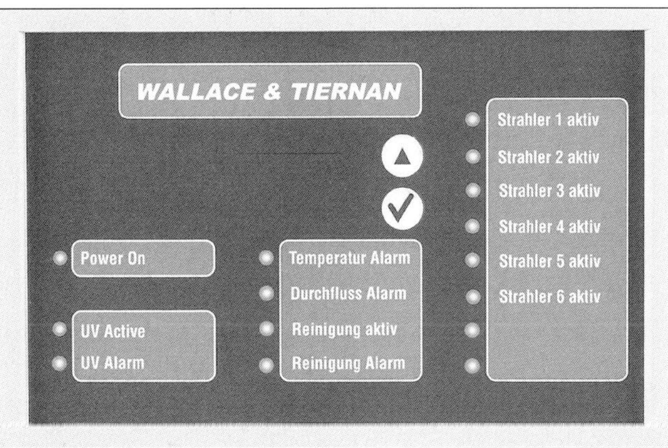

Abb. 128: Auf dem UV-Control-Display werden die Aktivität der einzelnen Strahler, die Kontrolle des Wasserdurchflusses und die Temperaturüberwachung angezeigt, weiterhin die automatische Reinigung der Quarzschutzrohre, in der die UV-Strahler eingebaut sind

Bei Unterschreitung des festgelegten Mindestwertes der Bestrahlungsstärke muss der Durchfluss durch die betroffene Anlage entsprechend reduziert und der Betreiber alarmiert werden. Lässt sich der Durchfluss nicht verringern oder lässt sich der vorgeschriebene Mindestdurchfluss (für eine einwandfreie Hydraulik) nicht einhalten, so sind umgehend Ersatzmaßnahmen zur Desinfektion zu veranlassen, z. B. durch die Dosierung chemischer Desinfektionsmittel.
Der von den UV-Sensoren gemessene Wert der Bestrahlungsstärke, bei dem eine Vorwarnung oder ein Alarm ausgelöst werden und Maßnahmen zur Sicherstellung der Desinfektion ergriffen werden müssen, ist vom Hersteller auf die örtlichen Gegebenheiten abzustimmen. Die UV-Sensoren müssen regelmäßig geprüft und gegebenenfalls kalibriert werden. Abb. 129 zeigt einen ausgebauten UV-Sensor mit Messfenster aus Quarzglas, der die UV-Intensivität in der Bestrahlungskammer (Reaktor) kontinuierlich überwacht. Zur Kontrolle der einwandfreien Funktion der UV-Anlage müssen regelmäßig vor und nach der Desinfektion Proben entnommen und bakteriologisch untersucht werden.

Abb. 129: Ausgebauter UV-Anlagensensor mit Messfenster aus Quarzglas für die kontinuierliche Überwachung der UV-Bestrahlungsanlage

Die üblichen Wartungsarbeiten beschränken sich erfahrungsgemäß auf regelmäßige Reinigungsarbeiten sowie auf das turnusgemäße Wechseln der UV-Strahler. Die Reinigung der Quarzschutzrohre kann sowohl mechanisch als auch mithilfe von Reinigungsmitteln durchgeführt werden. Die mechanische Reinigung setzt im Allgemeinen einen Ausbau der Quarzschutzrohre voraus. Bei einer mechanischen Reinigung ohne Ausbau der Schutzrohre (Wischer) ist sicherzustellen, dass das abgewischte Material nicht zu einer Verunreinigung des Trinkwassers führt.
Nach jeder Reinigung ist die Anlage vor der Wiederinbetriebnahme ausreichend zu spülen, um zu verhindern, dass das abgegebene Trinkwasser verunreinigt wird. Wird

die UV-Anlage zur Reinigung geöffnet und weist sie Bereiche auf, die von der UV-Strahlung nicht erfasst werden, so ist mithilfe chemischer Desinfektionsmittel dafür zu sorgen, dass keine Keime aus diesen Bereichen in das abgegebene Trinkwasser gelangen können.

Die Reaktorwände bzw. die Reflektoren müssen ebenfalls gereinigt werden, wenn ihr Reflexionsvermögen nachgelassen hat.

Da Ablagerungen in allen Bereichen der UV-Anlage entstehen können und bei einer mechanischen Reinigung der Strahlerhüllrohre Beläge an anderer Stelle nicht entfernt werden, muss eine UV-Anlage in bestimmten Abständen auch insgesamt gereinigt werden.

Der Tausch der UV-Strahler ist mit Erreichen der Mindestbestrahlungsstärke vorzunehmen. Die Abb. 130 zeigt den Abfall der relativen Bestrahlungsstärke von Quecksilber-Niederdruckstrahlern als Funktion der Betriebsstunden.

UV-Strahler sollten jeweils nur satzweise für eine UV-Bestrahlungseinheit ausgetauscht werden.

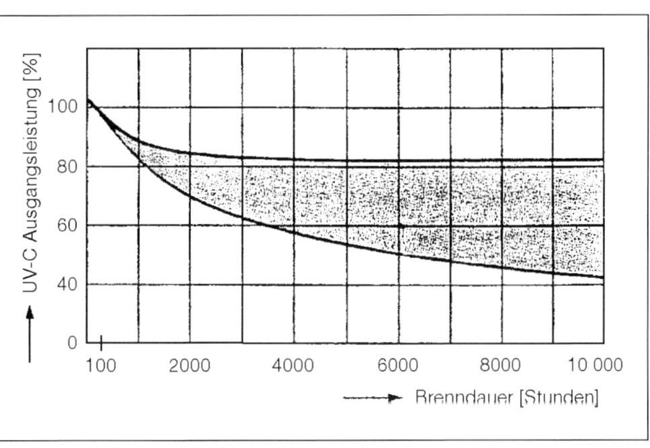

Abb. 130: Abfall der relativen Bestrahlungsstärke von Quecksilber-Niederdruckstrahlern als Funktion der Betriebsstunden. Die Breite der schraffierten Fläche zeigt, dass die verschiedenen Strahlertypen bezüglich der Langzeitstabilität sehr große Unterschiede aufweisen können

Es dürfen nur für die jeweilige UV-Anlage freigegebene UV-Strahler eingesetzt werden. Anlässlich eines Strahlerwechsels soll die Anlage gereinigt werden.

Neben den Betriebsstunden muss auch die Anzahl der Einschaltvorgänge berücksichtigt werden.

Durch häufiges Ein- und Ausschalten der UV-Strahler wird deren Lebensdauer verkürzt. Wegen der großen Bedeutung der Desinfektion von Trinkwasser empfiehlt es sich, bei allen UV-Anlagen hinter dem Reaktor eine Dosierstelle für ein chemisches Desinfektionsmittel vorzusehen. Im Falle einer technischen Störung oder einer Verschlechterung der Wasserqualität kann dann eine chemische Desinfektion des Wassers erfolgen. Für den Betrieb einer derartigen Dosierstelle ist beispielsweise eine transportable Chlorungsanlage geeignet.

9.3 Anforderungen an die Wasserqualität

Auch beim Einsatz von UV-Strahlung zur Desinfektion von Trinkwasser ist die Beschaffenheit des zu behandelnden Wassers wesentlich für die Wirksamkeit der Desinfektion.
Das Funktionsprinzip dieses Verfahrens erfordert es, dass möglichst viel der eingestrahlten Energie der desinfektionswirksamen Strahlung im Wellenlängenbereich von 240 bis 290 nm tatsächlich die Mikroorganismen erreicht.
Der Einfluss der Wasserbeschaffenheit auf die Desinfektionsleistung einer UV-Anlage ist daher unter dem Aspekt zu betrachten, dass die spektrale Schwächung der UV-Strahlen durch andere Wasserinhaltsstoffe möglichst gering sein soll.
Die Transmission eines Wassers für Strahlung kann sowohl durch partikuläre Substanzen als auch durch gelöste Stoffe beeinflusst werden.
Darüber hinaus kann es zu Ablagerungen von Wasserinhaltsstoffen, wie z. B. Eisen- und Manganverbindungen, auf den Schutzrohren der UV-Strahler kommen, die ebenfalls die Desinfektionsleistung beeinträchtigen.
Aus den genannten Faktoren lassen sich einige Grundanforderungen ableiten:

- störende Wasserinhaltsstoffe (Eisen- und Manganverbindungen, Färbung, Trübung) dürfen nur in so geringen Mengen im Wasser enthalten sein, dass die Wirksamkeit einer Desinfektion nicht beeinträchtigt wird
- die UV-Anlage muss auf den höchsten Wert des zu erwartenden Schwächungskoeffizienten bei 254 nm ausgelegt sein
- auf den Strahlerschutzrohren darf es nicht zu störenden Ablagerungen durch Stoffe, wie z. B. Eisen- und Manganverbindungen, kommen
- die Kontrolle einer ausreichenden Bestrahlungsstärke muss durch kontinuierliche Messung mit einem kalibrierbaren Sensor erfolgen, der selektiv im desinfektionswirksamen Bereich (240 bis 290 nm) misst

Wesentlich für die Betriebssicherheit sind Voruntersuchungen, die Aufschluss über den ungünstigen Fall der Wasserqualität während einer längeren Betriebsdauer (mindestens ein Jahr) geben.
Dies gilt insbesondere, wenn Rohwässer genutzt werden, deren Qualität witterungsabhängigen Schwankungen unterworfen sind und die z. B. jahreszeitlich bedingte veränderte Trübungswerte aufweisen.

10 Membranfiltration

Aufbereitungsziel zur Gewinnung von Trinkwasser aus mikrobiell belasteten Rohwässern ist die weitestgehende Entfernung von partikulären Wasserinhaltsstoffen. Der Einsatz der Membranfiltration in der Trinkwasseraufbereitung ist heute eine wirtschaftliche, interessante Alternative zu den klassischen Verfahren der Wasseraufbereitung zur Partikelentfernung mit Sand- und Kiesfiltern.
Mit der Mikrofiltration (MF) und Ultrafiltration (UF) lassen sich partikuläre Wasserinhaltsstoffe mit hohem Wirkungsgrad entfernen. Zu den partikulären Wasserinhaltsstoffen gehören z. B. Ton, Eisen- und Manganverbindungen, Silikate, Algen, Plankton, Bakterien (u. a. E. coli, coliforme Bakterien, Fäkalstreptokokken, Enterokokken, Clostridien, Legionellen) sowie Viren und Parasiten.

10.1 Begriffe der Membranfiltration

Membran
Eine Membran ist eine semipermeable, teils poröse, teils homogene Trennschicht aus organischem oder anorganischem Material mit symmetrischer oder asymmetrischer Struktur.

Membranmaterial
Das Membranmaterial ist der Werkstoff, aus dem die Membranen bestehen. Verwendet werden organische Materialien Celluloseacetat (CA), Cellulosetriacetat (CTA), Polyacrylnitril (PAN), Polyethersulfon (PES), Polysulfon (PS), Polyamid (PA) bzw. anorganische Materialien, z. B. Keramik oder Sintermetall.

Membranporen
Membranporen sind Öffnungen in der Membranoberfläche, durch die das zu behandelnde Wasser filtriert wird.

Membranfiltration
Die Abtrennung von Partikeln aus Wasser mittels Passage durch eine poröse Membran wird als Membranfiltration bezeichnet.

Membranfläche
Die Membranfläche ist die mit dem zu behandelnden Wasser bei der Membranfiltration in Kontakt stehende Membranoberfläche.

Mikrofiltration (MF)
Membranverfahren mit einer Porengröße der Membran von etwa 0,1–1,0 µm zur Zurückhaltung ungelöster Partikel.

Ultrafiltration (UF)
Membranverfahren mit einer Porengröße der Membran von etwa 0,01–0,1 µm zur Zurückhaltung von höhermolekular gelösten suspendierten bzw. emulgierten Komponenten sowie von Parasiten, Bakterien und Viren.

Ultrafiltration zur Virenabtrennung
Ultrafiltration mit Erfüllung der Anforderungen der Mehrfachbarriere mit einer absoluten Porengröße von 0,01–0,05 µm.

Nanofiltration (NF)
Membranverfahren mit einer Porengröße der Membran von < 0,001 µm und einem elektrostatischen Oberflächenpotenzial zur Zurückhaltung von suspendierten, kolloidalen und einem Teil der gelösten Wasserinhaltsstoffe.

Umkehrosmose (UO)
Membranverfahren mit einer porenfreien semipermeablen Membran zur Abtrennung von Salzen und gelösten organischen Inhaltsstoffen.

Trenngrenze
Die Trenngrenze ist die Porengröße von MF- und UF-Membranen, ab der ein bestimmter Anteil der Partikel zurückgehalten wird.

Membranelement
Die kleinste Funktionseinheit aus Membranen ist das Membranelement. Unterschieden wird zwischen Wickel-, Platten-, Kissen-, Rohr-, Kapillar- und Hohlfasermembranelementen.

Membranintegrität
Als Membranintegrität wird die einwandfreie Beschaffenheit der Membranen sowie die Unversehrtheit einer Membran bzw. eines Membranelements bezeichnet.

Integritätstest
Nachweisverfahren für technische Anlagen zur MF, UF, NF oder UO für die Einhaltung einer geforderten Partikelrückhaltung. Dieses kann durch den Nachweis entweder der erzielten Partikelrückhaltung erfolgen oder es zeigt Defekte an den Kapillaren und der Gesamtanlage (einschließlich aller Dichtelemente) an.

Modul
Als Modul wird eine anschlussfertige, funktionsfähige Einheit aus einem oder mehreren Membranelementen bezeichnet.

Modulblock
Ein Modulblock ist eine Anordnung mehrerer Module zu einer Einheit. Jedem Block sind entsprechende Aggregate für Betrieb und Spülung zugeordnet, sodass ein autarker Betrieb eines Blockes möglich ist. Alle Module eines Blockes arbeiten gleichzeitig im gleichen Betriebsmodus.

Feed
Als Feed wird der dem Modul zulaufende Wasserstrom bezeichnet. Feed kann unbehandeltes oder vorbehandeltes Rohwasser sein.

Flächenbelastung (auch Flux oder Filtratfluss)
Als Flächenbelastung wird die auf die Membranfläche bezogene pro Zeiteinheit durchgesetzte Menge an Filtrat bezeichnet (z. B. $l/m^2/h$).

Permeabilität
Als Permeabilität wird der aufgrund des Transmembrandruckes berechnete Filtratfluss (z. B. $l/m^2/h/bar$) bezeichnet.

Ausbeute (auch Recovery)
Als Ausbeute wird das Verhältnis zwischen produzierter Filtratmenge und der der Membranfiltrationsanlage zugeführten Wassermenge bezeichnet.

Transmembrandruck (Transmembrane pressure)
Als Transmembrandruck (Transmembrane pressure = TMP) wird der über der Membran wirkende Differenzdruck bezeichnet. Er errechnet sich aus der Differenz der mittleren Drücke auf der Feedwasser- und der Filtratseite.

Cross-Flow-Modus (CF-Modus)
Der Cross-Flow-Modus ist eine Betriebsart, bei der das aufzubereitende Wasser während der Filtrationsphase nur teilweise durch die Membranen filtriert wird. Durch Rezirkulation des nicht filtrierten Teilstromes wird eine starke Überströmung der Membranoberfläche eingestellt, um eine Belagbildung einzuschränken.

Rezirkulation
Rezirkulation ist die Rückführung eines die feedseitige Membranoberfläche überströmenden Teilstromes zum erneuten Eintritt in das Modul beim Cross-Flow-Modus.

Dead-End-Modus (DE-Modus)
Der Dead-End-Modus ist eine Betriebsart, bei der das aufzubereitende Wasser während der Filtrationsphase vollständig und ohne Rezirkulation durch die Membranen filtriert wird.

Spülung
Als Spülung wird die in kurzen Zeitabständen (z. B. 30 Minuten) erfolgende Reinigung der Membranen bezeichnet, um die aufgrund der zunehmenden Verblockung der Membranen mit der Zeit abnehmende Permeabilität der Membranen wiederherzustellen. Bei der Spülung erfolgt die Wasserführung über oder durch die Membranen entgegen der Filtrationsrichtung. Hierbei kommen abhängig vom jeweiligen Membransystem zur Erhöhung der Spüleffizienz auch Luft oder Luftblasen/Wassergemische zum Einsatz.

Fouling (Verblockung)
Fouling ist die Verminderung der Durchlässigkeit von Wasser durch die Membranen aufgrund von Ablagerungen auf der Membranoberfläche bzw. in den Membranporen. Fouling bzw. Verblockung wird als reversibel bezeichnet, wenn durch Spülung oder Reinigung die Durchlässigkeit wiederhergestellt wird; anderenfalls als irreversibel. Verursacht wird Fouling durch Kolloide, Schwebstoffe, Schwermetalloxidhydrate und gelöste organische Wasserinhaltsstoffe, wobei bereits geringe Mengen erhebliche Wirkungen verursachen können.

Biofouling
Als Biofouling werden Ablagerungen auf der Membranoberfläche bezeichnet, die durch mikrobiellen Bewuchs verursacht werden.

Scaling
Verblockung von Membranen durch Ausfällung, z. B. durch Calciumsulfat.

Chemische Reinigung
Als chemische Reinigung wird die Behandlung von Membranen mit Chemikalien bezeichnet, die erforderlich wird, wenn durch regelmäßige Spülung der gewünschte Filtratfluss nicht mehr erreicht wird.

Spülabwasser
Spülabwasser ist das bei der Spülung von Filtern anfallende Wasser.

Konservierung
Behandlung der Membranen bei Außerbetriebnahme zur Erhaltung der Gebrauchstauglichkeit bei Wiederinbetriebnahme.

10.2 Verfahrensprinzip

Das Prinzip der Mikro- und Ultrafiltration beruht auf dem Rückhalt partikulärer Wasserinhaltsstoffe bei Durchtritt von Wasser durch die Poren einer Membran, wobei eine Druckdifferenz zwischen 0,1 und 3 bar erforderlich ist. Abhängig von der Porengröße werden die im Wasser enthaltenen Partikel entsprechend ihrer Größe zurückgehalten. Dabei sind primär Siebmechanismen wirksam.
Die Mikrofiltration eignet sich für die Elimination von Partikeln, die größer als 0,1 µm sind, während mit der Ultrafiltration Partikel größer als 0,01 µm abgetrennt werden können.
Ultrafiltrationsmembranen können auch hochmolekulare gelöste Stoffe und Viren zurückhalten. Niedermolekulare gelöste Stoffe und Ionen (Salze) können dagegen ungehindert passieren.
Aufgrund der begrenzten Porendurchmesser erlauben Membranfilter den absoluten Rückhalt von Bakterien, was bei Schnellfiltration über körnige Materialien nicht zwangsläufig der Fall ist. Daher werden auch wesentlich geringere Resttrübungen und Partikelzahlen als mit herkömmlichen Filtrationsverfahren erhalten.
Die Abb. 110 zeigt den Größenbereich der Partikel bzw. Moleküle, die mit diesen Verfahren abgetrennt bzw. zurückgehalten werden können.
Beginnend mit der klassischen Filtration, deren Trennwirkung bei wenigen Mikrometern ihre Grenze aufweist, schließt sich zunächst die Mikrofiltration an. Wie der Name bereits andeutet, können Mikrofiltrationsmembranen Partikel im Größenordnungsbereich von 1 µm (bis unterhalb von 0,1 µm) selektiv zurückhalten. In diesen Größenordnungsbereich fällt die Gruppe der Bakterien. Soll die Barrierewirkung der Membranfiltration auch auf die nächstkleinere Kategorie von Mikroorganismen, die Viren, ausgeweitet werden, so wird der Einsatz von Ultrafiltrationsmembranen erforderlich, deren Poren in einem Bereich von ca. 0,005 µm bis 0,2 µm liegen.

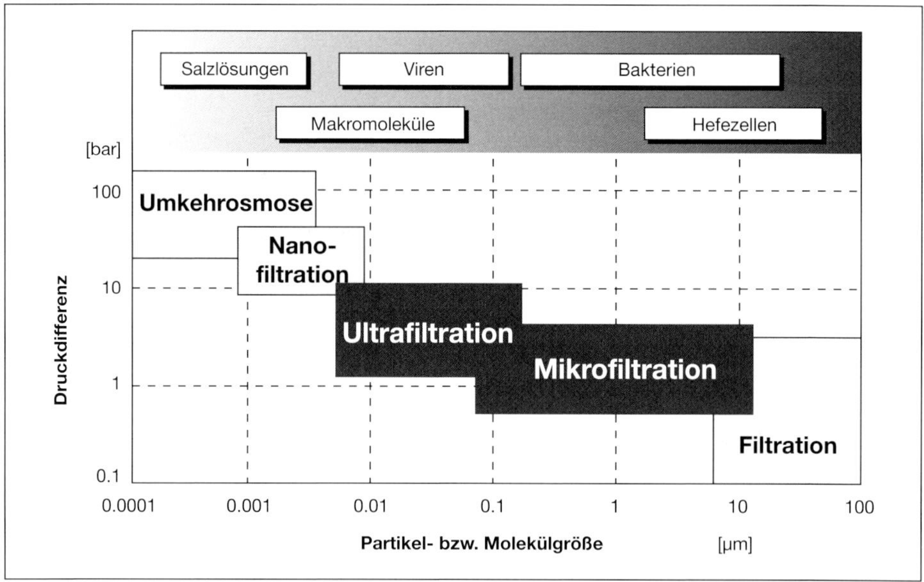

Abb. 131: Partikel- bzw. Molekülgröße und Zuordnung der Membranverfahren und der Filtration

Die Abb. 131 zeigt, dass sich die Einsatzbereiche der unterschiedlichen Membranverfahren mehr oder weniger stark überschneiden.
Die Abbildung zeigt aber auch, mit welchen Druckdifferenzen (Rohwasser/Filtrat) die einzelnen Filtrationsverfahren betrieben werden müssen. Das Prinzip der Membranfiltration ist auf Abbildung 132 als vereinfachtes Schema dargestellt. Hier wird das Rohwasser (Feedstrom) mit Druck durch die Membranen (Membranmodul) gepresst, auf denen die Partikel abgesiebt werden und einen Belag bilden.
Der Belag auf den Membranen wird von Zeit zu Zeit durch Spülung mit dem Spülabwasser (Konzentrat) aus dem Modul entfernt.

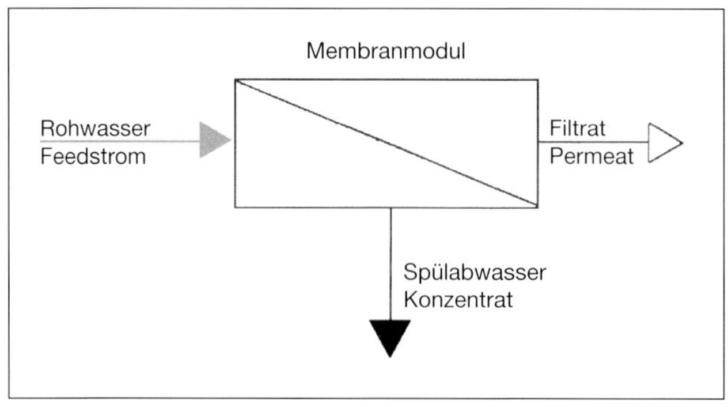

Abb. 132: Prinzipschema der Membranfiltration

10.3 Anforderungen an Membranmodule

Kernstück der Membranfiltration ist die Membran. Membranen werden in Membranfiltrationsanlagen in Form von Membranelementen bzw. Modulen eingebaut und durch entsprechende weitere Anlagenkomponenten ergänzt.
Membranen bestehen aus organischem oder anorganischem Material mit symmetrischer oder asymmetrischer Struktur (siehe dazu auch Kapitel 10.1: Begriffe der Membranfiltration).
Bei der Membranfiltration zur Aufbereitung von Wässern zu Trinkwasser werden Membranen in Form von Hohlfasern (häufig auch als Kapillaren bezeichnet) mit einem Durchmesser zwischen 0,5 und 2,5 mm (Abb. 133) oder Flachmembranen verwendet, die je nach Porenverteilung unterschiedliche Rückhaltegrade aufweisen.
Während Hohlfasern bündelweise zu Membranelementen (Abb. 134) zusammengefasst werden, werden flache Membranen als Kissenelemente oder Spiralwickelmodule eingesetzt. Membranelemente verschiedener Hersteller weisen unterschiedliche Größen und Packungsdichten auf.
Handelsüblich sind eine Reihe verschiedener Membrantypen, die sich sowohl hinsichtlich ihres Membranmaterials als auch in der Form und Betriebsweise unterscheiden. Von der Form her wird unterschieden zwischen rohrförmigen und flachen Membranen (z. B. Platten, Kissen).
Der Aufbau von Mikrofiltrationsmodulen oder Ultrafiltrationsmodulen ist bisher nicht standardisiert, sodass der Austausch von Modulen verschiedener Hersteller in einer bestehenden Anlage nicht ohne Weiteres möglich ist. Von einigen Firmen werden Membranelemente angeboten, die hintereinander in standardisierte Druckrohre eingebaut werden können.

Abb. 133:
Kapillarmodule mit 7-fach-Membran (Multibore® Membran), die zur Befestigung an beiden Enden des Druckrohrs in Harz eingegossen werden

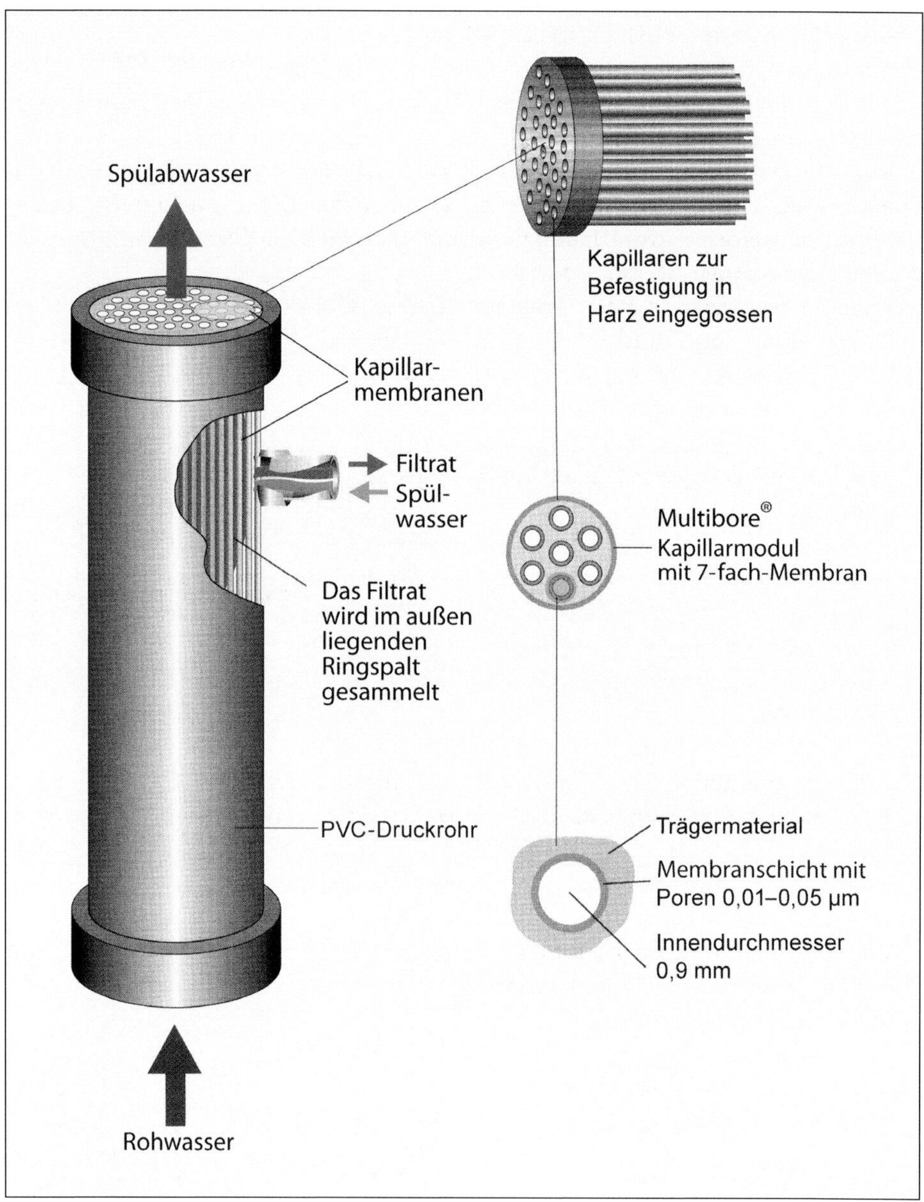

Abb. 134: Aufbau eines Membranmoduls für die Ultrafiltration zur Trinkwasseraufbereitung. Die Kapillaren sind zur Befestigung an den beiden Enden des Druckrohrs in Epoxydharz eingegossen

Ein weiteres System verwendet Kissen-Membranelemente, die aus mehreren flachen Membranen bestehen und zwischen denen sich je eine Dichtung befindet. Derartige Systeme eignen sich auch für die Aufbereitung von Wässern mit höheren Feststoffgehalten.

Ferner gibt es Systeme, bei denen das Filtrat durch die Membranen gesaugt wird, indem auf der Filtratseite Unterdruck erzeugt wird. Für diese sogenannten getauchten Systeme werden sowohl Hohlfasermembranen als auch Flachmembranen eingesetzt. Auch bei der Membranfiltration werden im Rohwasser durch Flockung mit Aluminium- oder Eisen-(III)-salzen kolloidal gelöste Verunreinigungen entstabilisiert, geflockt und ortho-Phosphate gefällt. Die Ausbildung großer Flocken ist bei der Ultrafiltration nicht erforderlich.

Abb. 135:
Pulver-Aktivkohle-Teilchen und Feststoffpartikel auf der Membran einer Ultrafiltrationsanlage

Die Membranfiltration ist ebenso wenig wie die klassische Sandfiltration in der Lage, Desinfektionsnebenprodukte wie gebundenes Chlor oder Trihalogenmethane dem Wasser zu entnehmen. Daher ist auch bei diesem Verfahren eine Adsorptionsstufe mit Aktivkohle notwendig. Die Aktivkohle kann analog zu den konventionellen Aufbereitungsverfahren auch bei der Membranfiltration in Form von Pulver-Aktivkohle oder als Korn-Aktivkohle in einem nachgeschalteten Filter zum Einsatz kommen. Pulver-Aktivkohle wird als Suspension in den Zulauf zur Ultrafiltrationsanlage dosiert.

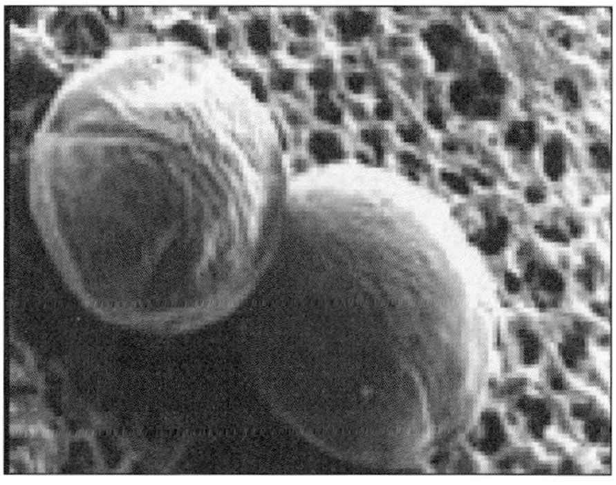

Abb. 136:
Cryptosporidien-Oozysten auf einer Ultrafiltrationsmembran, gut erkennbar die Membranporen

Für eine einwandfreie Funktion müssen folgende Anforderungen an Membranmodule gestellt werden:

- einheitliche und reproduzierbare Porenweite mit geringen Abweichungen, Richtigkeit der garantierten Trenngrenze
- hohe mechanische und chemische Beständigkeit der Membranen und Module für möglichst lange Betriebszeiten
- übersichtlicher Aufbau der Anlage, einfache Wartung, gute Zugänglichkeit und Austauschbarkeit von Modulen bzw. Membranelementen und Komponenten
- zur Überprüfung der Filterwirksamkeit:
  Möglichkeit des „Freischaltens“ von einzelnen Modulen
  Probeentnahmehähne für On-line-Messungen
  Möglichkeit für Integritätsüberwachung
- Spülbarkeit der Module mit möglichst günstigem Austrag der entfernten Beläge aus dem Modul über das schlammhaltige Wasser
- Beherrschung von Biofouling und damit möglichst kein oder nur geringer Einsatz von Desinfektionsmitteln bei der Spülung oder Reinigung
- Verwendung von Materialien für Membranen und Module, die für den Einsatz im Trinkwasserbereich zugelassen sind
- Hydraulisch gleichmäßige Beschickung aller Module in allen Betriebsmodi
- Be- und Entlüftungsmöglichkeiten
- Entleerungsmöglichkeit

10.4 Anlagenkomponenten

Anlagen zur Membranfiltration bestehen im Wesentlichen aus folgenden Komponenten:

- Vorfilter (als Schutz der Feedpumpe und der Membranen)
- Feedpumpe (falls Vordruck nicht ausreicht)
- Tragkonstruktion für Module
- Module
- Zu- und Ableitungen
- Filtratsammelbehälter (Spülwasserbehälter)
- Rezirkulationspumpe (bei Cross-Flow-Betrieb)
- Messwertaufnehmer für Durchfluss, Druck, Temperatur
- Energieversorgung
- Steuerungs- und Regelungseinrichtungen
- Spülpumpe

- Vorlagebehälter und Dosiereinrichtung für Desinfektions- und Reinigungschemikalien
- Luftkompressor (bei luftgespülten Membranen)
- Vorrichtung zur Prüfung der Membran- bzw. Modulintegrität

10.5 Betriebsarten

Bei Betrieb von Membranfiltrationsanlagen wird zwischen Dead-End-Modus und Cross-Flow-Modus unterschieden.

Bei der Aufbereitung zu Trinkwasser wird bevorzugt der Dead-End-Modus verwendet. Bei stark trübstoffhaltigen Rohwässern wird der Cross-Flow-Modus erforderlich. Die wichtigsten Betriebsarten der Membranfiltration zeigt Abb. 137:

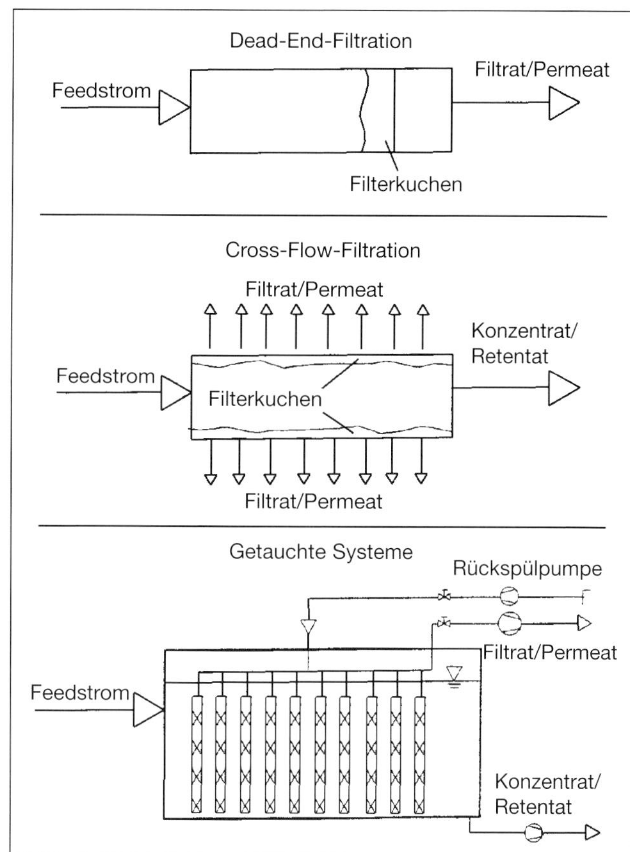

Abb. 137:
Die wichtigsten Betriebsarten der Membranfiltration

Bei geringen Feststoffgehalten im Feed können mit langen Filtrationsintervallen hohe Ausbeuten und damit eine hohe Leistungsfähigkeit der Anlage erreicht werden. Mit steigendem Feststoffgehalt nimmt die Verblockungsneigung zu, sodass die Anzahl der Spülungen erhöht werden muss. Damit steigen Energiebedarf und Filtratverlust bei der Spülung.
Flachmembranelemente werden stets von außen beaufschlagt, wobei die Stabilität der Membranen durch Stützplatten auf der Filtratseite sichergestellt ist. Dies gilt auch für die getauchten Plattenmembranen. Getauchte Kapillarrohrmembranen werden ebenfalls meist von außen beaufschlagt.

Abb. 138: Ultrafiltrationsanlage zur Trinkwassergewinnung in einem Wasserwerk

10.5.1 Wiederherstellung der Permeabilität

Die während des Filtrationsbetriebes von den Membranen zurückgehaltenen Wasserinhaltsstoffe führen zu einer Belagbildung auf der Membranoberfläche. Dieser Belag erhöht den Widerstand beim Durchtritt des Wassers durch die Membranen. Eine Spülung wird zwingend dann erforderlich, wenn ein vom Membranhersteller festgelegter Grenzwert für den zulässigen Differenzdruck erreicht wird. Häufig erfolgt die Spülung nach betrieblichen Vorgaben, z. B. nach einem festgelegten Zeitintervall, weit vor Erreichen des maximal zulässigen Druckes (präventive Spülung). Die Spülung kann ohne oder mit Chemikalien erfolgen.

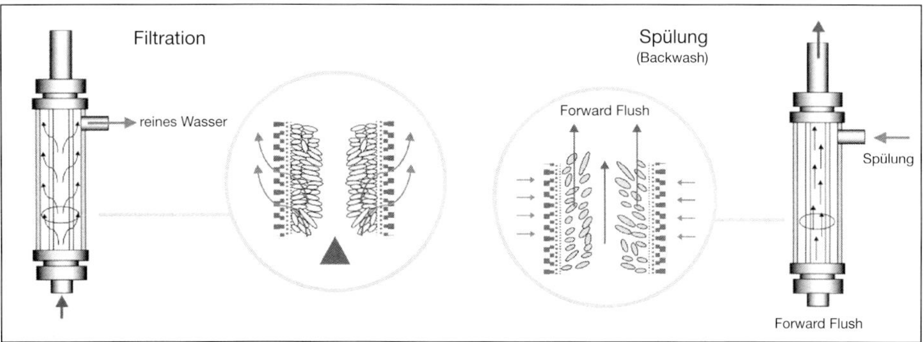

Abb. 139: Filtrations- und Spülungsvorgang einer Ultrafiltrationsanlage

Die Abb. 139 zeigt den Filtrations- und Spülungsvorgang eines Ultrafiltrationssystems, das nach dem Dead-End-Modus arbeitet. Die Spülung ohne Chemikalienzugabe erfolgt z. B. mit mehrfach höherem Wasserfluss als bei der Filtration entgegen der Filtrationsrichtung bzw. in Kombination mit einer feedseitigen Überströmung der Membranoberfläche mit einem Luftblasen-Wasser-Gemisch.

Zur Verminderung von Fouling und Biofouling wird in regelmäßigen zeitlichen Abständen bei der Spülung der Membranen eine Spül- bzw. Desinfektionschemikalie zugesetzt. Je nach Spülprozess muss die Chemikalie eine gewisse Zeit einwirken, bevor die Lösung wieder aus dem System ausgespült wird.

Bei chlorhaltigen Spüllösungen kommt es zu einer Reaktion des Chlors mit den organischen Wasserinhaltsstoffen und den Belägen auf der Membranoberfläche. Dabei entstehen Trihalogenmethane (THM) und an Aktivkohle adsorbierbare organische Chlorverbindungen (AOX), die im schlammhaltigen Wasser sowie im Erstfiltrat nachweisbar sind. Bei der Entsorgung der schlammhaltigen Wässer ist dies zu beachten. Die Intervalle zwischen zwei Spülungen sind vor allem vom Feststoffgehalt und der Beschaffenheit der Feststoffe des zu filtrierenden Wassers abhängig.

Wird ein vom Hersteller festgelegter oberer Grenzwert für den Transmembrandruck erreicht, muss eine besondere chemische Reinigung der Membranen vorgenommen werden.

Die chemische Reinigung von Membranen erfolgt unter Außerbetriebnahme des Anlagenblockes. Als Reinigungschemikalien kommen in Frage: bestimmte Säuren und Laugen, Chlorlösungen (Natriumhypochlorit, Chlorwasser, Chlordioxid), Wasserstoffperoxid, Tenside und Enzyme. Nach einer chemischen Reinigung sollte die Permeabilität im ursprünglichen Bereich annähernd wieder erreicht werden.

Eine komplett installierte Ultrafiltrationsanlage in einem Wasserwerk ist auf Abb. 140 dargestellt. Die Intervalle zwischen zwei chemischen Reinigungen sind vom Feststoffgehalt, der Beschaffenheit der Feststoffe des zu filtrierenden Wassers sowie der Verblockung der Membranen abhängig.

Abb. 140: Blick auf eine mehrstraßige Ultrafiltrationsanlage in einem Wasserwerk. Leistung: 475 m^3/h

10.5.2 Fouling und Biofouling

Beim Betrieb von Membranfiltrationsanlagen ist das *Fouling* der Membranen durch die im Rohwasser enthaltenen Wasserinhaltsstoffe zu berücksichtigen.
Zur Abschätzung der Fouling-Eigenschaften eines aufzubereitenden Wassers ist es hilfreich, den Gehalt an gelösten organischen Wasserinhaltsstoffen gemessen über die Parameter DOC (gelöster organischer Kohlenstoff) und SAK (spektraler Absorptionskoeffizient bei 254 und 436 nm) zu bestimmen. Genauere Aussagen zum Fouling-Verhalten lassen sich durch Langzeitversuche ermitteln.
Kolloidale und partikuläre Wasserinhaltsstoffe können neben der Bildung von Deckschichten zur Verblockung von Membranporen führen, die durch regelmäßige Spülung von Membranen nicht beseitigt werden kann. Intensivere chemische Reinigungen werden dann erforderlich. Gegebenenfalls sollte für den Anwendungsfall eine andere Vorbehandlung des Rohwassers oder eine andere Membran gewählt werden.
Biofouling ist die Ausbildung eines Biofilms in Folge des Rückhalts von vermehrungsfähigen Mikroorganismen an der Membranoberfläche und in den Membranporen. Ferner wird durch den Rückhalt organischer Substanzen an der Membranoberfläche das Nährstoffangebot für Mikroorganismen erhöht und die Vermehrung gefördert. Je nach Modultyp kann Biofouling durch Zugabe von Desinfektionsmitteln (Chlorlösung, Chlordioxid-Lösung oder Wasserstoffperoxid) zur regelmäßigen Spülung der Membranen vermindert werden.

11 Übersicht der Desinfektionsverfahren

11.1 Kostenvergleich der Desinfektionsmittel

Tabelle 24: Kostenvergleich der Desinfektionsmittel für Trinkwasser

Desinfektionsmittel	Formel	Lieferform/Herstellung	Konzentration an Cl_2, ClO_2	Preis in €/kg[1)] Cl_2, ClO_2	relativer Kostenvergleich	Bemerkung
Chlorgas	Cl_2	Flaschen (50/65 kg)	100 %	1,25–1,50	1,0	Chlor inkl. Transport, ohne Chlorflasche
Chlorgas	Cl_2	Fässer (500/1000 kg)	100 %	1,10–1,25	0,8	Chlor inkl. Transport, ohne Chlorfass
Chlorgas	Cl_2	Membran-Elektrolyse von Salzsäure	0,2–0,3 g/l	5,70	3,8	verdünnte Salzsäure (9/18 %) inkl. Behälter und Transport
Natriumhypochlorit-Lösung (handelsüblich)	NaOCl	PE-Ballons (65 kg)	150–170 g/l	4,30	2,9	inkl. Leihbehälter und Transport
Natriumhypochlorit-Lösung	NaOCl	Rohrzellen-Elektrolyse von Salz	8 g/l	1,00	0,7	Salz und Stromkosten
Natriumhypochlorit-Lösung	NaOCl	Membran-Elektrolyse von Salz	35 g/l	0,67	0,4	Salz und Stromkosten
Calciumhypochlorit	$Ca(OCl)_2$	Eimer (10 kg)	65–70 %	8,60	5,7	festes Produkt, inkl. Behälter und Transport
Chlordioxid	ClO_2	Chlor-/Chlorit-Verfahren Herstellung vor Ort mit Apparatur	2–3 g/l	9,00	6,0	bei Verwendung von Chlorgas und Natriumchlorit-Lösung (24,5 %)
Chlordioxid	ClO_2	Säure-/Chlorit-Verfahren Herstellung vor Ort mit Apparaturen aus verdünnten Lösungen	2–3 g/l	50,00	33,3	bei Verwendung von verdünnter Salzsäure (9 %) und Natriumchlorit-Lösung (7,5 %)

[1)] Preise basieren auf Vertrieb innerhalb Deutschland, Transport 50 km, Stand September 2008

11.2 Beurteilung der Desinfektionsverfahren

Tabelle 25: Übersicht und Beurteilung der Desinfektionsverfahren für Trinkwasser

Desinfektions-mittel Verfahren	**Zugabenmenge Dosis**	**Nebenprodukte**	**Depot-wirkung**	**Kontrolle des Verfahrens-erfolges**
Chlorgas	max. 1,2 g/m^3	Trihalogenmethane: max. 0,01 mg/l	gut	Chlorüber-schussmessung
Natriumhypochlorit Calcium-hyprochlorit	max. 1,2 g/m^3	Trihalogenmethane: max. 0,01 mg/l Chlorat, Bromat	gut	Chlorüber-schussmessung
Chlordioxid	max. 0,4 g/m^3	Chlorit: max. 0,2 mg/l Chlorat	sehr gut	Chlordioxid-messung, Redoxmessung
Ozon	max. 10 g/m^3	Trihalogenmethane: max. 0,01 mg/l Bromat: max. 0,01 mg/l	keine	Restozon-messung $< 0{,}05$ mg/l O_3
UV-Bestrahlung	400 J/m^2	keine	keine	Überwachung der UV-Strahlen-dosis, KBE-Bestimmung
Ultrafiltration	Porengröße UF 0,01–0,1 µm	keine	keine	Partikel-zählgerät

Die beste Depotwirkung im Rohrnetz ist mit Chlordioxid zu erreichen. Es folgt das Chlor – zudosiert als Chlorgas, Natriumhypochlorit- oder Calciumhypochlorit-Lösung. Ozon sowie die UV-Bestrahlung haben keine Depotwirkung. Die Ultrafiltration gilt als Verfahren zur Partikelentfernung, dazu zählen auch Bakterien wie E. coli, coliforme Bakterien, Fäkalstreptokokken, Clostridien, Legionellen u. a. sowie Viren und Parasiten (Protozoen).

In Deutschland wird bei 50 % des gesamten Trinkwassers keine Desinfektion durchgeführt, weil es sich bei diesen Wässern um gut geschütztes Grund- und Quellwasser handelt. Eine im Jahr 2008 durchgeführte Befragung von Wasserversorgungsunternehmen ergab, dass bei Wasserwerken die ihr Trinkwasser desinfizieren müssen, ca. 30 % Chlor- und Hypochlorite, ca. 25 % Chlordioxid einsetzen und ca. 40 % die UV-Bestrahlung anwenden, lediglich 5 % nutzen die Ozonung innerhalb der Aufbereitung.

12 Kontrolle der Wassergüte

12.1 Einsatz von Betriebsmessgeräten

Betriebsmessgeräte zur kontinuierlichen Messung ausgewählter Parameter werden eingesetzt zur Kontrolle, Steuerung und Regelung von Aufbereitungs- und Desinfektionsanlagen und zur Überwachung der Roh- und Trinkwasserbeschaffenheit.
Die wichtigsten Parameter sind: Temperatur, pH-Wert, Trübung, freies Chlor, gebundenes Chlor, Gesamtchlor, Chlordioxid, Ozon, Redox-Spannung, elektrische Leitfähigkeit und UV-Adsorption. Mit Ausnahme von TOC, Eisen und Mangan gibt es für alle anderen Parameter kontinuierlich messende Geräte. Diese Geräte werden immer mehr in Wasserwerksanlagen im Bereich der Rohwasserförderung, Aufbereitung einschließlich Desinfektionsüberwachung, Speicherung und in der Wasserverteilung eingesetzt.
Der Vorteil liegt in der ständigen Überwachung mit Registrierung von Änderungen, Schwankungen und Extremwerten, die bei Einzelmessungen unter Umständen nicht erfasst werden. Die Messwerte können angezeigt, übertragen, dokumentiert und weiterverarbeitet werden.
Die kontinuierlich gemessenen Werte werden weiterhin für die Steuerung und Regelung von Dosieranlagen eingesetzt.
Die fortlaufende Aufzeichnung der einzelnen Parameter kann als Nachweis gegenüber Überwachungsbehörden dienen.
Die hier beschriebenen Anlagen und Verfahren stellen nur eine Auswahl der wichtigsten und derzeit hauptsächlich eingesetzten Messgeräte dar. Betriebsmessgeräte bestehen aus dem Messwertaufnehmer (Sensor), dem Messwertumformer sowie Anzeige- und Registriereinrichtungen. Die Messumformer bzw. Messverstärker stehen als komplette Geräte für die Wandmontage oder in Einschubtechnik zum Einbau in Schaltschränken zur Verfügung.
Die Ausgangssignale des Messwertumformers können in Regel- und Steuereinrichtungen zur Prozessautomatisierung verwendet werden. Außerdem können sie in Rechnern weiterverarbeitet werden.
Alle einzusetzenden Geräte müssen für Feuchtraumaufstellung geeignet und sollten leicht zu warten sein. Der Messwasserentnahmeort ist so auszuwählen, dass die Messgröße dort unverfälscht vorliegt (z. B. nach abgeschlossener Durchmischung). Wenn Probenahmeleitungen zum Messwertaufnehmer erforderlich sind, müssen diese so ausgeführt und betrieben werden (Rohrwerkstoff, Leitungslänge, Durchfluss usw.), dass sich der Messwert bis zum Aufnehmer nicht unzulässig verändert.

12.2 Einbau der Messeinrichtungen

Messwertaufnehmer gibt es für kontinuierliche Messungen in der Ausführung als Eintauch-, Einbau- oder Durchlaufapparatur (Abb. 141).

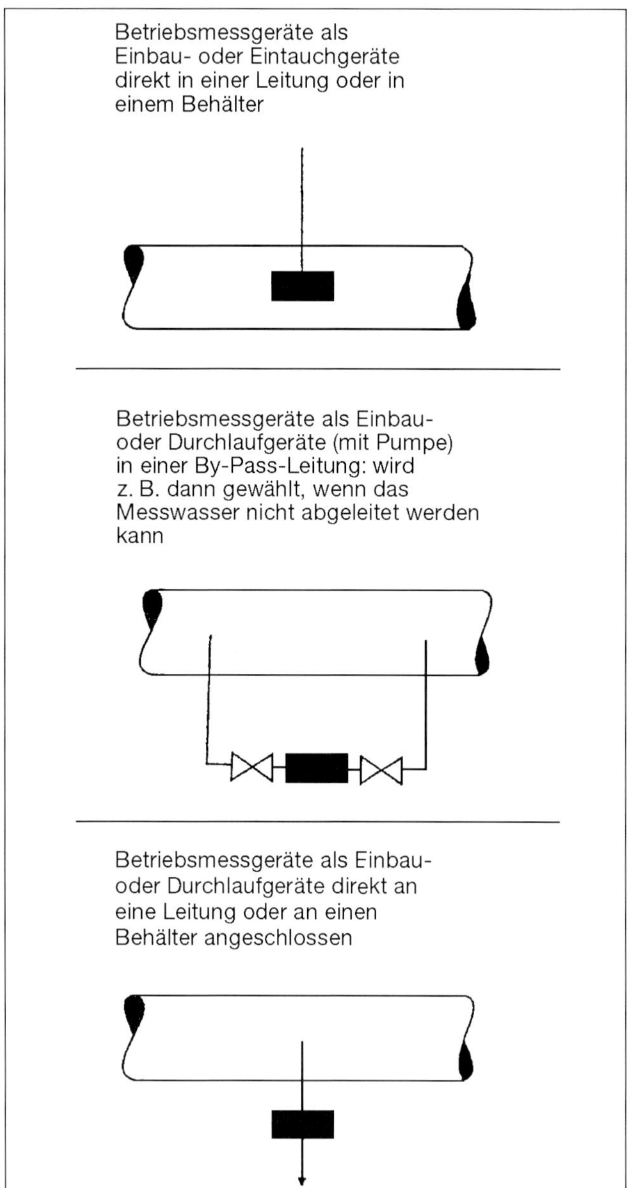

Abb. 141: Einbaumöglichkeiten von Messwertaufnehmern

12.3 Temperatur

Die Temperatur eines Wassers ist ein wichtiges Wassergütemerkmal. Die Gleichmäßigkeit der Temperatur eines Grundwassers deutet z. B. auf eine gute Abschirmung zur Erdoberfläche hin. Oberflächenwässer dagegen können stark schwankende Temperaturen haben. Stärkere Temperaturabweichungen im Grundwasser deuten auf Beeinflussung hin. Ursachen können z. B. sein: eindringendes Niederschlag- oder Oberflächenwasser, Kühlwassereinleitungen, Wärmepumpenanlagen oder Leckagen an Fernwärmeleitungen.

Die Temperatur des Wassers bestimmt in gewisser Hinsicht seine Qualität, vor allem den Geschmack. Der Temperaturbereich von 8 bis 12 °C wird beim Trinkwasser als angenehm und erfrischend empfunden; Wässer mit erhöhten Temperaturen (über 15 °C) schmecken schal und fade; sehr kalte Wässer unter 5 °C werden beim Trinken nicht als angenehm empfunden und können gesundheitsbeeinträchtigend wirken (Magen-Darm-Störungen).

Die Temperaturen eines Wassers vermitteln Hinweise auf dessen Herkunft. So sind z. B. bei sehr tiefen Grundwässern die Wassertemperaturen erhöht. In Deutschland wird allgemein Wasser aus einer Bohrung als „Therme" bezeichnet, wenn die Wassertemperatur auf Dauer 20 °C oder mehr beträgt.

Die Temperatur des Wassers beeinflusst auch die Aufbereitungs- und Desinfektionsprozesse in ihrer Reaktionsgeschwindigkeit; ferner ist die Löslichkeit der Gase im Wasser temperaturabhängig. Die Geschwindigkeit, mit der chemische und biologische Vorgänge ablaufen, ist somit auch von der Temperatur des Wassers abhängig. Dies wirkt sich besonders bei folgenden Wasseraufbereitungsstufen aus: Flockung, biologisch wirkendes Filtern und Schnellentcarbonisierung.

Mit steigender Temperatur nimmt aufgrund der Ionenbeweglichkeit die Desinfektionswirkung von Chlor zu. Für die Messung der Temperatur werden bevorzugt Widerstandsthermometer eingesetzt. Je nach Anwendungsfall werden verschiedene Bauformen mit unterschiedlichen Schutzrohren und Temperaturmessbereichen verwendet.

Die Widerstandsthermometer können direkt in die Rohrleitung oder in vorhandene Durchflussarmaturen

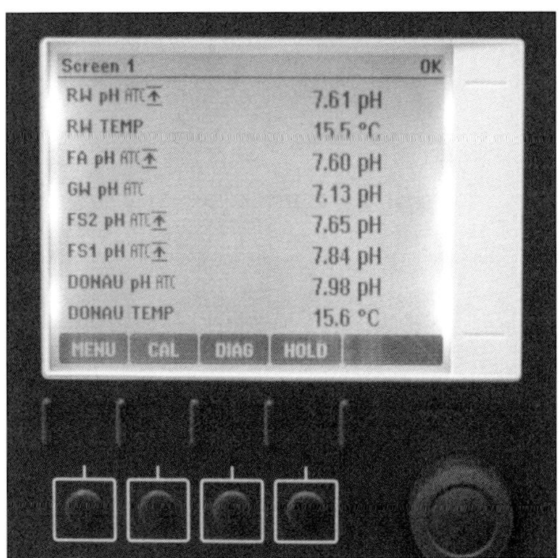

Abb. 142:
Temperatur- und pH-Wert-Anzeige-Display

gemeinsam mit einer pH-Messelektrode eingebaut werden. Die Abb. 142 zeigt eine gut lesbare LCD-Anzeige der Temperatur- und pH-Werte. Störmöglichkeiten der Temperaturmessung sind nicht zu erwarten, die Wartung kann einmal pro Jahr mit geeichten Thermometern erfolgen.

12.4 pH-Wert, Δ pH-Wert

Infolge chemischer, physikalischer und biologischer Vorgänge kann sich der pH-Wert eines Wassers rasch verändern. Die Messung des pH-Wertes gibt somit Hinweise auf Veränderungen der Wasserbeschaffenheit: Sie ist wichtig für die Kontrolle der Aufbereitungs- und Desinfektionsverfahren, macht Angaben über das Korrosionsverhalten eines Wassers und ist Grundlage für die Beurteilung des Wassers nach der Trinkwasserverordnung. Danach soll ein Trinkwasser einen pH-Wert von pH 6,5–9,5 aufweisen.

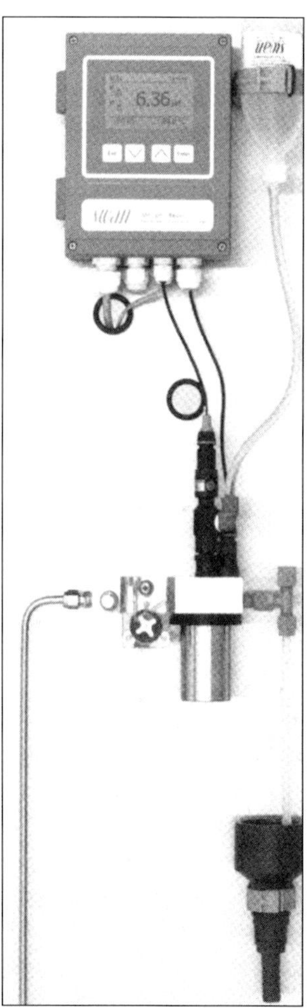

Abb. 143:
pH-Wert-Messgerät mit Glaselektrode und Bezugselektrode. Der Glaselektrode wird aus einem Vorlagebehälter (rechts oben im Bild) KCl-Elektrolytlösung zugeführt. Dies ist dann für die Messung notwendig, wenn die elektrische Leitfähigkeit des Wassers unter 50 µS/cm liegt

Veränderungen des pH-Wertes eines Grund- oder Oberflächenwassers können natürlich bedingt sein oder auf Verunreinigungen und anthropogene Einflüsse hinweisen, die bei der Aufbereitung des Wassers zu beachten sind.

Der pH-Wert eines Wassers beeinflusst auch seine organoleptischen Eigenschaften; Ein Wasser mit einem pH-Wert von pH 8 schmeckt fad, bei höherem pH-Wert macht sich ein seifiger Geschmack bemerkbar.

Man empfindet den Geschmack eines Wassers als frisch, wenn der pH-Wert unterhalb pH 7,5 liegt, das Wasser gleichzeitig kühl ist und eine hinreichende Menge CO_2 (ca. 10 mg/l und mehr) enthält.

Für die meisten chemischen Gleichgewichte der Wasserinhaltsstoffe hat der pH-Wert eine außerordentliche Bedeutung. Die Vielzahl der Säure-Basen-Gleichgewichte und Redox-Reaktionen wird maßgeblich vom pH-Wert beeinflusst.

Auch auf die Löslichkeit von Hydroxiden, Carbonaten, Silikaten u. a. hat der pH-Wert einen Einfluss.
Mit steigendem pH-Wert nimmt die Wirkung des Chlors bei der Desinfektion ab. Die Keimtötungsgeschwindigkeit von Ozon oder Chlordioxid wird dagegen vom steigenden pH-Wert nicht beeinflusst.
In Rohrnetzen und Behältern bestimmt der pH-Wert das korrosive Verhalten des Wassers gegenüber den eingesetzten Werk- und Baustoffen.
Die Bestimmung des pH-Wertes erfolgt elektrometrisch mit einer Glaselektrode (Einstabmesskette). Der Einbau der Elektrode erfolgt in einem Durchflussgefäß, wobei auf konstante, nicht zu hohe Anströmgeschwindigkeit der Elektrode durch das Messwasser zu achten ist.
Die maximale Abweichung des pH-Wertes vom tatsächlichen Wert darf ± 0,1 betragen. Eine gute Langzeitkonstanz des Nullpunktes (pH 7,00) der Elektrode sollte vorliegen.
Bei größeren Temperaturschwankungen (> 5 °C) des Messwassers ist eine Temperaturkompensation erforderlich.
Die pH-Wert-Skala ist durch Standard-Pufferlösungen nach DIN 19266 oder DIN 19267 festgelegt. Der Messverstärker muss nach DIN 19265 gefertigt und die Glaselektrode (Einstabmesskette) nach DIN 19261 hochohmig sein.
Bei Wässern mit einer elektrischen Leitfähigkeit < 50 µS/cm können keine Gelelektroden eingesetzt werden. In diesem Fall sind Einstabmessketten mit Schliffdiaphragma und eigenem Zulaufgefäß für die KCl-Elektrolytlösung vorzusehen.
Die Elektroden dürfen keine Beläge (Eisen, Mangan, Kalk) haben. Vor der Justierung sind die Elektroden mechanisch oder chemisch zu reinigen. Die Justierung darf erst dann erfolgen, wenn sich die Temperatur der Elektrode der Temperatur der Pufferlösung angepasst hat.

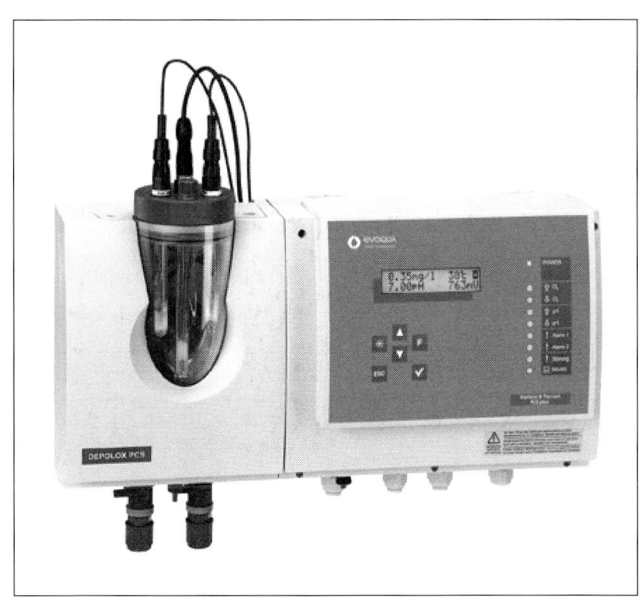

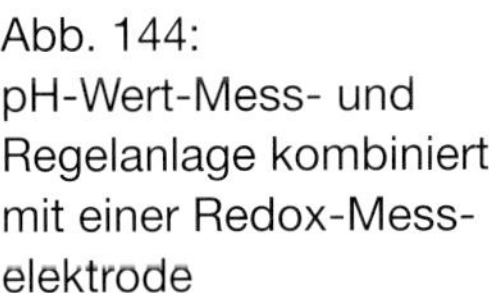
Abb. 144:
pH-Wert-Mess- und Regelanlage kombiniert mit einer Redox-Messelektrode

Die Justierung erfolgt mit zwei Pufferlösungen nach DIN 19266 oder DIN 19267. Die häufigste Fehlerursache bei der elektrochemischen pH-Wert-Messung liegt in verunreinigten Pufferlösungen, die zum Justieren verwendet werden.

Im Laufe der Zeit nimmt infolge einer Alterung der Glasmembran der Messelektrode der Membranwiderstand zu; die Steilheit der Elektrode sinkt ab. Falls diese Erscheinung am Messverstärker nicht mehr kompensiert werden kann, muss die Elektrode ausgewechselt werden.

Die Verwendung des gemessenen pH-Wertes zur Steuerung und Regelung ist prinzipiell möglich. Sie wird vor allem bei gut gepufferten Wässern und Wässern mit weitgehend konstanter Zusammensetzung angewendet.

Der Δ pH-Wert ist ein Maß für die Abweichung vom pH-Wert des Kalk-Kohlensäure-Gleichgewichts. Der Messwert erlaubt ein schnelles Erkennen von Änderungen der Wasserqualität, die sich auf den Gleichgewichts-pH-Wert auswirken, und ermöglicht daher auch bei wechselnder Wasserqualität ein entsprechendes Anpassen der dazu notwendigen Betriebseinstellungen.

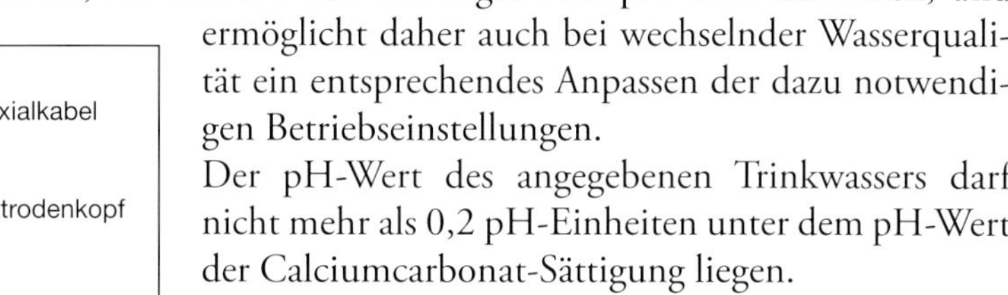

Der pH-Wert des angegebenen Trinkwassers darf nicht mehr als 0,2 pH-Einheiten unter dem pH-Wert der Calciumcarbonat-Sättigung liegen.

Diese Anforderung wird gestellt im pH-Bereich 6,5 bis 9,5 zur Vermeidung von Korrosion bei metallischen und zementhaltigen Werkstoffen.

Das Messprinzip der Δ pH-Wert-Messung ist folgendes: In zwei Durchflussmessgefäßen wird jeweils das pH-Wert-abhängige Potenzial mithilfe identischer Glaselektroden gegen eine gemeinsame Bezugselektrode gemessen.

In das eine Messgefäß gelangt das Wasser, dessen Δ pH-Wert ermittelt werden soll, direkt. In das andere Messgefäß gelangt das Messwasser nach dem Durchlaufen einer Kalkpatrone.

Im Messwertumformer werden die beiden gemessenen Potenzialdifferenzen verglichen.

Bei Wässern, die sich im Kalk-Kohlensäure-Gleichgewicht befinden, sind die beide Potenzialdifferenzen gleich, der Δ pH-Wert beträgt 0.

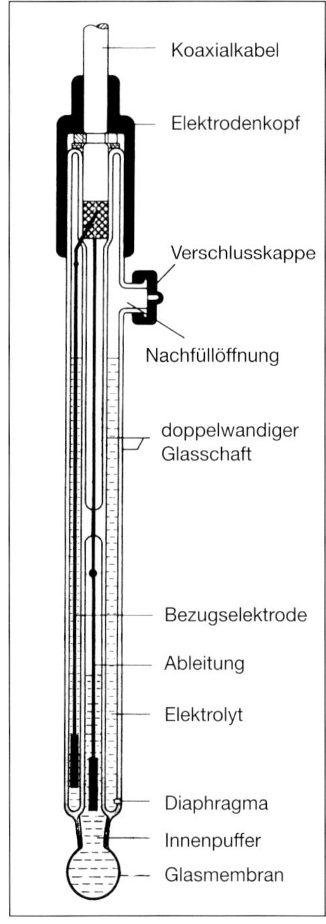

Abb. 145:
Einstabmesskette mit Gel-Elektrolyt. Das Bezugssystem ist in der pH-Glaselektrode integriert

Als maximale Messunsicherheit wird eine Abweichung vom berechneten pH-Wert des Kalk-Kohlensäure-Gleichgewichtes von ± 0,2 pH-Einheiten toleriert.
Mögliche Störungen bei der Messung vom Δ pH-Wert sind Belagbildung auf den Elektroden und dem Kalk der Patrone sowie Gasblasen in der Kalk-Patrone.
Als Wartung fällt der tägliche Nullpunktabgleich sowie alle 1 bis 3 Monate der Wechsel der Kalk-Patrone an.

12.5 Elektrische Leitfähigkeit

Die meisten anorganischen Wasserinhaltsstoffe liegen als Ionen vor; sie sind daher fähig, den elektrischen Strom zu leiten. Die Leitfähigkeit hängt nicht nur von der Anzahl der Ionen, sondern auch von deren Ladungszahl, der Ionenbeweglichkeit und der Wassertemperatur ab und stellt somit einen Summenparameter dar, der Aussagen über die Gesamtmineralisation und die Konstanz bzw. Veränderung eines Wassers treffen lässt.
Zu den Einsatzbereichen der Leitfähigkeitsbestimmung gehören u. a. die Wassererschließung und Wasseraufbereitung, die Erkundung verschiedener Grundwasserstockwerke und die Einstellung des Beharrungszustandes bei jeglichen Kontrollanalysen. Die Leitfähigkeitsmenge ist deshalb eine wichtige Kenngröße bei allen Wasseranalysen und ist bei hydrologischen Untersuchungen unverzichtbar. Weiterhin kann

Abb. 146:
Durchflussarmatur mit eingebautem Leitfähigkeitssensor

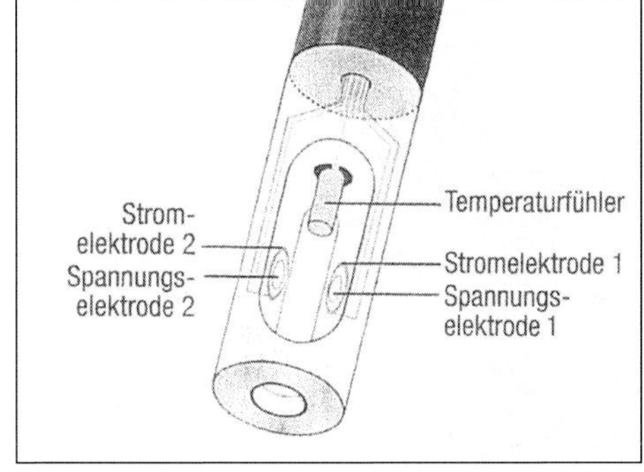

Abb. 147:
Messwertgeber als 4-Elektroden-Zelle mit integriertem Temperaturfühler

die Messung der Leitfähigkeit angewandt werden zur Kontrolle der Rohwasserbeschaffenheit, bei der Mischung unterschiedlicher Wässer und bei Aufbereitungsverfahren, bei denen der Gesamtsalzgehalt des Wassers sich ändert.
Die Messwerte ändern sich nicht linear mit der Temperatur, in der Regel werden sie bezogen auf 25 °C angegeben. Die elektrische Leitfähigkeit von Trinkwässern liegt bei den meisten im Bereich von 100 bis 1000 µS/cm.
Der Grenzwert nach der Trinkwasserverordnung beträgt 2790 µS/cm (25 °C).
Kontinuierlich messende Leitfähigkeitssysteme bestehen aus der Durchflussarmatur, der Messzelle und dem Messverstärker. Die Leitfähigkeitsmesszelle ist ein 4-Elektroden-System (Abb. 147) mit integriertem Temperaturfühler.
Der Einsatz der Leitfähigkeitsmessung zur Steuerung oder Regelung von Aufbereitungsverfahren und zur Mischung unterschiedlicher Wässer ist grundsätzlich möglich.

12.6 Trübung

Die Messung der Trübung nach DIN EN ISO 7027 wird schon seit Langem als einfache und schnelle Methode zur Beurteilung von Wässern hinsichtlich ihres Gehaltes an ungelösten Stoffen durchgeführt.
In der Trinkwasserverordnung ist ein Grenzwert von 1,0 NTU (Nephelometric turbidily units) angegeben. Der Zahlenwert entspricht der früheren Trübungseinheit FNU (Formazine nephelometric units). Der Grenzwert von 1,0 NTU in der deutschen Trinkwasserverordnung gilt am Ausgang des Wasserwerkes.
Der Unternehmer oder sonstige Inhaber einer Wasserversorgungsanlage hat einen plötzlichen oder kontinuierlichen Anstieg unverzüglich der zuständigen Behörde (Gesundheitsamt) zu melden.
Die WHO-Guidelines geben für die „ästhetische Qualität“ des Trinkwassers einen Wert von 5,0 NTU an und bemerken, dass ein Wert von < 1,0 NTU für die Effektivität der Desinfektion zu bevorzugen ist, weil höhere Werte bzw. Trübstoffmengen die Mikroorganismen vor einer durchgreifenden Desinfektion schützen oder auch das Bakterienwachstum positiv beeinflussen können. Wird Oberflächenwasser oder von Oberflächenwasser beeinflusstes Wasser desinfiziert, darf ein Trübungswert von 0,2 NTU in diesen Wässern nicht überschritten werden.
Die kontinuierliche Trübungsmessung mit Betriebsmessgeräten wird zur Überwachung von Rohwässern und zur Kontrolle von Aufbereitungsanlagen, deren wesentliche Aufgabe die Entfernung von Partikeln ist, eingesetzt. Es empfiehlt sich, die Trübung des Wassers vor und nach solchen Aufbereitungsverfahren zu messen. Die Abb. 148 zeigt ein Trübungsmessgerät, das nach dem Durchflussküvetten-Prinzip arbeitet und für die Überwachung von Trinkwasser eingesetzt wird. Wie weitgehend

die Trübstoffentfernung aus einem Wasser erfolgen soll bzw. muss, war lange Zeit weniger eine Frage der jeweiligen Aufbereitungstechnik als eine Frage der Aufbereitungsphilosophie.

Heute ist man sich darüber einig, dass in modernen Aufbereitungsanlagen, z. B. für Oberflächenwässer, die vollständige Elimination aller suspendierten Stoffe erfolgen muss, um auch Keime und Mikroorganismen mit hoher Sicherheit abzutrennen. Dadurch wird eine wichtige Grundvoraussetzung für die Abgabe von Trinkwasser mit stets einwandfreier hygienischer Beschaffenheit erfüllt. Solche Anlagen kommen mit einem Minimum an Desinfektionsmittel aus, und selbst nach mehreren Tagen Aufenthaltszeit des Trinkwassers im Verteilungsnetz treten keine Wiederverkeimungen auf. Grundsätzlich werden nämlich nur einzelne frei im Wasser suspendierte Bakterien z. B. durch Chlor oder Chlordioxid sowie auch durch UV-Bestrahlung schnell und ohne Probleme abgetötet. Für Bakterien, die in Trübstoffpartikel eingelagert sind, gilt dies jedoch nicht.

Hier besteht die Gefahr, dass die Desinfektionsmittel bzw. die UV-Strahlung nicht in das Innere der Partikel gelangen können und die so geschützten Bakterien nicht abgetötet werden. Gleiches gilt für Bakterien, die mit einer für das Desinfektionsmittel weitgehend undurchlässigen Schleimschicht umgeben sind, sowie für die Zysten und Oozysten von Giardien und Cryptosporidien. Deshalb lässt sich das mit einer unzureichenden Trübstoffentfernung bei der Aufbereitung eingegangene Risiko nur sehr bedingt durch höhere Dosen an Desinfektionsmitteln wieder ausgleichen. Selbst hohe Desinfektionsmittelkonzentrationen im Trinkwasser bieten dann keine ausreichende Sicherheit.

Für Oberflächenwasser, aber natürlich auch für bakteriologisch nicht einwandfreie Grund- und Quellwässer, ist der Grenzwert von 1,0 NTU, insbesondere nach starken Niederschlägen und bei Hochwasserereignissen, entschieden zu hoch. Hier sollte die Trübung, wie bereits erwähnt, unter 0,2 NTU, möglichst sogar unter 0,1 NTU liegen.

Die Trübung eines Wassers wird durch die ungelösten Stoffe, wie anorganische oder organische Partikel, durch Kolloide, aber auch durch Gasbläschen hervorgerufen. Trifft Licht auf solche Teilchen, so wird ein Teil des Lichtes gestreut, wobei man unter Streuung ganz allgemein die Ablenkung des Lichtstrahls aus seiner Richtung versteht.

Das Ausmaß der Streuung wird vor allem bestimmt durch die Anzahl und die Eigenschaften (z. B. Größe, Form und Farbe) der Partikel. Die Messung der Trübung basiert auf der messtechnischen Erfassung dieser Streustrahlung.

Die Abb. 148 zeigt ein Prozess-Trübungsmessgerät zur Überwachung am Filterauslauf einer Trinkwasser-Aufbereitungsanlage.

Abb. 148: Prozess-Trübungsmessgerät für den niedrigen Messbereich. Die Messeinheit mit Lichtquelle, Detektor und Interface wird auf die Messkammer aufgesetzt und taucht in das Probewasser ein. Dabei liegt die Detektorlinse unter Wasser und die behiezte Lichtquelle (Infrarot – LED, 860 nm) ist stets oberhalb des ständig anstehenden Wasserspiegels platziert

Der erhaltene Messwert ist abhängig von der Wellenlänge des verwendeten Lichtes und der Geometrie der Messeinrichtung (Messwinkel). Um eine internationale Vergleichbarkeit der Trübungswerte zu gewährleisten, wurden die Bedingungen in der DIN EN ISO 7027 festgelegt.
Danach wird Licht einer definierten Wellenlänge (860 nm) verwendet und bei einem Messwinkel von 90° gemessen. Die Justierung der Geräte wird mit stabilisierten Formazinlösungen mit definierten Trübungswerten durchgeführt.

12.7 Chlor

Die Chlorung des Wassers gehört zu den am meisten angewendeten Desinfektionsverfahren. Im Wasser gelöstes Chlor reagiert unter Bildung von hypochloriger Säure (HOCl), Hypochlorition (ClO^-) und Salzsäure (HCl). Die Massenkonzentration der sich bildenden Einzelverbindungen sind insbesondere vom pH-Wert des Wassers abhängig (siehe Abb. 65, Seite 113).
Im Bereich zwischen dem pH-Wert 6 und 8 sind praktisch nur hypochlorige Säure und Hypochlorition vorhanden. Da die Keimabtötung überwiegend der hypochlorigen Säure zugeschrieben wird, spielt der pH-Wert des Wassers bei der Desinfektion eine wichtige Rolle.

Physikalisch gelöstes Chlor (Cl_2), hypochlorige Säure und Hypochloritionen werden summarisch als freies Chlor bezeichnet. Bei Anwesenheit von Ammonium oder organisch gebundenem Stickstoff im Wasser können sich weitere Chlorverbindungen (Monochloramin, Dichloramin, Trichloramin) bilden, in denen das Chlor noch oxidierende und desinfizierende Eigenschaften besitzt. Diese Verbindungen werden unter dem Begriff „gebundenes Chlor" zusammengefasst.
Für die Trinkwasserdesinfektion wird in einigen Ländern das sogenannte Chloramin-Verfahren eingesetzt. Hier wird aus Ammoniakgas und Chlorgas das Chloramin erzeugt, das dann als Desinfektionsmittel wirkt. In der deutschen Trinkwasserverordnung ist dieses Verfahren nicht aufgeführt.
Die Summe aus freiem Chlor und gebundenem Chlor ist das Gesamtchlor. Die übliche Chlorbestimmung im Wasser bezieht sich auf die Ermittlung des freien Chlors, da nach der Trinkwasserverordnung in gechlortem Wasser eine Mindestmenge an freiem Chlor vorliegen muss bzw. eine Höchstmenge an freiem Chlor vorliegen darf.
Neben dem freien Chlor ist oft auch die Kenntnis des Gehalts am gebundenen Chlor wichtig. Da es keine direkte Messmethode für gebundenes Chlor gibt, ist hierzu neben der Messung des freien Chlors eine getrennte Bestimmung des Gesamtchlors notwendig. Die Differenz der Konzentration an Gesamtchlor und freiem Chlor ist der Gehalt an gebundenem Chlor. Liegt in einem desinfizierten Trinkwasser das Chlor nur als Chloramin vor, entspricht das gemessene Gesamtchlor dem Gehalt an gebundenem Chlor.
Die zulässige Zugabemenge an Chlor darf 1,2 mg/l freies Chlor betragen, sie kann bis auf 6 mg/l freies Chlor erhöht werden, wenn die mikrobiologischen Anforderungen auf anderem Wege nicht eingehalten werden können oder wenn die Desinfektion zeitweise durch Ammonium beeinträchtigt wird.
Der Gehalt an freiem Chlor im aufbereiteten Wasser beträgt max. 0,3 mg/l und darf bei Zugabe über 1,2 mg/l höchstens 0,6 mg/l betragen.
Nach der Trinkwasserverordnung muss nach Abschluss der Aufbereitung ein Restgehalt von mindestens 0,1 mg freiem Chlor je Liter Trinkwasser nachweisbar sein.
Der Begriff „nach Abschluss der Aufbereitung" ist nirgendwo offiziell definiert. In der Praxis geht man davon aus, das nach 20 bis 30 Minuten nach Zugabe des Desinfektionsmittels der Abschluss der Aufbereitung erreicht ist.
Die Geruchs- und Geschmacksschwelle in Wasser (Temperatur < 12 °C) liegt bei Chlor bei ca. 0,05 mg/l freiem Chlor, bei Chlordioxid etwa 0,15 mg/l.
Ein Grenzwert für gebundenes Chlor bzw. Gesamtchlor ist in der Trinkwasserverordnung nicht aufgeführt. Trotzdem ist die Messung des gebundenen Chlors bei Oberflächenwässern, die meist in der kalten Jahreszeit Ammoniumeinbrüche im Rohwasser haben, von Bedeutung. Spezielle Untersuchungsmethoden oder Messverfahren sind für die Einzeluntersuchung und für die kontinuierliche Messung des Chlors in der Trinkwasserverordnung nicht vorgeschrieben.

Fotometrische Messung
Für die Einzeluntersuchung sowie zum Justieren der kontinuierlich arbeitenden Messgeräte wird heute die DPD-Methode als colorimetrisches, fotometrisches oder maßanalytisches Verfahren durchgeführt.
Die Bestimmung des Chlors nach der DPD-Methode (DPD = **D**iethyl-p-**P**henylen-**D**iamin) ist in DIN EN ISO 7393 Teil 1–2 näher beschrieben. Die zulässigen Fehler der Messwerte sind mit ± 0,05 mg/l für freies Chlor angegeben.

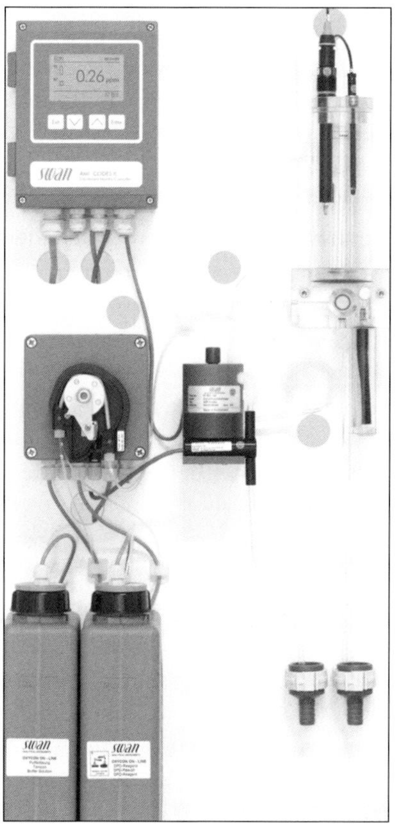

Für die kontinuierliche Messung von freiem Chlor und Chlordioxid können Prozessfotometer nach der DPD-Methode DIN EN ISO 7393-2 eingesetzt werden (Abb. 149).
Bei der fotometrischen Messung wird die spektrale Lichtabsorption nach Reaktion mit DPD-Lösung bei 510 bzw. 515 nm erfasst. Mit einer Pufferlösung wird der optimale pH-Wert für die Reaktion eingestellt. Mit einem zusätzlichen Reinigungsmodul kann ein wartungsloser Betrieb auf mehrere Wochen verlängert werden. Gleichzeitig kann die Messung des pH-Wertes und die Probentemperatur erfolgen (auf der Abb. 149 rechts im Bild).

Abb. 149:
Fotometer für die kontinuierliche Messung des freien Chlors im Trinkwasser. Neben der DPD-Lösung wird eine Pufferlösung zur pH-Wert-Einstellung ins Probewasser über eine Schlauchpumpe dosiert

Amperometrischen Messung
Bei der amperometrischen Messung wird der dem Oxidatonsmittelgehalt proportionale Depolarisationsstrom bestimmt. Mit einem Sensor, der sich in einem geregelten Durchflussmodul befindet, wird der Depolarisationsstrom gemessen, den freies Chlor, Chlordioxid oder Ozon im Messwasser erzeugen. Je nach deren Oxidationspotenzial ist dieser unterschiedlich stark. Der Sensor wird durch eine hydrodynamische Sandreinigung im Durchflussmodul ständig von Belägen freigehalten und

sorgt dadurch für eine hohe Messempfindlichkeit und kurze Ansprechzeiten. Für die kontinuierliche Messung des freien Chlors werden Messzellen eingesetzt, die weitere Messelektroden wie z. B. pH-Wert und Redox-Einstabmessketten in einer gemeinsamen Durchflussarmatur aufnehmen können. Durch diese Modulbauweise lassen sich Messsysteme entsprechend den Prozessanforderungen kombinieren. Die am häufigsten verwendete Kombination bei der Trinkwasserdesinfektion besteht aus der Messung von freiem Chlor, Redox-Spannung und pH-Wert.
Das gebundene Chlor wird nicht direkt, sondern über die Gesamtchlormessung bestimmt. Der Sensor für die Gesamtchlormessung besteht aus einem membranbedeckten potentiostatischen 3-Elektroden-System mit einer Arbeitselektrode aus Gold, der Gegenelektrode aus Edelstahl und der Referenzelektrode.
Will man das gebundene Chlor (Chloramine) direkt anzeigen und registrieren, so kombiniert man die Gesamtchlormessung mit einem Messgerät für freies Chlor. Beiden Messgeräten wird das gleiche Messwasser zugeführt. Aus den Ausgangssignalen der beiden Messgeräte wird im Messmodul für Gesamtchlor die Differenz gebildet. Die Differenz zwischen Gesamtchlor und freiem Chlor ergibt den Wert für gebundenes Chlor, der direkt angezeigt wird.

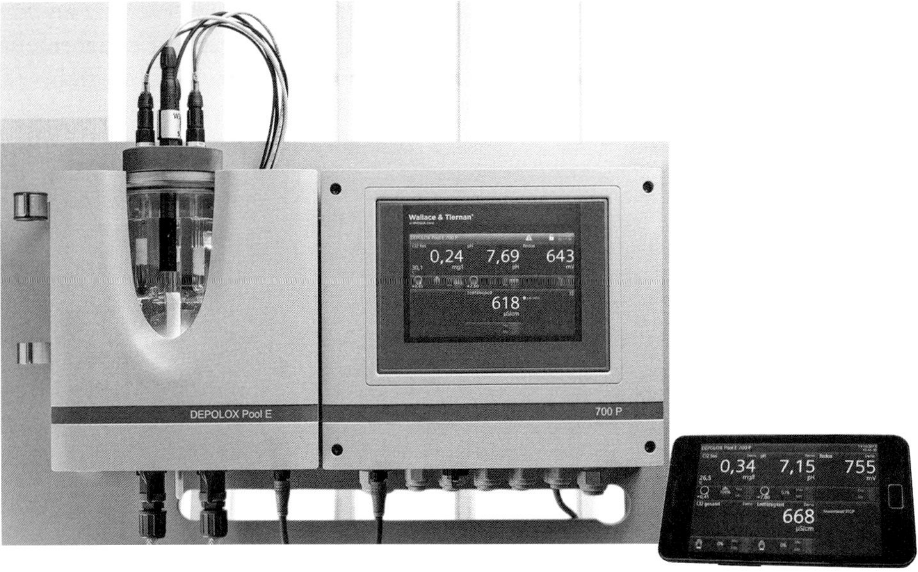

Abb. 150: Mess- und Regelanlage Typ DEPOLOX® 700 M (Hygiene Fenster) für freies Chlor, gebundenes Chlor, pH-Wert, Redox-Spannung und Leitfähigkeit mit Anbindung an Visualisierungssysteme und Web-Technologie. Das hinterleuchtete Grafik Display und das Smartphone zeigen alle Parameter gleichzeitig an

12.8 Chlordioxid

Setzt man Chlordioxid zur Desinfektion ein, so muss nach Abschluss der Aufbereitung (Trinkwasserverordnung) ein Restgehalt von mindestens 0,05 mg Chlordioxid je Liter Trinkwasser nachweisbar sein. In DIN 38408, Teil 5, ist die Bestimmung des Chlordioxides näher beschrieben. Für das Reaktionsprodukt Chlorit, das beim Einsatz von Chlordioxid entsteht, kann die Bestimmung nach DIN EN ISO 10304-4 „Bestimmung von gelösten Anionen mittels Ionenchromatographie, Teil 4: Bestimmung von Chlorat, Chlorid und Chlorit in gering belastetem Wasser" vorgenommen werden. Für Chlordioxid beträgt die zulässige Zugabe 0,4 mg/l, der Grenzwert nach der Aufbereitung liegt bei 0,20 mg/l ClO_2. Der Grenzwert für zurückgebildetes Chlorit im Trinkwasser beträgt 0,20 mg/l.
Heute wird Chlordioxid fast ausschließlich für die Desinfektion auf der Reinwasserseite und als Transportdesinfektion im Rohrnetz eingesetzt, vor allem bei Fernwasserversorgungen. Die Dosiermengen betragen in den meisten deutschen Trinkwasserwerken 0,10–0,20 mg/l Chlordioxid, sodass der Grenzwert an Chlorit von maximal 0,20 mg/l nie erreicht werden kann.
Während früher häufig Chlordioxid in Kombination mit Chlor für die Wasserdesinfektion eingesetzt wurde, wird heute fast überall nur Chlordioxid allein angewendet. Das bedeutet, dass sich auch die Messung vereinfacht hat, weil kein Chlor neben Chlordioxid im Messwasser vorliegt.
Soll Chlordioxid neben Chlor im Trinkwasser gemessen werden oder soll der Gehalt an Chlorit kontinuierlich überwacht werden, so stehen dafür seit Kurzem membranbedeckte Elektroden zur Verfügung. Abb. 151 zeigt ein Messgerät für Chlordioxid, kombiniert mit der Messung der Redox-Spannung und des pH-Wertes.

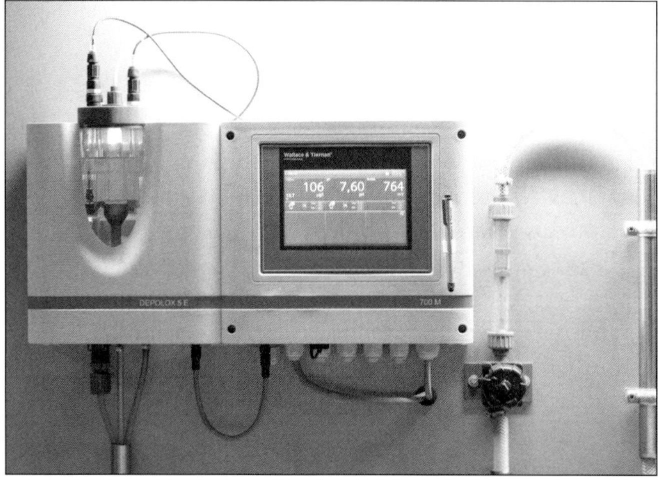

Abb. 151: Messgerät für die Parameter Chlordioxid, pH-Wert und Redoxspannung

12.9 Redox-Spannung

„Die Redox-Spannung wird durch im Wasser gelöste oxidierende und reduzierende Stoffe verursacht, sofern diese an der Elektrodenoberfläche wirksam werden. Sie wird angegeben als Spannung zwischen einem internen Elektronenleiter und der Standardwasserstoffelektrode.“ Dies ist die Begriffsbestimmung der Redox-Spannung, wie sie in DIN 38404, Teil 6, aufgeführt ist. Weiter heißt es in dieser Norm: „Die Redox-Spannung dient als Hinweis für Zustände und Vorgänge in einem Wasser, bei denen oxidierende und reduzierende Stoffe wirksam werden.“

Was bedeuten diese Aussagen in Bezug auf die Trinkwasserdesinfektion? Als reduzierende Stoffe können die in einem Trinkwasser vorhandenen Verunreinigungen und organischen Belastungsstoffe angesehen werden, während die Desinfektionsmittel wie Chlor, Chlordioxid oder Ozon als oxidierende Stoffe vorliegen.

Die Redox-Spannung, die z. B. in einem gechlorten Wasser vorliegt, ist also ein Maß für die oxidierende und zugleich desinfizierende Wirkung eines Wassers, bei gleichzeitiger Berücksichtigung der momentan vorliegenden Belastung des Wassers mit Verunreinigungen. Man kann dies auch als Desinfektionsvermögen eines Wassers bezeichnen. Die Höhe der Redox-Spannung hängt im Fall der Chlorung zwar in erster Linie von der Chlorkonzentration ab, genauso aber auch von der Art und Konzentration möglicher Reaktionspartner des Chlors. Dies betrifft auch solche Substanzen, die sich nicht durch eine schnelle Bindung des freien Chlors bemerkbar machen.

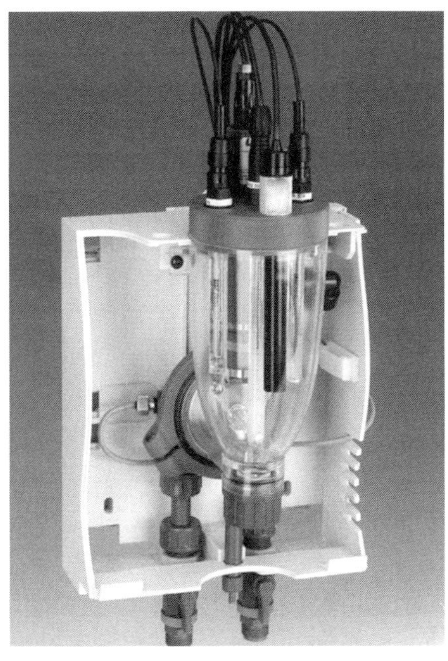

Abb. 152:
Armatur für die Aufnahme von Messelektroden mit eingebautem Durchflussregelventil für das Messwasser

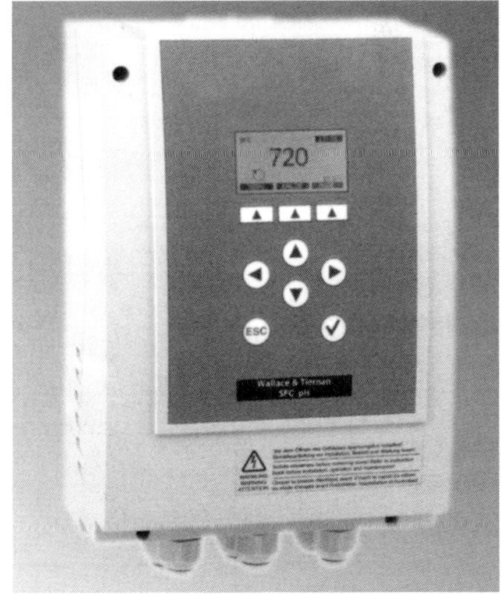

Abb. 153:
Redox-Messverstärker

Weiterhin hängt die Redox-Spannung vom pH-Wert und in geringem Maße von der Temperatur des Wassers ab. Die Redox-Spannung ist also eine umfassendere Messgröße als die Konzentration des Chlors, denn sie schließt außer der Desinfektionsmittelkonzentration weitere Einflussgrößen ein, die sich auf das Desinfektionsvermögen eines Wassers auswirken.
Der Zusammenhang zwischen Redox-Spannung und der Konzentration der Desinfektionsmittel ist nicht linear.
So können Wässer mit gleicher Chlorkonzentration unterschiedliche Redox-Spannung aufweisen und haben dann auch ein unterschiedliches Desinfektionsvermögen. Wenn Wässer verschiedener Chlorkonzentration die gleiche Redox-Spannung aufweisen, ist auch ihr Desinfektionsvermögen gleich.
In der Wasserwerkspraxis bietet sich die Redox-Spannung als Messgröße für das Desinfektionsvermögen besonders dort an, wo solche Wässer aufbereitet werden, bei denen zeitweise mit stärkerem Auftreten von algenbürtigen Stoffen oder von Ammonium gerechnet werden muss.
In diesen Perioden verliert die Angabe der Desinfektionsmittelkonzentration an Aussagekraft, während die Messung der Redox-Spannung eine zutreffende Aussage über das noch bestehende Desinfektionsvermögen erlaubt.
Ein weiterer Gesichtspunkt ergibt sich aus der schwierigen Analytik von Chlor und Chlordioxid bei sehr niedrigen Konzentrationen.

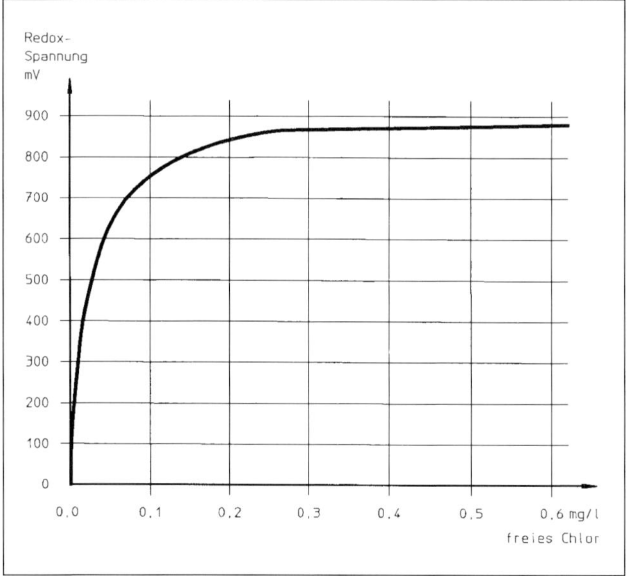

Abb. 154:
Die Redox-Spannung in Abhängigkeit vom Gehalt an freiem Chlor in einem Trinkwasser

Um möglichst geringe Desinfektionsmittelgehalte anzusteuern, aber doch noch eine sichere Desinfektion zu gewährleisten, bietet sich die Redox-Spannung als geeignete Messgröße an, weil sie in sehr geringen Konzentrationsbereichen am stärksten auf Veränderungen der Desinfektionsmittelkonzentration anspricht.
Abb. 154 zeigt die Redox-Spannung bei ansteigendem Gehalt an freiem Chlor. Diese Kurve zeigt aber auch, dass die Redox-Spannung nicht als Regelparameter benutzt werden kann und „Überchlorungen“ durch die Redox-Spannung nicht erkannt werden können. Grenzwerte oder Bereiche für die Redox-Spannung, die für eine sichere Desinfektion erforderlich sind, sind bisher nirgendwo festgelegt worden.
Um in einem Wasserwerk herauszufinden, welche Redox-Spannung für eine zuverlässige Desinfektion notwendig ist, sind Versuchsreihen erforderlich. Hier sollte die mikrobiologische Untersuchung, der Gehalt an Desinfektionsmittel und der pH-Wert im Zusammenhang mit dem Wert der Redox-Spannung gesehen werden.
Obwohl in der DIN 38404, Teil 6 (Bestimmung der Redox-Spannung), die Redox-Spannung als Spannung zwischen einem inerten Elektronenleiter und der Standard-Wasserstoffelektrode angegeben werden soll, wird aus praktischen Gründen die Messung mit einer Platinelektrode gegen eine Silber/Silberchlorid (Ag/AgCl)-Bezugselektrode durchgeführt.
Am Messmodul wird die tatsächlich gemessene Spannung UG (gegen Ag/AgCl) angezeigt. Die Redox-Messanlage besteht aus der Redox-Einstabmesselektrode mit Ag/AgCl-Bezugssystem, dem Impedanzwandler und dem Einschubmessmodul.
Die Abb. 150 zeigt ein neu entwickeltes Mess- und Regelsystem, mit dem die sogenannten Hygiene-Hilfsparameter freies Chlor, Chlordioxid, gebundenes Chlor, pH-Wert und Redox-Spannung sowie die elektrische Leitfähigkeit und die Temperatur des desinfizierten Trinkwassers überwacht werden. Das Anzeige-Display ist eine Art Hygiene-Fenster, in dem alle relevanten Parameter, die für die eine sichere Desinfektion wichtig sind, mit einem Blick erfassbar sind.

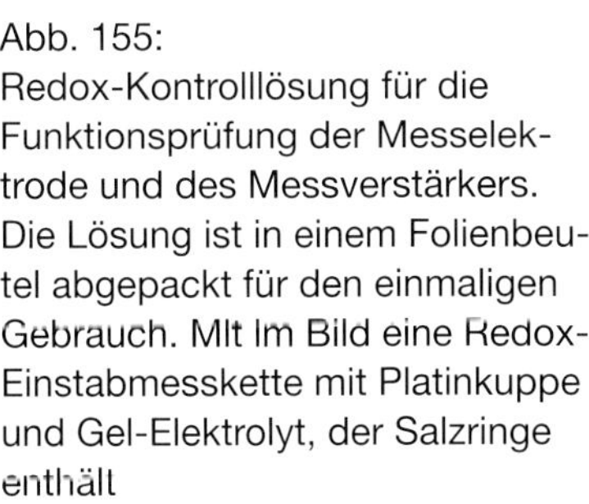

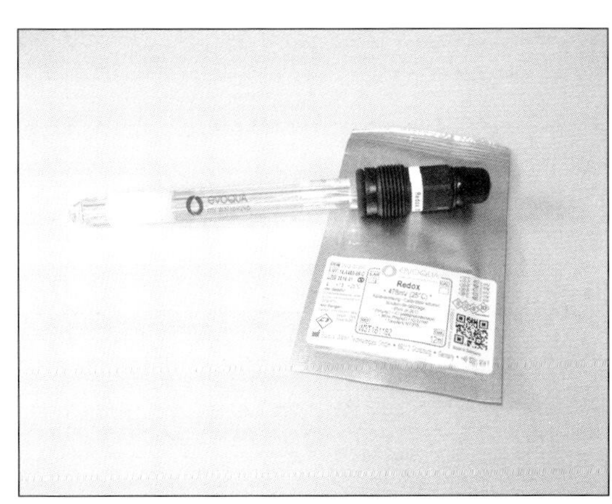

Abb. 155:
Redox-Kontrolllösung für die Funktionsprüfung der Messelektrode und des Messverstärkers. Die Lösung ist in einem Folienbeutel abgepackt für den einmaligen Gebrauch. Mit im Bild eine Redox-Einstabmesskette mit Platinkuppe und Gel-Elektrolyt, der Salzringe enthält

Die Redox-Spannung in einem Trinkwasser stellt sich im Normalfall relativ langsam ein, folgt aber dennoch den Potenzialänderungen, wie sie im Trinkwasser auftreten – wenn auch mit einer gewissen Zeitverzögerung.
Erscheint auf dem Schreibstreifen oder auf der grafischen Darstellung des Monitors eine fast gerade Linie, so kann dies auf eine verschmutzte Elektrodenoberfläche zurückzuführen sein. Beläge auf der Oberfläche der Redox-Elektroden. z. B. Fett oder Reaktionsprodukte von Wasserinhaltsstoffen (Eisen- und Manganverbindungen), können die Messung beträchtlich stören. Meist ist die Platinoberfläche der Messelektrode je nach Verschmutzungsgrad des Messwassers mehr oder weniger stark mit Verunreinigungen belegt. Diese können zum Teil auch als nicht sichtbare Belege auf dem Platin vorliegen. Die Verschmutzung macht sich auch in der Form bemerkbar, dass die Messung träge wird. Häufig wird auch gleichzeitig eine zu niedrige Redox-Spannung angezeigt. Nach den Betriebserfahrungen sollte die Platinelektrode etwa alle 6 bis 8 Wochen gereinigt werden.
Dazu wird sie aus der Durchflussarmatur herausgenommen und mit Wasser und einem feinen Scheuermittel (Vim, Ata) gereinigt. Dazu reibt man die Platinoberfläche mit dem Scheuermittel so lange, bis das Platin wieder metallisch blank ist. Danach wird die Elektrode mit Wasser gut abgespült. Die Platinoberfläche darf anschließend nicht mehr berührt werden, damit kein Fettfilm von den Fingern zurückbleibt.
Nach etwa 3 bis 4 Stunden Einlaufzeit ist die Elektrode wieder messbereit. Als eine weitere Möglichkeit, die Elektrode zu reinigen, wird ein verdünntes Glasreinigungsmittel empfohlen, das z. B. im Labor verwendet wird (Extran oder RBS 50). Nach der Reinigung sollte die Platinoberfläche mit Alkohol (Brennspiritus) und Wasser abgespült werden.
Weiterhin kann eine Reinigungslösung mit folgender Zusammensetzung eingesetzt werden: ein Teil konzentrierte Salzsäure wird mit einem Teil Wasserstoffperoxid und drei Teilen Wasser gemischt. Auch nach der Reinigung mit diesem Mittel muss mit Wasser gut nachgespült werden. Will man eine gemeinsame Funktionsprüfung von Elektrode und Messverstärker durchführen, so steht dafür eine Redox-Kontrolllösung mit einer Redox-Spannung von + 478 mV (gegen Silber/Silberchlorid und bei 25 °C) zur Verfügung.
Ist das Diaphragma verschmutzt, so kann dieses mithilfe von Salzsäure gereinigt werden. Dazu taucht man die Elektrode bis über das Diaphragma in 10%ige Salzsäure, lässt diese einige Minuten einwirken und spült mit klarem Wasser nach.
Im Übrigen wird auf die Betriebsanleitung verwiesen, die allen Elektroden und Redox-Messgeräten mitgegeben wird und in der die Behebung von Störungen und Fehlern, die bei der Redox-Messung auftreten können, näher beschrieben ist.

12.10 Ozon

Ozon wird zur Oxidation und Desinfektion bei der Aufbereitung von Wasser zu Trinkwasser eingesetzt und darf nach der Aufbereitung in einer Konzentration von maximal 0,05 mg/l vorliegen (Trinkwasserverordnung). Dieser Wert entspricht in etwa der chemischen Nachweisgrenze von Ozon mit der üblichen DPD-Methode und bedeutet quasi ozonfrei. Die Bestimmung des Ozons nach der DPD-Methode wird in DIN 38408, Teil 3, näher beschrieben. Soweit das restliche Ozon nach der jeweils angewandten Reaktions- bzw. Kontaktzeit nicht abgebaut ist, soll es aus gesundheitlichen und korrosionstechnischen Gründen sowie zur Beseitigung des Ozongeruchs entfernt werden, z. B. durch nachfolgende Aktivkohlefiltration. Ozon darf nach Abschluss der Aufbereitung in Trinkwasser nicht vorhanden sein.

Die Messung des Restgehaltes an Ozon im Wasser dient der kontinuierlichen Überwachung der Oxidation und kann zur Steuerung bzw. Regelung der Ozonzugabe genutzt werden.

Die Messung kann auch zum Nachweis des Grenzwertes nach Abschluss der Aufbereitung und zur Funktionskontrolle von Aktivkohlefiltern (Entozonung) angewandt werden. Zur Bestimmung von Ozon im Wasser werden verschiedene kontinuierlich arbeitende Messgeräte eingesetzt. Diese können nach folgenden Messprinzipien arbeiten: fotometrisch, amperometrisch (offene oder membranbedeckte Elektroden), Messung der UV-Absorption.

Die amperometrische Messung mit membranbedecktem 2-Elektroden-System sowie der Messung der UV-Absorption bestimmen die Ozonkonzentration selektiv, unabhängig von eventuell vorhandenen anderen Oxidations- bzw. Desinfektionsmitteln wie z. B. Chlor.

Beim UV-Messverfahren wird das Ozon durch Belüftung aus dem Wasser entfernt und anschließend in der Gasphase mittels UV-Absorption bei 254 nm bestimmt.

Die übrigen Messverfahren für die Ozonmessung im Wasser erfassen alle Oxidationssubstanzen je nach deren Oxidationspotenzial unterschiedlich stark. Eine genaue Konzentrationsangabe ist daher nur möglich, wenn kein anderes Oxidationsmittel gleichzeitig im Wasser vorhanden ist.

Beim größten Teil aller im Wasserwerkbetrieb eingesetzten Ozonmessanlagen ist dies der Fall. Wegen des raschen Ozonzerfalls müssen die Probenahmestellen so ausgewählt werden, dass die Messwasserleitungen sehr kurz sind. Außerdem darf das Material der Messwasserleitungen keinesfalls den Ozonzerfall beschleunigen. Das verwendete Material muss entsprechend ausgewählt oder vorbehandelt sein

12.11 UV-Absorption

In Wasser gelöste natürliche und anthropogene organische Stoffe absorbieren ultraviolettes Licht. Zu ihrer summarischen Erfassung wird die kontinuierliche Messung der UV-Absorption bei 254 nm nach DIN 38404 Teil 3 (Bestimmung der Absorption im Bereich der UV-Strahlung) herangezogen. Damit werden einfache Bewertungen und Kontrollen von Wasserbeschaffenheit und Aufbereitungsverfahren (z. B. Oxidation, Adsorption) sicher und einfach möglich.
Der spektrale Absorptionskoeffizient (SAK) bei 254 nm ist zugleich ein Summenparameter für den Gehalt an gelösten organischen Stoffen. Es existieren Korrelationen zu anderen Summenparametern, wie z. B. TOC und CSB.
Aus dem SAK-Wert lässt sich die Transmission berechnen, ein wichtiger Parameter für die Auslegung von UV-Bestrahlungsanlagen.
Die kontinuierliche Messung der Schwächung der Strahlung bei 254 nm erfolgt mit Fotometern, die mit einer UV-Lichtquelle, Messfenstern aus Quarz und UV-empfindlichen Sensoren ausgerüstet sind (Abb. 155).
Die Angabe der Messwerte erfolgt in m/1. Eine mögliche Beeinflussung durch Trübung kann durch Messung bei 436 nm erkannt werden. Der Einbau der Messgeräte erfolgt direkt in die Leitung oder in Durchflussarmaturen. Die SAK-Messwerte können zur Steuerung der Zugabe von Flockungsmitteln, Flockungshilfsmitteln und Pulver-Aktivkohle genutzt werden.

Abb. 155: Gerät für die kontinuierliche Messung der UV-Adsorption. Das Gerät ist zur Kontrolle nach Abschluss des Aufbereitungsprozesses in einem Wasserwerk eingesetzt

13 Literatur

Unter dem Kapitel 4 Anforderungen, Vorschriften und Regeln sind Normen (DIN, DIN EN, DIN EN ISO) und das Regelwerk des Deutschen Vereins des Gas- und Wasserfachs (DVGW) in Form von Tabellen und Übersichten zusammengestellt. Die Normen und Arbeitsblätter gehören zur Fachliteratur und werden hier nicht mehr gesondert aufgeführt. Die folgenden Literaturhinweise sind zur schnelleren Orientierung nach Fachgebieten geordnet:

Historischer Überblick

1. Knieast, H. J. (2004): Die Wasserleitung des Eupalinos auf Samos, Hrsg. Kasse für Archäologische Mittel, Referat für Publikationen, Griechenland, Athen
2. Wasserversorgung im antiken Rom: Hrsg.: Frotinus-Ges. e.V. (2013): DIV Deutscher Industrieverlag, München
3. Sanfilippo, M., Venturi, F. (1996): Die Brunnen von Rom, Hirmer Verlag, München
4. Künzl, E. (2013): Die Thermen der Römer, Konrad Theiss Verlag, Stuttgart
5. Merkl, G., Baur, A., Gockel, B., Mevius, W. (1985): Historische Wassertürme, R. Oldenbourg Verlag, München
6. Die Wasserversorgung im Mittelalter (1991), Band 4, Hrsg.: Frontinus-Ges. e.V.: Verlag Philipps von Zabern, Mainz
7. Koch, R. (1893): Wasserfilration und Cholera, Zbl. Hyg., 14, S. 393–426
8. Winkle, S. (1997): Geißeln der Menschheit; Kulturgeschichte der Seuchen. Artemis und Winkler, Düsseldorf · Zürich
9. Gundermann K.-O., Hrsg. (1991): Lehrbuch der Hygiene; G. Fischer Stuttgart, New York
10. Katastrophen die die Welt erschüttern (1991): Die Cholera geht um, Reader´s Digest; Stuttgart
11. Kluge, T.; Schramm, E (1986): Wasser Nöte; Umwelt- und Sozialgeschichte des Trinkwassers; Alano-Verlag, Aachen
12. Vasold, M. (1994): Wenn der Tod auf Reisen geht; natur heft 11
13. Evans, R. J. (1990); Tod in Hamburg; Reinbek
14. Hamburg in den Zeiten der Cholera; Broschüre zur Erinnerung an die Epidemie von 1892; Freie und Hansestadt Hamburg: Behörde für Arbeit, Gesundheit und Soziales; August 1992
15. Rosenfeld, A. (1992): Geschichte der Hamburger Cholera-Epidemie von 1892; Berichte und Dokumente Nr. 934; Staatliche Pressestelle Hamburg, August 92
16. Feldmeier, H. (1992): Makabrer Triumph der Cholera in Lateinamerika; Frankfurter Allgemeine Zeitung (FAZ) vom 21.10.1992

17. Das Ornstein'sche Chlorgas-Verfahren und seine Anwendung zum Entkeimen von Wässern (1923): Broschüre der Chlorator GmbH; Berlin
18. Merkl, G. (1986): Fernwasserversorgungen – Anmerkung zu Planung, Bau und Betrieb Teil 1; bbr 1/86, S. 21–26
19. The Hystory of Wallace & Tiernan 1913 – 2003; Broschüre herausgegeben von USFilter / Wallace & Tiernan, 11/2003
20. Exner, M. (2001): Hygiene des Trinkwassers im 21. Jahrhundert – Was ist zu tun? Berichte aus dem IWW Rheinisch-Westfälischen Institut für Wasserforschung; Band 33; Mülheim/Ruhr
21. Grüntzig, J.W.: Mehlhorn, H. (2005): Expeditionen ins Reich der Seuchen, Elsevier-Spektrum Akademischer Verlag, Heidelberg
22. Tallack, P. (Hrsg.) (2005): Meilensteine der Wissenschaft, Elsevier-Spektrum Akademischer Verlag, Heidelberg
23. Wasser Kunst Augsburg (2018): Die Reichsstadt in ihrem Element, Hrsg.: Emmendörfer, C. und Trepesett, C. Begleitband zur Ausstellung im Maximilianmuseum Augsburg, Verlag Schnell + Steiner, Regensburg

Krankheitserreger

1. Höll, K. (2002): Wasser: Nutzung im Kreislauf, Hygiene, Analyse und Bewertung, Kap. 5 Mikrobiologie, Kap. 6 Wasservirologie; Hrsg.: Grohmann, A.; 8. Auflage; de Gruyter, Berlin · New York
2. Schindler, P. (2001): Entnahme und Versand von Wasserproben für die mikrobiologische Untersuchung; Der Hygieneinspektor, 2/2001
3. Mellert, U.; Billing, A.; Flehmig, B.; Botzenhart, K. (1983): Inaktivierung von Hepatitis-A-Virus durch Chlor; gwf – Wasser / Abwasser 124
4. Levine, A. J. (1991): Viren – Diebe, Mörder und Piraten; Spektrum-Bibliothek, Band 35, Spektrum Akademischer Verlag, Heidelberg · Berlin · New York
5. Dumke, R. (1995): Verhalten von Mikroorganismen und Viren bei der Trinkwasseraufbereitung: Viren, Neue Technologien in der Trinkwasserversorgung; DVGW-Schriftenreihe Nr. 110
6. Karanis, P.; Seitz H.M. (1996): Vorkommen und Verbreitung von Giardia und Cryptosporidium im Roh- und Trinkwasser von Oberflächenwasserwerken; gwf Wasser/Abwasser 137, Nr. 2/96
7. Wiedenmann, A.; Rohn, S.; Hauser A.-C.; Botzenhart, K. (1996): Übertragungswege von Cryptosporidien in Deutschland; gwf Wasser/Abwasser 137, Nr. 2/96
8. Gimbel, R.; Nahrstedt, A. (1996): Zur Aussagefähigkeit analytischer Befunde beim Nachweis von Cryptosporidien und Giardien in Wasser; gwf Wasser/Abwasser 137, Nr. 2/96

9. Schleupen, E. (1996): Cryptosporidium parvum und Giardia lamblia; Literaturrecherche; gwf Wasser/Abwasser 137, Nr. 2/96
10. Schoenen, D. (2001): Analyse und Bewertung trinkwasserbedingter Erkrankung durch Parasiten; gwf Wasser/Abwasser 142, Nr. 13/01
11. Risiko neuer Trinkwasser-Epidemien; Landesamt warnt vor Gefahren durch neuartige Coli-Bakterien; Bayerische Staatszeitung Nr. 41
12. Exner, M. (1997): Legionellose, Grundlagen in Beck-Eigmann-Hygiene, in Krankenhaus und Praxis; 2. Erg. Lfg. 1/97
13. Schindler, P. (2001): Anmerkungen zur Untersuchung auf und zur Bekämpfung von Legionellen; Der Hygieneinspektor, 6/2001
14. Umweltbundesamt (2000): Nachweis von Legionellen im Trinkwasser und Badebeckenwasser. Bundesgesundheitsblatt Gesundheitsforsch. – Gesundheitsschutz 43-2000
15. Exner, M. (1991): Verhütung, Erkennung und Bekämpfung von Legionellen-Infektionen im Krankenhaus; Forum Städte-Hygiene 42, Mai/Juni 1991
16. Roeske, W. (2004): Legionellen-Bekämpfung in Schwimmbädern; A.B. Archiv des Badewesens, Essen, 8/2004
17. Flemming, H.-C., Wingender, J. (2001): Biofilme – die bevorzugte Lebensform der Bakterien, Biologie in unserer Zeit Nr. 3, 31. Jahrgang
18. IWW/Beierlorzer (2004): Überprüfung der Wirksamkeit von Chlordioxid gegenüber Legionella pneumophila im Biofilm; Unveröffentlichter Abschlussbericht, Mülheim / Ruhr
19. Schoenen, D. (2011): Mikrobiologie des Trinkwassers; Oldenbourg Industrieverlag, München
20. DER SPIEGEL, Vivian Pasquet (2015): Ein süßer Sieg, Heft 36/2015, S. 55–59
21. Seidel, K. (1987): Vorkommen von Legionella pneumophila im Trinkwasser und in Warmsprudelbecken. Schriftenreihe des Vereins WABOLU, Heft 73, S. 56–76
22. Waschko, D, Fleischer, J. (2002): Legionellen im Duschwasser – immer noch ein gesundheitliches Problem, Jahresbericht Landesgesundheitsamt Baden-Württemberg
23. Althaus, H., Dott, W., Havemeister, G., Sacré, C. (1982): Fäkal-Streptokokken als Indikatorkeime des Trunkwassers, Zbl. Bakteriol I. Orig. A., 252, S. 154–165
24. Borneff, J. (1991): Die Bestimmung von E. coli und coliformen Keimen und ihre Bedeutung. In: Aurand. K. et al. (Hrsg.): Die Trinkwasserverordnung, 3. Aufl., E. Schmidt Verlag, Berlin, S. 95–105
25. Naglisch, F. (1996): Pseudomonas aeruginosa. In: Schulze, E. (Hrsg.): Hygienisch-mikrobiologische Wasseruntersuchung. Gustav Fischer Verlag, Jena, S.65–71

26. Botzenhart, K., Kufferath, R. (1976): Über die Vermehrung verschiedener Enterobacteriaceae sowie Pseudomonas aeruginosa und Alcaiigenes spec. im destilliertem Wasser, entionisiertem Wasser, Leitungswasser und Mineralsalzlösung, Zbl. Bakteriol. Hga., Abt. Orig. B, 163, S. 470–485
27. Exner, M., Böller, F. (1991): Hygienische Aspekte der Cholera unter besonderer Berücksichtigung der Epidemie in Südamerika. Bundesgesundheitsblatt, 34, S. 401–414
28. Feuerpfeil, I., Vobach, V., Schulze, E. (1997): Campylobacter und Yersinia-Vorkommen in Rohwasser und Verhalten in der Trinkwasseraufbereitung. DVGW Schriftenreihe Wasser Nr. 91, ZfGW Verlag, Bonn, S. 63–89
29. Heesemann. J. (1990): Enteropathogene Yersinien. Immun. Infekt, 18, S. 186–191
30. Lange, W. (1991): Die Epedemie Cholera in Peru. Bundesgesundheitsblatt, 34, S. 220–223
31. Jacob, J. (1996): Clostridien. In: Schulze, E. (Hrsg.): Hygienisch, mikrobiologische Wasseruntersuchung. Gustav Fischer Verlag, Jena, S. 59–65
32. Hoffmann, R., Michel, R. (1997): Verhalten von primär freilebenden Amöben bei der Trinkwasseraufbereitung. In: DVGW- Schriftenreihe Wasser, ZfGW Verlag, Bonn, S. 151–172
33. Huber (1998): EHEC im Trinkwasser. Jahresber. des LMUA Südbayern, 1998
34. Kist, M., Bereswill, S. (1997): Helicobacter pylory, Epidemiologie, Diagnose und Therapie, Mikrobiologie, 7, S. 209–211

Anforderungen, Vorschriften und Regeln

1. Gesetz zur Verhütung und Bekämpfung von Infektionskrankheiten beim Menschen (Infektionsschutzgesetz – IfSG) BGBI. 2000, Teil 1, 1045 vom 20. Juli 2000.
2. Richtlinie 98/83/EG des Rates über die Qualität von Wasser für den menschlichen Gebrauch Abl. EG Nr. L 330, 32 vom 03.11.1998.
3. Verordnung über die Qualität von Wasser für den menschlichen Gebrauch (Trinkwasserverordnung – TrinkwV 2001) Teil 1, 959 - 980 vom 21. Mai 2001
4. Borchers, U. (2013): Die Trinkwasserverordnung 2012, Erläuterung, Änderungen, Rechtstexte, 2. Auflage, Beuth-Verlag, Berlin
5. Castell-Exner, C.; Mendel, B.; Ließfeld, R. (2001): Die Novellierung der Trinkwasserverordnung (Teil 3), Energie Wasser Praxis Nr. 7/8/2001
6. Oehmichen, U.; Schmitz, M.; Seeliger, P. (2001): Die neue Trinkwasserverordnung: Der Kommentar aus rechtlicher und wirtschaftlicher Sicht. wvgw Wirtschafts- und Verlagsgesellschaft Gas und Wasser, Bonn

7. Gesetz über den Verkehr mit Lebensmitteln, Tabakerzeugnissen, kosmetischen Mitteln und sonstigen Bedarfgegenständen (Lebensmittel- und Bedarfsgegenständegesetz – LMBG) in der Fassung der Bekanntmachung BGBI. I S. 2296 vom 9. September 1997.
8. Busse, T. (2002): Die neue Trinkwasserverordnung aus der Sicht eines Umweltlabors; Berichte aus Wassergüte- und Abfallwirtschaft, Technische Universität München Nr. 173, 26. Wassertechnisches Seminar, München
9. DVGW-Regelwerk: Arbeits- und Merkblätter, Hinweise zur Trinkwasserdesinfektion und zur Kontrolle der Wassergüte; wvgw Wirtschafts- und Verlagsgesellschaft Gas und Wasser, Bonn
10. DIN EN ISO – Normen: Wasserbeschaffenheit, Analysemethoden, Aufbereitungsstoffe, Verfahrenstechnik. Beuth Verlag, Berlin
11. GUV-VD5: Unfallverhütungsvorschrift „Chlorung von Wasser"; Bundesverband der Unfallkassen, München, 2005
12. Gaßner, M.; Kryschi, R. (2010): Begriffe, Verfahren und Konzepte in der Wasserversorgung, Oldenbourg Industrieverlag, München
13. Borchers, U. (2018): Die Trinkwasserverordnung 2018, die wichtigsten Neuerungen und Änderungen im Überblick, IWW-Kolloquium, Mülheim 22.01.2018
14. Verordnung zur Neuordnung trinkwasserrechtlicher Vorschriften, 4. Änderungsverordnung zur TrinkwV (2018): BGBl 2018, Teil I Nr. 2 vom 08.01.2018
15. Trinwasserverordnung (2018): Liste der Aufbereitungsstoffe und Desinfektionsverfahren gemäß § 11 der Trinkwasserverordnung. Aktuelle Fassung zu finden auf der Internetseite des UBA unter www.umweltbundesamt.de

Trinkwasserdesinfektion

1. Trinkwasserdesinfektion in der Praxis (1990): Dokumentation zum 12. Mülheimer Wassertechnischen Seminar. Berichte aus dem IWW Rheinisch-Westfälischen Institut für Wasserforschung, Band 23, Mülheim/Ruhr
2. Schoenen, D. (1998): Beitrag der Desinfektion zur Sicherung eines seuchenhygienisch einwandfreien Trinkwassers; gwf Wasser Spezial 139 Nr. 13
3. Roeske, W. (1982): Die Desinfektion des Trinkwassers; bbr 7/82
4. Exner, M.; Kistemann, T. (2002): Zur Bedeutung der Wasserhygiene in der Trinkwasserversorgung - Statement – gwf Wasser/Abwasser 143, Nr. 13
5. Schiffmann, S. (1993): Beurteilung der Notwendigkeit von Desinfektionsmaßnahmen; bbr 2/93, S. 56–63
6. Roeske, W. (1976): Automatische Chlordosieranlagen für Schwimmbäder, Der Schwimmeister 5/1976, Verlag Otto Haase, Lübeck
7. Uhl, W. (2000): Wiederverkeimung von Trinkwasser, Grundlagen und Bestimmung der Verkeimungsneigung; bbr 12/2000, S. 306–635

8. Csontos, G. (2002): Moderne Verfahren zur Trinkwasserdesinfektion und Oxidation. Unveröffentlichter Bericht Wallace & Tiernan, Günzburg
9. Hambsch, B.; Kühn, W. (2001): Maßnahmen bei hygienisch-mikrobiologischen Trinkwasserbelastungen. Der Hygieneinspektor 6/2001, S. 26–27
10. Wendland, E. (1988): Ammonium/Ammoniak als Ursache von Wiederverkeimungen in Trinkwasserleitungen; gwf Wasser/Abwasser 129, Nr. 9/88
11. Rook, J. J. (1974): Formation of Haloforms during Chlorination of Natural Waters, J. Soc. Water Treat. Exam., 23/74
12. Bartel, H., Krüger W., Mahmke, R. (2010): Kommentar zu DIN 2001-2: Trinkwasserversorgung in Fahrzeugen und auf Märkten, Volksfesten und Großveranstaltungen Hrsg.: DIN Deutsches Institut für Normung e.V., Beuth Verlag, Berlin
13. Lamberts R., Tacke, Th (1993) die Desinfektion des Trinkwassers mit Chlordioxid. Neue DELIWA-Zeitrschrift, Heft 9/93, S.480-483
14. Kaschke, W., Schulte, P. (1990): Verfahren zur Desinfektion von Trinkwasser mit Chlordioxid. Wasser und Boden, 42, H 4

Chlorung, Ozonung

1. Roeske, W. (1980): Dosier-, Mess- und Regeltechnik von Chlorgas und Chlorverbindungen bei der Trinkwasserdesinfektion; bbr 4/80
2. White; G. C. (1989): The Handbook of Chlorination and alternative Disinfectans, Wiley, 4. ed., New York
3. DVGW Lehr- und Handbuch Wasserversorgung, Bd. 3 (1995): Sonntag E., Kap. 7: Einsatz von Chlor- und Chlordioxidanlagen in Wasserwerken: Verfahren, Betrieb, Überwachung; Elsenhans, K. Kap. 8: Einsatz von Ozonanlagen in Wasserwerken, Oldenbourg, München · Wien
4. Overrath H. et al (1985): Leistung der Chlorit/Chlor- und Chlorit/Säureverfahren zur Chlordioxid-Herstellung, Vom Wasser, 65. Band, VCH Verlagsgesellschaft Weinheim
5. Bergmann, H. et al (2001): Was ist und was kann die sogenannte Anodische Oxidation? Ein Diskussionsbeitrag auch zur Legionellenproblematik, gwf Wasser/Abwasser Nr. 12
6. Roeske, W. (2002): Mobile Chlorungsanlagen für die Desinfektion von Behältern und Rohrleitungen der Trinkwassersorgung, bbr 1/02
7. Niehues, B. (2009): DVGW-Umfrage Regelwerk Wasser – Ergebnisse der Umfrage aus 2008, DVGW Energie/Wasserpraxis Nr. 3, S. 34-37
8. Maier, D.; Gilbert, E.; Kurzmann G.E. (1993): DVGW, Wasserozonung in der Praxis; Oldenbourg, München · Wien

9. Nissing, W., Klein, N. (1996): pH-Wert-Erhöhung bei der Inbetriebnahme von Guss- und Stahlrohrleitungen mit Zementmörtelausauskleidungen. bbr 47, H 2
10. Krumrey, B., Troppens, D. (2018): Behälterreinigung heute: regelkonform, hygienisch und nachhaltig, gwf-Wasser/Abwasser, Fokus 07.08.2018

UV-Bestrahlung

1. Bernhardt, H. et al (1992): Desinfektion aufbereiteter Oberflächenwässer mit UV-Strahlen, erste Ergebnisse des Forschungsvorhaben; gwf Wasser – Abwasser Nr. 12, S. 632–643
2. Koschitzky, H.-P. (1990): Hydraulische Untersuchung zur Ermittlung der Strömungsverhältnisse im UV-Reaktor; DVGW Schriftenreihe Wasser Nr. 108, S. 29–46
3. Hässelbarth, U. (1996): Desinfektion von Wasser mit UV-Strahlen (Vortrag) DVGW-Informationsveranstaltung, Kassel
4. Hoyer, O. (2000): UV-Desinfektion bei der Trinkwasserversorgung; Schriftenreihe des Vereins Wasser-, Boden- und Lufthygiene, Nr. 108/2000
5. Hoyer, O (2003): Ist die UV-Desinfektion für die öffentliche Trinkwasserversorgung akzeptabel? bbr 03/03, S. 62-66
6. Egberts, G. (1994): Entkeimung durch UV-Strahlung, bbr 2/94
7. Campbell A.T., Robertson L.J., Snowball M.R., Smith H.V. (1995): Inactivation of oocysts of Cryptosporidium parvum by ultraviolet irradiation. Water Res., 29/95
8. Clancy J., Hargy T.M. Marshall M., Dyksen J. (1998): UV light Inactivation of Cryptosporidium Oocysts. Am. Water Works Assoc. J., 90 (9)
9. Bukhari Z., Hargy T.M., Bolton J.R., Dussert J., Clancy J.L. (1999): Medium-Pressure UV for oocyst inactivation. J. AWWA, 91 (3)
10. Craik S.A., Weldon D., Finch G.R., Bolton J.R., Belosevic M. (2001): Inactivation of cryptosporidium parvum oocysts using medium- and low-pressure ultraviolet radiation. Wat. Res., 35 (6)

Membranfiltration

1. Melin, T., Rautenbach R. (2003): Membranverfahren – Grundlagen der Modul- und Anlagenauslegung; Springer-Verlag, Berlin
2. Schmidt, J. (1998): Ultrafiltration in der Trinkwasseraufbereitung; wlb Wasser Luft und Boden, 7-8/98
3. Selzer, N. (2002): Moderne Verfahren zur Aufbereitung von Trink- und Brauchwasser in der Versorgungswirtschaft; Energie Wasser Praxis 04/02

4. Krause, S. et al: Operating Experiences with Small Scale Ultrafiltration Units in Bavarian Waterworks; Bericht aus dem IWW Rheinisch-Westfälischen Institut für Wasserforschung, Band 37, Mülheim/Ruhr
5. Klare, J.; Robert M. (2002): Ultrafiltration zur Gewinnung von Trinkwasser; Schweizerischer Verein des Gas- und Wasserfaches (SVGW) gwa, Zürich, 1/02
6. Hagen, K. (2004): Membranverfahren in Kreislaufanlagen; A.B. Archiv des Badewesens, Essen, 03/04
7. Krause, S. (2012): Ultrafiltration für kleine Trinkwasseraufbereitungsanlagen, Oldenbourg Industrieverlag, München
8. Nahrstedt, A. (2005) Überwachung von Membrananlagen zur Trinkwasseraufbereitung: Partikelmessung/Integritätsprüfung, DWA-/DVGW-Membrantage, Osnabrück 21.–23.06.2005
9. DVGW (2008): Wasser-Information Nr. 70, Leitfaden für Spülung, Reinigung und Desinfektion von Ultra- und Mikrofiltrationsanlagen zur Wasseraufbereitung. wvgw, Wirtschafts- und Verlagsgesellschaft Gas und Wasser, Bonn

Kontrolle der Wassergüte

1. DVGW-Arbeitsblatt W 643 (1995): Einsatz von Betriebsmessgeräten zur Kontrolle der Wassergeräte, Bezugsquelle: Wirtschafts- und Verlagsgesellschaft Gas- und Wasser GmbH, Bonn
2. Quentin, K.-E. unter Mitarbeit von Alexander, I., Eichelsdörfer, D. (1988): Trinkwasser, Untersuchung und Beurteilung von Trink- und Schwimmbadwasser.; Springer-Verlag, Berlin · Heidelberg · New York · London · Paris · Tokyo
3. Höll, K. (2002); Wasser: Nutzung im Kreislauf, Hygiene, Analyse und Bewertung. Kap. 4 Grohmann, A.; Schlett, C.; Stottmeister, E.: Chemische Wasseranalyse. Hrsg. Grohmann, A., 8. Auflage, de Gruyter, Berlin · New York
4. Roeske, W. (1999): Betriebsmessgeräte zur Kontrolle der Wassergüte – Teil I, Temperatur, pH-Wert, Trübung, Leitfähigkeit, bbr 12/99
5. Roeske, W. (2000): Betriebsmessgeräte zur Kontrolle der Wassergüte – Teil II, Ozon, Chlor, Chlordioxid, Redox-Spannung, bbr 1/2000
6. Probst, W.; Stadelmann. E. (2002): Betriebsmessgeräte zur Kontrolle der Wassergüte – Teil III, Datenmanagement und Kommunikation, bbr 4/2002
7. Hohmann, H. (2016): Alles im Blick? Prozess-Trübungsmessung für den niedrigen Messbereich, LABORPRAXIS, Prozessanalytik-Sensoren, 12/2016
8. Mulisch, H.-M., Winter, W. (2014): Ressource Trinkwasser: Wissen, was wir trinken. oekom Verlag, München

14 Stichwortverzeichnis

15 Abbildungsnachweis

Der Verfasser dankt allen, die ihm Fotos, Zeichnungen und Grafiken zur Verfügung gestellt haben. Als Nachweis stehen die Nummern der Abbildungen hinter den Personennamen, Firmen und Institutionen, von denen die Abbildungsvorlagen stammen.

AquaTec Jünger, Ebern: Abb. 102

Beforth, Heinrich, Essen: Abb. 135, 136

DVGW-Regelwerk, W 225: Abb. 110, 111, 115, 116, 117, 118, 119, 120,
W 293: Abb. 126, 130, W 643: Abb. 141

Evoqua Water Technologies GmbH, Wallace + Tiernan, Günzburg: Abb. 28, 30, 71, 72, 73, 74, 75, 76, 77, 79, 80, 81, 83, 84, 85, 86, 87, 88, 89, 90, 91, 92, 93, 94, 95, 97, 98, 100, 103, 104, 105, 106, 107, 122, 124, 125, 127, 128, 129, 144, 152, 153, 156

Günzburger Stadtwerke: Abb. 99

Hansestadt Hamburg, Behörde für Arbeit, Gesundheit und Soziales: Abb. 22, 23, 47

inge GmbH, Greifenberg: Abb. 133, 140

KWS – Wasseraufbereitung Berlin: Abb. 101, 121

Landeswasserversorgung Baden-Württemberg, Wasserwerk Langenau: Abb. 32, 33, 34, 82, 112, 113, 114, 142, 151, 155

Prime Water Systems, Bad Bentheim: Abb. 40, 42, 45, 48, 50, 54, 55, 62, 63

Robert Koch-Institut, Berlin: Abb. Robert Koch (Vorwort), Abb. 20, 44, 56, 60, 61

Roeske, Wolfgang, Günzburg: Abb. 1, 2, 3, 4, 7, 8, 9, 10, 11, 12, 13, 14, 15, 16, 17, 18, 19, 24, 27, 29, 35, 36, 38, 49, 52, 53, 57, 58, 64, 65, 66, 67, 68, 69, 70, 78, 96, 108, 109, 122, 131, 132, 134, 137, 154

Roeske, Frank, Berlin: Abb. 5, 6

SIEMENS AG, München: Abb. 25, 26

SWAN Analytische Instrumente, Ilmenau: Abb. 143, 149

Tintometer, Dortmund: Abb. 148

Tuschewitzki, Georg, Gelsenkirchen: Abb. 41

UNICEF, Deutsches Kommitee Köln: Abb. 21, 43, 46, 51

Visum Foto GmbH, Hannover: Abb. 59

Water Technologies VWT Deutschland GmbH, Bayreuth: Abb. 37, 138

W.E.T., Kasendorf: Abb. 139

Der Verfasser hat sich bemüht, sämtliche Rechteinhaber der Abbildungen zu ermitteln. Sollte dem Verlag gegenüber dennoch der Nachweis der Rechtinhaberschaft geführt werden, wird das branchenübliche Honorar nachträglich gezahlt.

16 Inserentenverzeichnis

Beierlorzer GmbH
Langekamp 20–22
45475 Mülheim a. d. R.
Tel. +49 (0) 208 / 994090
Fax +49 (0) 208 / 9940999
kontakt@beierlorzer-gmbh.de
www.beierlorzer-gmbh.de .... A 6

CARELA® GmbH
Schafmatt 5
79618 Rheinfelden
Tel. +49 (0) 7623 / 7224-0
Fax +49 (0) 7623 / 7227-99
info@carela-group.de
www.carela-group.com .... A 8

C + S Chlorgas GmbH
Reit 4
94550 Künzing
Tel. +49 (0) 8547 / 9149926
Fax +49 (0) 8547 / 9149921
info@chlorgas.de
www.chlorgas.de .... A 6

EVOQUA Water Technologies GmbH
Auf der Weide 10
89312 Günzburg
Tel. +49 (0) 8221 / 904-0
Fax +49 (0) 8221 / 904-203
wtger@evoqua.de
www.evoqua.com .... A 2

Georg Fischer GmbH
Daimlerstraße 6
73095 Albershausen
Tel. +49 (0) 7161 / 302-0
Fax +49 (0) 7161 / 302-259
www.gfps.com .... A 5

m. hübers gmbh
Rudolf-Diesel-Straße 98
46485 Wesel
Tel. +49 (0) 281 / 98400-0
www.huevers-gmbh.de .... A 7

Jacobi Carbons GmbH
Lurgiallee 6-8
60439 Frankfurt am Main
Tel. +49 (0) 69 / 7191070
Fax +49 (0) 69 / 71033003
infode@jacobi.net
www.jacobi.net .... A 1

korinexan® industrial service
Schafmatt 5
79618 Rheinfelden
Tel. +49 (0) 7623 / 7224-80
info@korinexan.de
www.korinexa.com .... A 10

Dr. Küke GmbH
Langer Acker 33
30900 Wedemark
Tel. +49 (0) 5130 / 3766163
www.dk.dox.de .... A 3

LEDOS Aktiengesellschaft
Hölter Straße 11
45470 Mülheim a. d. R.
Tel. +49 (0) 208 / 88228-0
Fax +49 (0) 208 / 8822845
info@ledos.de
www.ledos.de .... A 3

SWAN Analytische Instrumente GmbH
Am Vogelherd 10
98693 Ilmenau
Tel. +49 (0) 3677 / 46260
Fax +49 (0) 3677 / 462626
info@swaninstrumente.de .... A 4

Tintometer GmbH
Lovibond Water Testing
Schleefstraße 8–12
44287 Dortmund
Tel. +49 (0) 231 / 94510-0
Fax +49 (0) 231 / 9451030
verkauf@tintometer.de
www.tintometer.de .... A 7